绿色建筑标准体系

江苏省工程建设标准站　著

中国建筑工业出版社

图书在版编目（CIP）数据

绿色建筑标准体系/江苏省工程建设标准站著. —北京：
中国建筑工业出版社，2014.6
ISBN 978-7-112-16862-0

Ⅰ.①绿… Ⅱ.①江… Ⅲ.①生态建筑-标准体系-研究-
江苏省 Ⅳ.①TU18-65

中国版本图书馆 CIP 数据核字（2014）第 100483 号

随着绿色建筑工作的深入推进，绿色建筑标准数量的增加与内容的修订对绿色建筑标准体系的构建提出了更高的要求。因此，本书通过开展绿色建筑标准体系研究，建立健全富有特色的绿色建筑标准体系，对于推动绿色建筑健康有序发展，具有十分重要意义。

本书可供建设行政管理人员、建设单位、设计单位、高等院校等绿色建筑标准编制人员与研究人员使用。

责任编辑：郦锁林 朱晓瑜
责任设计：李志立
责任校对：李欣慰 姜小莲

绿色建筑标准体系
江苏省工程建设标准站 著
*
中国建筑工业出版社出版、发行（北京西郊百万庄）
各地新华书店、建筑书店经销
北京红光制版公司制版
北京圣夫亚美印刷有限公司印刷
*
开本：787×1092毫米 1/16 印张：19 字数：459千字
2015 年 4 月第一版 2015 年 4 月第一次印刷
定价：**48.00**元
ISBN 978-7-112-16862-0
（25763）

编 写 委 员 会

主　任：顾小平

副主任：孙晓文　　陈继东

主　编：孙晓文

副主编：路宏伟　　王登云

编　委：吴翔华　　陆伟东　　朱文运　　吴德敏　　付光辉　　石　邢

　　　　吴大江　　李湘琳　　鲍　莉　　吕伟娅　　张　怡　　山井英树

　　　　北田静男　周　伊　　王群依　　王幸强　　易　鑫　　华　山

　　　　缪汉良　　费宗欣　　徐以扬

前　言

　　绿色建筑是在建筑的全寿命期内，最大限度地节约资源、保护环境和减少污染，为人们提供健康、适用和高效的使用空间，与自然和谐共生的建筑。2013 年 1 月 1 日，国务院办公厅印发了《关于转发发展改革委住房城乡建设部绿色建筑行动方案的通知》（国办发［2013］1 号），提出"十二五"期间要完成新建绿色建筑 10 亿 m^2，发展绿色建筑由此上升为国家战略。

　　推进绿色建筑发展离不开配套技术的支撑和专业标准的引领。2000 年以来，我国开始注重并推行绿色建筑技术，2005 年 10 月，建设部与科技部印发了第一个关于绿色建筑的技术文件《绿色建筑技术导则》；2006 年 3 月，我国发布了第一部绿色建筑方面的国家标准《绿色建筑评价标准》GB/T 50378—2006，规范了绿色建筑的推广应用。然而由于我国绿色建筑工作起步较迟，绿色建筑技术应用和标准规范编制跟不上快速发展的绿色建筑市场需求，现行的绿色建筑标准呈现出数量明显不足、专业覆盖面不宽、编制预见性不强等问题，相对落后于绿色建筑技术的发展。随着绿色建筑要求的不断提高和绿色建筑新技术的不断创新，标准之间不协调、不配套等问题逐渐显现。同时，绿色建筑标准体系的系统性研究尚处起步阶段，缺乏对国家、行业标准与地方标准之间内在关系的科学分析，特别是缺少针对地方实际特点的绿色建筑技术路线研究，绿色建筑标准的制定、修订工作存在着系统性、指导性不强等问题。因此，构建符合绿色建筑发展目标，反映绿色建筑标准之间从属和配套等内在联系的标准体系显得尤为迫切。

　　本书从国内外绿色建筑的发展现状出发，分析了国外绿色建筑标准体系的构建及其启示，以江苏省绿色建筑发展目标与路径、绿色建筑技术与相关标准为基础，重点研究了江苏省绿色建筑标准体系构建的目标和原则、方法与结构、测度与评价等诸多方面。本书的出版为工程建设各方主体开展绿色建筑活动提供了参考，为加快绿色建筑标准的编制和完善奠定了基础，为规范绿色建筑材料、设计、施工、验收、运行等工作明确了方向。

　　限于编者的水平和认识上的局限性，书中存在谬误实属难免，望广大读者批评指正，不吝赐教，以便在后续版本中更正。

《绿色建筑标准体系研究》编委会

二○一五年三月

目　　录

第1章 国内外绿色建筑发展状况

1.1 绿色建筑的起源

绿色建筑是指在建筑的全寿命周期内，最大限度地节约资源（节能、节地、节水、节材），保护环境和减少污染，为人们提供健康，适用和高效的使用空间，与自然和谐共生的建筑。

1969 年，美国建筑师保罗·索勒瑞提出生态建筑学的概念。同年，美国风景建筑师麦克哈格出版了《设计结合自然》，提出人、建筑、自然和社会应协调发展，并探索生态建筑的建造与设计方法，生态建筑理论初步形成。1976 年，安东·施耐德博士在西德成立了建筑生物与生态学会，探索采用天然的建筑材料，利用自然通风、天然采光和太阳能供暖的生态建筑，倡导有利于人类健康和生态的温和建筑艺术。1990 年，英国建筑研究院绿色建筑评估体系——BREEAM 发布，世界上首次建立科学的绿色建筑设计和评价体系。BREEAM 体系对建筑与环境的矛盾作出比较全面和科学的响应，即建筑应该为人类提供健康、舒适、高效的工作、居住、活动空间，节约能源和资源，减少对自然和生态环境的影响。此后，很多国家和地区参考 BREEAM 体系，编制本地的绿色建筑标准，如德国的 DGNB、法国的 ESCALE、澳大利亚的 NABERS、加拿大的 BEPAC 等。1991 年，布兰达·威尔和罗伯特·威尔夫妇出版《绿色建筑：为可持续发展而设计》，提出绿色建筑系统和整体的设计方法，如节能设计、结合气候条件的设计、资源的循环利用等，使绿色建筑设计变得系统和容易操作，而不仅仅是停留在理念和技术层面。1992 年，在巴西里约热内卢召开的联合国环境与发展大会上，第一次明确提出了"绿色建筑"的概念。1996 年，美国绿色建筑协会能源与环境设计先导 LEED 公告执行，1998 年颁布正式的 LEED V1.0 版本。美国绿色建筑协会以商业化的操作模式，将 LEED 推广到全球，成为如今最为人们熟知的绿色建筑评估体系，LEED 的宣传和推广为绿色建筑的普及和发展作出了重要的贡献。

绿色建筑的概念在欧洲和美国略有不同。美国集中于建筑能效。在欧洲，可持续建筑物和可持续建筑的概念运用得更为广泛，它们包含了能效以及其他绿色方面的内容，如为达到京都议定书的要求实行 CO_2 减排和建筑材料循环利用。美国联邦环境执行办公室将绿色建筑界定为：1）提高建筑物和建筑能源、水资源和材料的使用效率；2）通过选址、设计、建设、运行、维护和拆除（建筑整个生命周期）来减少建筑对人类健康和环境的影响。

1.2 国外绿色建筑的发展

在人类品尝了过度工业化带来的苦果之后，注重保护环境和人类自然和谐发展逐渐成为新的概念被提出。从20世纪70年代的能源危机开始，绿色建筑才引起了世界各国的高度重视，发达国家相继出台了一系列的制度和政策来推进绿色建筑的发展。各国结合本国特点制定了一系列绿色建筑的标准和法规。发达国家相继出台了一整套绿色建筑的政策，建立了完善的绿色建筑管理体制作为推进这些政策的保证，结合各个国家的特点制定了一系列的绿色建筑标准和法规。

绿色建筑在发达国家的发展轨迹到了今天，其成熟的标志性运行模式，就是建立了绿色建筑评价系统。20世纪90年代以来，世界各国都发展了各种不同类型的绿色建筑评价系统，为绿色建筑的实践和推广做出了重大的贡献。目前国际上发展较成熟的绿色建筑评价系统有英国 BREEAM（Building Research Establishment Environmental Assessment Method）、美国 LEED（Leadership in energy and Environmental Design）、加拿大 GBC（Green Building challenge）等，这些体系的架构和应用，成为其他各国建立新型绿色建筑评价体系的重要参考。

为了促进绿色建筑的发展与实践，美国绿色建筑委员会（U. S. Green Building Council-USGBC）于1995年建立了一套自愿性的国家标准 LEED TM（Leadership in Energy and Environmental De-sign-领导型的能源与环境设计），该体系用于开发高性能的可持续性建筑，进行绿色建筑的评级。在完善的科学标准基础之上，LEED TM 强调先进的技术策略，通过节约用水、提高能源效率、选择适宜的材料和控制室内环境质量达到可持续的发展。目前，LEED TM 评级系统有（1）LEED TM 2.0：用于新建和已建商业建筑、公共建筑和高层住宅；（2）LEED TM 2.1：用于新建和主要翻新项目；（3）LEED TM-EB：用于已有建筑物的运营；（4）LEED TM-CI：用于商业内部建筑。除此之外，美国在2012年3月发行了全国性绿色建筑标准规范——《国际绿色建筑标准》。该标准是美国国内首个适用于全国的绿色建筑标准规范。其适用对象为所有高度超过两层的新建及翻新的商业建筑及民用建筑。与 LEED 绿色建筑评估体系相比，该标准具有一定强制性，它规定了建筑设计及施工中所有环节的强制性最低环保标准如建筑材料，土地利用率，能源和水资源利用率及室内空气质量等。

1990年由英国的建筑研究中心（Building Research Establishment，BRE）提出的《建筑研究中心环境评价法》（Building Research Establishment Environmental Assessment Method，BREEAM）是世界上第一个绿色建筑综合评价系统，也是国际上第一套实际应用于市场和管理之中的绿色建筑评价办法。其目的是为绿色建筑实践提供指导，以期减少建筑对全球和地区环境的负面影响。

1998年10月，由加拿大自然资源部发起，美国、英国等14个西方主要工业国共同参与的绿色建筑国际会议——"绿色建筑挑战98"（Green Building challenge，98），目标是发展一个能得到国际广泛认可的通用绿色建筑评价框架，以便能对现有的不同建筑环境性能评价方法进行比较。我国在2002年参加了有关活动。

2001 年，由日本学术界、企业界专家、政府等三方面精英力量联合组成的"建筑综合环境评价委员会"，开始实施关于建筑综合环境评价方法的研究调查工作，开发了一套与国际接轨的评价方法，即 CASBEE (Comprehensive Assessment System for building Environmental Efficiency)。CASBEE 评价各类型建筑，包括办公楼、商店、宾馆、餐厅、学校、医院、住宅。针对不同的阶段和利用者，有 4 个有效的工具，分别是初步设计工具、环境设计工具 (DFE Tool)、环境标签工具、可持续运营和更新工具。CASBEE 是从可持续发展观点改进原有环境性能的评价体系，使之更为明快、清晰。CASBEE 提出以用地边界和建筑最高点之间的假想空间作为建筑物环境效率评价的封闭体系。以此假想边界为限的空间是业主、规划人员等建筑相关人员可以控制的空间，而边界之外的空间是公共（非私有）空间，几乎不能控制。

这些评估体系基本上都涵盖了绿色建筑的三大主题，首先，减少对地球资源与环境的负荷和影响；其次，创造健康和舒适的生活环境；再次，与周围自然环境相融合，并制定了定量的评分体系，对评价内容尽可能采用模拟预测的方法得到定量指标，再根据定量指标进行分级评分。对于难以定量预测的内容，采用定性分析、分级打分的方法。这些评估体系的制定及推广应用对于推动全球绿色建筑的发展起到了重要的作用。不可避免地，由于受到知识和技术的制约，各国对建筑和环境的关系认识还不完整，评估体系也存在着一些局限性。

1.3 我国绿色建筑发展状况

1.3.1 我国绿色建筑发展

我国既有建筑达 430 多亿 m^2，同时每年新建 16 亿～20 亿 m^2；而现有绿色建筑总量不足 6000 万 m^2，只占既有建筑面积的 0.13%，发展潜力巨大。自 2000 年以来，我国开始注重并推行绿色建筑技术，2004 年 9 月建设部"全国绿色建筑创新奖"的启动，标志着我国的绿色建筑进入了全面发展阶段。目前，我国已有 20 多个省市成立了绿色建筑委员会，29 个省、自治区、直辖市、副省级城市设置了绿色建筑评价标识管理机构，成立了绿色建筑评审专家委员会，开展当地的绿色建筑标识评价工作。

1. 我国绿色建筑主要支持政策

2008 年 8 月，国务院发布了《民用建筑节能条例》、《公共机构节能条例》，以加强民用建筑节能管理，降低民用建筑使用过程中的能源消耗，以及推动公共机构节能，发挥公共机构在全社会节能中的表率作用。《关于加快推动我国绿色建筑发展的实施意见》明确，针对绿色建筑的不同星级，给予财政补贴，星级越高补贴越多，二、三星级绿色建筑可分别获得 45 元/m^2、80 元/m^2 的财政奖励。2012 年 5 月 31 日，住房和城乡建设部又发布《"十二五"建筑节能专项规划》，提出金融机构可对购买绿色住宅的消费者在购房贷款利率上给予适当优惠。

2. 我国绿色建筑标准体系

2005 年 10 月，为促进绿色建筑及相关技术健康发展，我国颁布了第一个关于绿色建筑的《绿色建筑技术导则》，其中绿色建筑指标体系共包括节地与室外环境、节能与能源利用等 6 类指标，涵盖了绿色建筑的基本要素。2006 年 3 月，为贯彻落实完善资源节约标准的要求，原建设部和国家质量监督检验总局共同编制了《绿色建筑评价标准》GB/T 50378，这是我国第一部绿色建筑方面的国家标准，用于评价住宅建筑和办公建筑、商场、宾馆等公共建筑，绿色标识星级从低到高依次为：一星级、二星级、三星级。以住宅建筑为例，18 项达标可获得一星级标识、27 项达标可获得二星级标识、35 项达标可获得三星级标识。2008 年，为规范和加强对绿色建筑评价标识的管理，住房和城乡建设部制定了《绿色建筑评价标识使用规定》（试行）和《绿色建筑评价标识专家委员会工作规程》（试行）。

住房和城乡建设部于 2014 年 4 月 15 日发布第 408 号公告，批准《绿色建筑评价标准》为国家标准，编号为 GB/T 50378—2014，自 2015 年 1 月 1 日起实施（原《绿色建筑评价标准》GB/T 50378—2006 同时废止）。《绿色建筑评价标准》GB/T 50378—2014 共分 11 章，主要技术内容是：总则、术语、基本规定、节地与室外环境、节能与能源利用、节水与水资源利用、节材与材料资源利用、室内环境质量、施工管理、运营管理、提高与创新。《绿色建筑评价标准》GB/T 50378—2014 比 2006 年的版本"要求更严、内容更广泛"。该标准在修订过程中，总结了近年来我国绿色建筑评价的实践经验和研究成果，开展了多项专题研究和试评，借鉴了国外有关先进标准经验，广泛征求了有关方面意见。修订后的标准评价对象范围得到扩展，评价阶段更加明确，评价方法更加科学合理，评价指标体系更加完善，整体具有创新性。

3. 我国绿色建筑推广路径

从我国正式开展绿色建筑评价标识工作以来，绿色建筑评价标识项目数量显著增长，2008 年为 10 项，2009 年为 20 项，2011 年为 241 项，目前总数量已经超过 560 个。获得标识的建筑超过 3800 栋，总建筑面积达到 5670 万 m^2。绿色建筑评审工作是由住房和城乡建设部主导并管理的，住房和城乡建设部授权机构（包括绿色建筑评价标识管理办公室和中国绿色建筑相关机构）根据《绿色建筑评价标准》GB/T 50378 等国家及部门标准与规定，在全国范围内，对在设计、施工或者已完工的工程项目进行绿色评价，确定是否符合绿色建筑各项标准。绿色建筑标识评价有着严格的标准和严谨的评价流程。评审合格的项目将获颁绿色建筑证书和标志。绿色建筑评价标识分为"绿色建筑设计评价标识"和"绿色建筑评价标识"，分别用于处于规划设计阶段和运行使用阶段的住宅建筑和公共建筑，有效期分别为 2 年和 3 年。没有进行标识的建筑物不得冠以绿色建筑称号。

2008 年 3 月 31 日，经住房和城乡建设部和中国科协批准，中国绿色建筑委员会成立，是推动我国绿色建筑发展的非营利性学术团体。第一届委员会共有委员 63 位。目前已经成立了 17 个学组，21 个地方机构，1 个青年委员会，40 多个团体会员，15 个国际团体会员，1000 多名个人会员等。先后举办了 9 届"国际绿色建筑与建筑节能大会暨新技术与产品博览会"（绿博会），与美国、德国、法国等国家世界绿色建筑协会开展广泛的国际交流与合作，扩大了国际影响力。

1.3.2　我国绿色建筑标准与标准体系概况

中国现阶段的基本国情和生产力水平决定了建筑行业可持续发展的水平，我国的绿色建筑事业正是迎合这种现实需求而开展的。在坚决遵守可持续发展基本原则的同时，还要发展相关配套的法规和保障体系，保证绿色建筑的发展不偏离良性轨道。研发和修订绿色建筑评估体系是绿色建筑市场健康发展的一个重要任务，这些评估体系除了能给予建筑的开发、设计、施工及运行管理等阶段科学的引导和建议外，还能帮助政府决策部门和建筑管理部门管理和规范整个建筑行业，为他们的决策提供依据。

20世纪90年代以来，我国政府和建筑管理部门针对建筑行业的节能减污颁布了一系列专项的技术法规，并研发了各种各样的节能措施，这对推动我国绿色建筑评估体系的发展和建筑的可持续发展事业有巨大的推动作用。我国根据自己的实际国情，在借鉴了国外优秀绿色建筑评估体系的基础上，近年来开发实施的该方面主要成果有：生态住宅评估标准《中国生态住宅技术评估手册》（2001），《中国生态住宅技术评估手册》（2002，2003），《绿色奥运建筑评估体系》（2004），《上海世博会绿色建筑标准》（2005），《绿色建筑评价标准》（2006）。

以上这些都是针对我国建筑制定的相关规范，其中有的是大量地借鉴了国外绿色建筑评估体系的指标设置、权重设置以及评估方法等内容，但是对于国外体系和国内标准的制定之间的原理和关系的研究成果较少，虽然参考了国外的优秀案例，但一些诸如具体是如何跟实际国情相联系，如何本土化等相关问题都尚未明确，国内的研究大多数还只是停留在对绿色建筑现状和绿色评估体系成果的描述上。

与发达国家相比，我国的绿色建筑发展时间较晚，无论是理念还是技术实践与国际标准还有很大的差距。虽然目前发展势头良好，在政策制度、评价标准、创新技术研究上都取得了一定的成果，近两年也出现了一批示范项目，但绿色建筑发展总体上仍处于起步阶段，总量规模比较小。目前，推动建筑节能、发展绿色建筑已成为社会共识，但绿色建筑的推广仍存在很多困难。根据对现状的分析总结，发现绿色建筑存在一些问题，主要包括以下几方面：

（1）认识有待提高

一是不少地方尚未将发展绿色建筑放到保证国家能源安全、实施可持续发展的战略高度，缺乏紧迫感，缺乏主动性，相关工作得不到开展。二是由于发展起步较晚，各界对绿色建筑理解上的差异和误解仍然存在，对绿色建筑还缺乏真正的认识和了解，简单片面地理解绿色建筑的含义。如认为绿色建筑需要大幅度增加投资，是高科技、高成本建筑，我国现阶段难以推广应用等。关于绿色建筑真正内涵的普及工作仍然艰巨。

作为体现并推行国家技术经济政策的技术依据和有效手段，我国的绿色建筑标准化工作近几年才刚刚起步，至今现行各类绿色建筑设计标准数量很少、覆盖面窄，绿色建筑评价标准尚待完善，致使绿色建筑工作在较多环节上存在"无标可依"的局面。这一方面是因为受到绿色建筑技术及产品研究开发力度和水平的制约，另一方面是因为绿色建筑标准涉及多专业学科和领域，各个专业学科已初步形成各自的标准体系，尚缺少突出绿色建筑为主题的统筹规划。

（2）技术选择方向不明确

在绿色建筑的技术选择上还存在误区，认为绿色建筑需要将所有的高精尖技术与产品集中应用在建筑中，总想将所有绿色节能的新技术不加区分地堆积在一个建筑里。一些项目为绿色而绿色，堆砌一些并无实用价值的新技术，过分依赖设备与技术系统来保证生活的舒适性和高水准，建筑设计中忽视自然通风、自然采光等措施，直接导致建筑成本上升，在市场推广上难以打开局面。

而有些领域的部分标准迁就现有生产技术水平，跟不上绿色建筑发展的新趋势，更不利于技术更新，与国际标准和国外先进标准比较，技术水平偏低，差距较大。

（3）相关标准缺项

目前绿色建筑标准多集中在评价方面，缺少与之相配套的设计、施工与验收、运行管理等方面的标准。实践中，往往需要借助于现行的相关专业标准。但相关专业标准或针对性不强，没有明确对绿色建筑的要求，或覆盖面不够，没有显化"绿色"要求。现行的绿色建筑评价标准主要针对的是居住建筑和公共建筑的评价，其中公共建筑没有细化建筑类别，更没有考虑如学校建筑、医院建筑等其他公共机构类型建筑的用能特性。

再如，目前在对绿色建筑规划领域的研究中，主要缺失的内容是对公共设施配套和无障碍设施设计的考虑。由于规范没有强制规定项目周边公共设施的配套情况，这就造成了很多项目对这点的忽视。通常设计者仅仅考虑到周边的公交线路，而对其他类型的配套设施如学校、超市、社区中心等都没有提及。对无障碍设施的忽视成为了一种普遍的现象。几乎在所有的项目中对无障碍设施的设计都是不足或者缺乏的。这两方面的内容在新编和修编的规范中应得到重视并予以加强。另外，目前在对绿色建筑给排水领域的研究中，主要集中在雨水回用和再生水利用技术上，而对于建筑给排水系统优化、降低管道漏损措施等方面关注度不够，造成绿色建筑设计与评价过程变成对雨水或再生水利用单一技术的评价，没有形成系统全面的设计理念。

（4）部分标准编制深度不够

现行的绿色建筑标准无论是技术上还是指标上都不能完全适应绿色建筑发展的需要。尽管我省已开展了绿色建筑的研究和实践工作，但对如何全面贯彻"四节一环保"要求尚缺乏深入研究，特别是对如何因地制宜地发展绿色建筑研究不多。

设计师对绿色建筑中的规划问题观念较薄弱，在实际工作中更重视节能、节水领域的主动式绿色建筑技术应用，而大部分相关从业人员在设计研究时都从本专业出发，缺乏对绿色建筑规划的系统研究。民众对绿色建筑的本质不够了解，对绿色建筑也不够关注，认知停留在狭义的概念层面。在其实际的推行实践中，也发现存在着一些不足，有些技术指标不宜核定和监测。如，电气专业在清洁能源、再生能源运用中的标准应进一步完善、配套。应当根据江苏省地方特点和技术发展状况对相关标准进行完善，提高全省建筑电气的实际效率，形成具有江苏地方特色的建筑电气发展框架。

（5）标准体系尚待完善

绿色建筑在我国处于起步阶段，相应的政策法规和评价体系还需进一步完善。国家对绿色建筑没有法律层面的要求，缺乏强制各方利益主体必须积极参与节能、节地、节水、节材和保护环境的法律法规，缺乏可操作的奖惩办法规范。绿色建筑与区域气候、经济条件密切相关，我国各个地区气候环境、经济发展差异较大，目前的绿色建筑标准体系没有充分考虑各地区的差异，不同地区差别化的标准规范有待制定。因此，结合我省的气候、资源、经济及文化等特点建立针对性强、可行性高的绿色建筑标准体系和实施细则是当务之急。

第 2 章　国外绿色建筑标准体系及其启示

2.1　LEED 形成的绿色建筑标准体系及其启示

美国的 LEED（Leadership in Energy and Environmental Design，译为"能源与环境设计先锋奖"）是由美国 USGBC（United States Green Building Council，译为"美国绿色建筑委员会"）负责颁布、执行、解释、推广、更新的一套成系列的绿色建筑评价标准。LEED 是世界范围内较早出现的绿色建筑评价标准，也是当前全球影响力最大、国际化程度最高、商业推广最成功的绿色建筑评价标准。LEED 在中国有着重要的影响力，许多项目正在进行或已经通过了 LEED 各级别的认证。中国自己的绿色建筑星级标识评价标准在编制时也参考和借鉴了 LEED。

LEED 不是一部孤立的绿色建筑评价标准，其中引用和参考了很多其他与绿色建筑相关的标准、规范、指南、法规、技术文献等，它们和 LEED 一起共同构成了美国绿色建筑标准体系。

2.1.1　LEED 绿色建筑标准简介

1. LEED 的起源

1994 年，美国自然资源保护协会（Natural Resources Defense Council）的资深科学家 Robert Watson 领导各类机构和组织发起了 LEED 的研究和筹备工作。这些机构和组织包括非营利组织、政府部门、建筑师、工程师、开发商、施工单位、材料生产厂商、建筑部件生产厂商等。Watson 从 1994～2006 年期间一直担任 LEED 技术委员会主席。早期的 LEED 技术委员会委员还包括 USGBC 的另外几个创始人，例如 Mike Italiano、Bill Reed、Sandy Mendler、Gerard Heiber、Richard Bourne 等。通过约 4 年时间的研究、讨论和试运行，USGBC 于 1998 年颁布了 LEED 的第一个版本，即 LEED v1.0，正式标志 LEED 的诞生。最早的 LEED 仅包括新建建筑的评价标准，也就是 LEED NC（LEED for New Construction），后来才逐渐涵盖既有建筑改造、建筑运维、社区开发等其他类型的项目。

2. LEED 标准系列

LEED 并不是一部单一的绿色建筑评价标准，而是由多部标准组成的一个成套的标准系列。最新的 LEED 版本，即 LEED v4.0，共包括 5 种不同的绿色建筑评价标准（图 2-1），它们分别是：建筑设计与施工 LEED（LEED for Building Design and Construction，简称 LEED BD+C）、室内设计与施工 LEED（LEED for Interior Design and Construction，简称 LEED ID+C）、建筑运营与维护 LEED（LEED for Building Operations and Maintenance，简称 LEED BO+M）、社区开发 LEED（LEED for Neighborhood Development，简称 LEED ND)、住宅 LEED (LEED for Homes，简称 LEED Homes)。在这 5 类评价标准中，LEED BD+C 适用于新建建筑和大规模既有建筑改造项目，其前身是 LEED NC，是所有 LEED 标准里最早颁布的一种，也是其他 LEED 标准的基础。

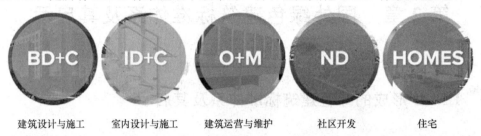

图 2-1　LEED v4.0 版本里的 5 种适用于不同类型项目的评价标准
(图片来源：USGBC 官方网站)

3. LEED 标准的内容

LEED 采用分类分项打分的方式对绿色建筑进行评价。最新的 LEED v4.0 将所有技术评价点分为 9 类，其中 LEED ND 另含 3 类独有的技术评价点。这 9 类技术评价点分别是：

- 集成过程 (Integrative Process，简称 IP)；
- 选址与交通 (Location and Transportation，简称 LT)；
- 可持续场地 (Sustainable Sites，简称 SS)；
- 材料与资源 (Materials and Resources，简称 MR)；
- 用水效率 (Water Efficiency，简称 WE)；
- 能源与大气 (Energy and Atmosphere，简称 EA)；
- 室内环境品质 (Indoor Environmental Quality，简称 IEQ)；
- 创新 (Innovation，简称 IN)；
- 地区优先 (Regional Priority，简称 RP)。

对于 LEED ND 来说，另增加了 3 类独有的技术评价点，分别是：

- 智慧选址与连接 (Smart Location and Linkage)；

图 2-2　LEED 金级认证奖章
(图片来源：www.thegreenporch.com)

- 社区模式与设计 (Neighborhood Pattern and Design)；

- 绿色基础设施与建筑 (Green Infrastructure and Buildings)。

按照上述分类，LEED 对项目进行打分，根据总得分的多少授予项目不同的认证级别，共分 4 级：40～49 分为认证级 (Certified)，50～59 分为银级 (Silver)，60～79 分为金级 (Gold)，80 分以上为铂金级 (Platinum)。图 2-2 显示的是 LEED 金级认证奖章。

LEED 的所有技术评价点按照得分性质被分成两类：第一类是强制项 (prerequisite)，第二类是得分项（credit）。强制项是项目为了获得 LEED 认证必须满足的要求，即使满足也不获得分数，但具有"一票否决"的特点。得分项是满足后可以得到对应分数的技术评价点，将所有得分项获得的分数累加即是项目的总得分。值得说明的是，LEED 里一个得分项可能按照满足的程度不同对应多种不同的得分。例如，节水类别里的室内节约用水项（Indoor Water Use Reduction）就按照节水率的高低确定不同的得分。对新建建筑来说，节水 25％可以得 1 分，节水 30％可以得 2 分，以此类推，最多可以得 6 分，对应节水率 50％。

同 LEED 项目认证配合，USGBC 还提供对专业人员进行 LEED 职业资格认证的服务。通过 USGBC 组织的考试及满足其他要求后，可以获得不同的 LEED 专业人员注册资格，例如 LEED AP BD＋C 就是新建建筑与施工 LEED 注册咨询师。图 2-3 显示了不同种类的 LEED 注册专业人员。

4. LEED 在世界和中国的发展现状

LEED 源自于美国，但目前已成为世界范围内影响力最大、商业化最成功的一部绿色建筑评价标准，其国际化程度为所有绿色建筑评价标准之最。下列一些数据可以说明 LEED 在世界范围内的影响，所有数据均截止至 2014 年 6 月 9 日。

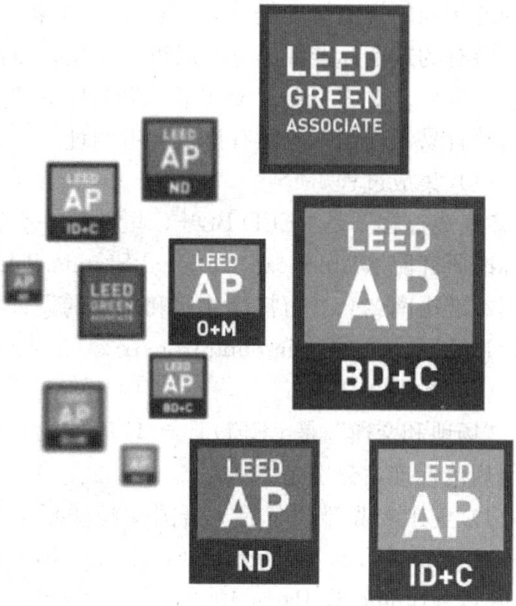

图 2-3　不同种类的 LEED 注册专业人员
（图片来源：http：//cn.usgbc.org/leed）

全球共有 12868 个 LEED 成员机构，包括企业、非营利组织、教育机构、政府、专业学会、行业协会等。

全球共有 62259 名 LEED 专业人员，包括 LEED 工作人员、志愿者等。

全球共有 68102 个 LEED 项目，包括已注册的和已获得认证的项目。

在上述近 7 万个 LEED 项目中，来自美国以外国家的项目共有 16676，占比约 25％；来自中国的项目共有 1496 个，占到除美国以外所有国家 LEED 项目的约 9％。

2.1.2　LEED 引领的美国绿色建筑标准体系

1. LEED 引领的美国绿色建筑标准体系概况

绿色建筑涉及的内容覆盖面范围很广。从建设流程上说，绿色建筑与策划、设计、施工、运营等环节相关；从专业分工上说，绿色建筑涉及建筑、结构、水、暖、空调、电、材料等多个专业。因此，希望在一部标准里毫无遗漏地规定绿色建筑的所有细节几乎是不可能的。正因为如此，世界各国绿色建筑标准都会引用和参考本国建筑行业及其他相关行业的规范、标准、指南、法令法规等。这些技术文献和绿色建筑标准一起共同构成了该国的绿色建筑标准体系。为了简单起见，下文将这些技术文献统称为"规范标准"。

以 LEED BD＋C v4.0 版本为例，共有 9 类共 69 个技术评价点，其中有 44 个技术评价点引用了其他规范标准，占比达到 64%。整个 LEED BD+C v4.0 里引用的其他规范标准共 162 个。很多技术评价点引用的规范标准不止一个。例如，在"材料与资源"类的第 2 个强制项"施工与拆除废料管理计划"（Construction and demolition waste management planning）里，引用了多达 9 种不同的规范标准。

2. LEED 引领的美国绿色建筑标准体系的内容

本节按照 LEED BD+C 里规定的 9 大类技术评价点梳理了 LEED 引用的规范标准。在每一类技术评价点里出现的重复的规范标准被归并为一个，但是在不同类技术评价点里出现的相同的规范标准仍然全部列出，以全面地反映该类技术评价点引用的所有规范标准。所有的规范标准都尽量给出英文原文，以便读者查阅和理解，在必要的情况下还提供了参考网址。对于 ISO、ASTM、ASHRAE 等著名组织机构颁布的规范标准，由于其编号清楚且易于查询，故没有提供参考网址。

（1）集成过程

"集成过程"是 LEED BD+C 里的第一类评价点，共引用了 1 部规范标准，为美国国家标准研究院（American National Standard Institute，简称 ANSI）颁布的《ANSI 统一全国标准指南 2.0 - 可持续建筑和社区的设计与施工》（ANSI Consensus National Standard Guide 2.0 for Design and Construction of Sustainable Buildings and Communities）。

（2）场地和交通

"场地和交通"是 LEED BC+C 里的第二类评价点，含 8 个评价点，共引用了 12 部其他规范标准，分别是：

1）美国农业部颁布的《美国联邦法规第 7 部》里的第 6 册，第 400～第 699 部分，第 657.5 节（U. S. Department of Agriculture，United States Code of Federal Regulations Title 7，Volume 6，Parts 400 to 699，Section 657.5）（网址：soils. usda. gov/technical/handbook/contents/part622. html）；

2）美国渔业与野生生物管理部门颁布的《濒危物种目录》（U. S. Fish and Wildlife Service，List of Threatened and Endangered Species）（网址：fws. gov/endangered）；

3）服务自然遗产项目颁布的《GH、GI 和 G2 物种与生态群落》（NatureServe Heritage Program，GH，G1，and G2 species and ecological communities）（网址：natureserve. org）；

4）美国联邦应急管理机构颁布的《洪水区域标示》（FEMA Flood Zone Designations）（网址：msc. fema. gov）；

5）美国环保部颁布的《国家优先目录》（U. S. Environmental Protection Agency，National Priority List）（网址：epa. gov/superfund/sites/npl）；

6）美国住房与城市发展部颁布的《联邦授权区、联邦计划社区、联邦再生社区》（Federal Empowerment Zone，Federal Enterprise Community，and Federal Renewal Community）（网址：portal. hud. gov/hudportal/HUD? src=/program _ ofces/comm _ planning/economicdevelopment/programs/rc）；

7）美国财政部颁布的《社区开发金融机构基金》（Community Development Financial Institutions Fund）（网址：cdffund. gov）；

8）美国住房与城市发展部颁布的《满足要求的统计地区和开发困难地区》（Qualified Census Tracts and Difficult Development Areas）（网址：qct. huduser. org/index. html）；

9）交通工程师研究院颁布的《交通规划手册（第 3 版）》表 18-2～表 18-4（Institute of Transportation Engineers，Transportation Planning Handbook，3rd edition，Tables 18-2 through 18-4）（网址：ite. org）；

10）美国节能经济委员会绿皮书（American Council for an Energy Efficient Economy Green Book）（网址：greenercars. org）；

11）汽车工程师学会颁布的《SAE 地面交通工具推荐规程 J1772，SAE 电动交通工具传导充电耦》（SAE Surface Vehicle Recommended Practice J1772，SAE Electric Vehicle Conductive Charge Coupler）（网址：standards. sae. org/j1772 _ 201001）；

12）国际电气协会颁布的 62196 号标准（International Electrical Commission 62196）。

（3）可持续场地

"可持续场地"是 LEED BD+C 里的第 3 类评价点，含 1 个强制项和 6 个评价点，共引用了 15 部规范标准，分别是：

1）美国环保部颁布的《施工一般性许可》（Environmental Protection Agency Construction General Permit）（网址：cfpub. epa. gov/npdes/stormwater/cgp. cfm）；

2）美国实验与材料标准协会（ASTM）颁布的 E1527-05 号标准《环境场地评估的规程-第一阶段环境场地评估流程》（Standard Practice for Environmental Site Assessments：Phase I Environmental Site Assessment Process）；

3）美国实验与材料标准协会颁布的 E1903-11 号标准《环境场地评估的规程-第二阶段环境场地评估流程》（Standard Practice for Environmental Site Assessments：Phase II Environmental Site Assessment Process）；

4）美国环保部颁布的《评价某项目环境条件和污染可能性的规程》（40 CFR Part 312：Standards and Practice for All Appropriate Inquiries；Final Rule）（网址：epa. gov/brownfields/aai）；

5）美国农业部下属的自然资源保护局颁布的《土壤》（Natural Resources Conservation Service，Soils）（网址：soils. usda. gov）；

6）美国农业部下属的自然资源保护局颁布的《TR-55 初始水容量》（TR-55 initial water storage capacity）（网址：nrcs. usda. gov）；

7）美国环保部认定的生态区域（U. S. EPA ecoregions）（网址：epa. gov）；

8）土地信托联盟的认证（Land Trust Alliance accreditation）（网址：landtrustalliance. org）；

9）美国农业部下属的自然资源保护局提供的网络土壤调查页面（Natural Resources Conservation Service，web soil survey：websoilsurvey. nrcs. usda. gov）（网址：websoilsurvey. nrcs. usda. gov）；

10）可持续场地行动计划（Sustainable Sites Initiative）（网址：sustainablesites. org）；

11）美国环保部颁布的《根据能源独立与安全法案第 438 节的规定对联邦项目实施雨水地表径流要求的技术指南》（Technical Guidance on Implementing the Rainwater Runoff Requirements for Federal Projects under Section 438 of the Energy Independence and Security Act）；

12）美国实验与材料标准协会颁布的 E903 和 E892 号标准；

13）冷屋面评级委员会标准（Cool Roof Rating Council Standard）（网址：coolroofs. org）；

14）北美照明工程学会和国际暗天空联合会颁布的《模范灯光法则用户指南》及 TM-15-11 标准（Illuminating Engineering Society and International Dark Sky Association Model Lighting Ordinance User Guide and IES TM-15-11，Addendum A）（网址：ies. org）；

15）设施指南研究院颁布的《医疗设施设计与施工指南（2010 版）》（2010 FGI Guidelines for Design and Construction of Health Care Facilities）（网址：fgiguidelines. org）。

（4）用水效率

"用水效率"是 LEED BD+C 里的第四类评价点，含 3 个强制项和 4 个评价点，共引用了 8 部规范标准，分别是：

1）1992 年能源政策法案及其修订（Energy Policy Act of 1992 and as amended）（网址：eere. energy. gov/femp/regulations/epact1992. html）；

2）2005 年能源政策法案（Energy Policy Act of 2005）（网址：eere. energy. gov/femp/regulations/epact2005. html）；

3）国际给排水与设备官员联合会颁布的《统一给排水规范（2006 版）》中的第 402 节《节水型配件》（International Association of Plumbing and Mechanical Officials Publication IAPMO/ANSI UPC 1-2006，Uniform Plumbing Code 2006，Section 402. 0，Water-Conserving Fixtures and Fittings）（网址：iapmo. org）；

4）国际规范协会颁布的《国际给排水规范（2006 版）》中的第 604 节《建筑水分配系统设计》（International Code Council，International Plumbing Code 2006，Section 604，Design of Building Water Distribution System）（网址：iccsafe. org）；

5）能源之星（网址：energystar. gov）；

6）能源效率组织（网址：cee1. org）；

7）美国环保部下属的 WaterSense 项目（网址：epa. gov/watersense）；

8）美国供热、制冷、空调工程师协会颁布的 ASHRAE 189. 1 号标准《冷却塔和蒸发冷凝器规程》（IgCC/ASHRAE 189. 1 cooling tower and evaporative condenser requirements）。

（5）能源与大气

"能源与大气"是 LEED BD+C 里的第 5 类评价点，含 4 个强制项和 7 个评价点，共引用了 19 部其他规范标准，分别是：

1）美国供热、制冷、空调工程师协会颁布的 ASHRAE 指南 0-2005《调试过程》（ASHRAE Guideline 0-2005，The Commissioning Process）；

2）美国供热、制冷、空调工程师协会颁布的 ASHRAE 指南 1. 1-2007《供热、通风、空调和制冷调试过程的技术规程》（ASHRAE Guideline 1. 1-2007，HVAC&R Technical Requirements for the Commissioning Process）；

3）美国国家建筑科学研究院颁布的 NIBS 指南 3-2012《外围护结构调试过程的技术规程》（NIBS Guideline 3-2012，Exterior Enclosure Technical Requirements for the Commissioning Process）（网址：wbdg. org/ccb/NIBS/nibs_gl3. pdf）；

4）美国供热、制冷、空调工程师协会颁布的 ASHRAE 标准 90. 1-2010《除低层住宅外建筑的能源标准》和对应的用户手册（ASHRAE 90.1-2010 and ASHRAE 90.1-2010 User's Manual）；

5）美国供热、制冷、空调工程师协会颁布的《50%先进能源设计指南》（ASHRAE 50% Advanced Energy Design Guides）；

6）美国新建筑研究院颁布的《先进建筑核心性能》（Advanced Buildings Core Performance Guide）（网址：advancedbuildings. net/core-performance）；

7）商业建筑能源服务组织颁布的《商业建筑能源模拟指南》（COMNET Commercial Buildings Energy Modeling Guidelines）（网址：comnet. org/mgp-manual）；

8）美国国家标准研究院颁布的 ANSI 标准 c12. 20《电表-0. 2 到 0. 5 精度级别》（Electricity. American National Standards Institute，ANSI C12. 20，Class 0. 2±0. 2）（网址：ansi. org）；

9）美国国家标准研究院颁布的 ANSI 标准 B109《天然气表》（Natural gas. American National Standards Institute，ANSI B109）（网址：ansi. org）；

10）欧洲标准化委员会颁布的 EN-1434 号标准《热能（Btu 表或热量表）》（Thermal energy（Btu meter or heat meter）. EN Standard，EN-1434）；

11）美国环保部颁布的《清洁空气法案》第六章、第 608 节《制冷剂循环回收规定》（U. S. EPA Clean Air Act，Title VI，Section 608，Refrigerant Recycling Rule）（网址：epa. gov/air/caa/）；

12）资源解决方案中心的 Green-e 项目（Center for Resource Solutions Green-e Program）（网址：green-e. org）；

13）美国能源信息管理局颁布的《商业建筑能源消耗调查》（Commercial Building Energy Consumption Survey）（网址：eia. gov/consumption/commercial）；

14）建筑业主和管理者联盟（Building Owners and Managers Association）（网址：boma. org）；

15）美国环保部能源之星项目颁布的《能源之星项目管理者：温室气体清单和跟踪计算方法》（ENERGY STAR Portfolio Manager：Methodology for Greenhouse Gas Inventory and Tracking Calculations）（网址：energystar. gov/ia/business/evaluate _ performance/Emissions _ Supporting _ Doc. pdf? 72c6-8475）；

16）美国环保部颁布的《美国温室气体排放和消解：1990-2010 年》中的《任务 2-估算化石质能源燃烧排放二氧化碳的方法和数据》（Inventory of U. S. Greenhouse Gas Emissions and Sinks：1990-2010. Annex 2 Methodology and Data for Estimating CO Emissions from Fossil Fuel Combustion）（网址：epa. gov/climatechange/ghgemissions/usinventoryreport/archive. html）；

17）政府间应对气候变化组织颁布的《IPCC 关于国家温室气体排放清单的指南（2006 版）》（2006 IPCC Guidelines for National Greenhouse Gas Inventories）（网址：www. ipcc-nggip. iges. or. jp/public/2006gl/index. html）；

18）美国环保部颁布的《eGRID2010，1. 0 版》（eGRID2012 Version 1. 0-U. S. Environmental Protection Agency）（网址：epa. gov/cleanenergy/energy-resources/egrid/index. html）；

19）温室气体协议组织颁布的《WRI-WBCSD 温室气体协议》（WRI-WBCSD Greenhouse Gas Protocol）（网址：ghgprotocol. org/standards）。

（6）材料与资源

"材料与资源"是 LEED BD+C 里的第 6 类评价点，含 2 个强制项和 5 个评价点，共引用了 48 部其他标准、规范、指南，分别是：

1）欧洲委员会颁布的垃圾框架指令 2008/98/EC（European Commission Waste Framework Directive 2008/98/EC）（网址：www. ec. europa. eu/environment/waste/framework/index. htm）；

2）欧洲委员会颁布的垃圾焚烧指令 2000/76/EC（European Commission Waste Incineration Directive 2000/76/EC）（网址：www. europa. eu/legislation _ summaries/environment/waste _ management）；

3）欧盟标准化委员会颁布的 EN 303-1—1999/A1—2003 号标准《带强制通风燃烧器的供暖锅炉、术语、一般性规定、测试和标记》（Heating boilers with forced draught burners，Terminology，general requirements testing and marking）（网址：www. cen. eu/cen/Products）；

4）欧盟标准化委员会颁布的 EN 303-2—1999/A1—2003 号标准《带强制通风燃烧器的供暖锅炉，带雾化油燃烧器锅炉的特殊规定》（Heating boilers with forced draught burners，Special requirements for boilers with atomizing oil burners）（网址：www. cen. eu/cen/Products）；

5）欧盟标准化委员会颁布的 EN 303-3—1999/AC—2006 号标准《装有常压送风喷嘴的中央供暖锅炉，包括一个锅炉主体和一个强制通风燃烧器的系统》（Gas-fred central heating boilers，Assembly comprising a boiler body and a forced draught burner）（网址：www. cen. eu/cen/Products）；

6）欧盟标准化委员会颁布的 EN 303-4—1999 号标准《带强制通风燃烧器、输出功率不大于 70kW、最大工作压力 3 个大气压的供暖锅炉，术语、特殊规定、测试和标记》（Heating boilers with forced draught burners，Special requirements for boilers with forced draught oil burners with outputs up to 70 kW and a maximum operating pressure of 3 bar，Terminology，special requirements，testing and marking）（网址：www. cen. eu/cen/Products）；

7）欧盟标准化委员会颁布的 EN 303-5—2012 号标准《固体燃料、人工或自动点火、额定热输出不大于 500kW 级的供暖锅炉》（Heating boilers for solid fuels，manually and automatically stoked，nominal heat output of up to 500kW）（www. cen. eu/cen/Products）；

8）欧盟标准化委员会颁布的 EN 303-6—2000 号标准《带强制通风燃烧器的供暖锅炉，带有额定热输出不超过 70kW 雾化油燃烧器的混合锅炉的生活热水工作具体规定》（Heating boilers with forced draught burners，Specific requirements for the domestic hot water operation of combination boilers with atomizing oil burners of nominal heat input not exceeding 70 kW）（网址：www. cen. eu/cen/Products）；

9）欧盟标准化委员会颁布的 EN 303-7—2006 号标准《带有额定热输出不超过

100kW 强制通风燃烧器的常压送风喷嘴中央供暖锅炉》（Gas-fred central heating boilers equipped with a forced draught burner of nominal heat output not exceeding 1000 kW）（网址：www. cen. eu/cen/Products）；

10）设施指南研究院颁布的《医疗设施设计与施工指南（2010 版）》(2010 FGI Guidelines for Design and Construction of Health Care Facilities)（网址：fgiguidelines. org/）；

11）国际标准化组织颁布的 ISO 11143 号标准《牙科学，银汞合金分离器》(Dentistry, Amalgam Separators)；

12）美国环保部的能源之星项目（网址：energystar. gov）；

13）美国能源部颁布的《符合能源之星标准的灯泡，合作伙伴资源指南（2009 版）》(ENERGY STAR Qualified Light Bulbs, 2009 Partner Resource Guide)（网址：energystar. gov/ia/products/downloads/CFL _ PRG. pdf）；

14）美国国家研究委员会环境研究与毒理学分委会甲基汞毒理效应专业委员会在 2000 年颁布的《甲基汞的毒理效应》(Toxicological Effects of Methylmercury, Committee on the Toxicological Effects of Methylmercury, Board on Environmental Studies and Toxicology, National Research Council, 2000)（网址：nap. edu/catalog. php? record _ id ＝9899）；

15）国际标准化组织颁布的 ISO 14044 号标准；

16）美国国家历史地点登记（National Register of Historic Places）（网址：nrhp. focus. nps. gov）；

17）美国内政部国家公园管理局颁布的《处理历史遗产的标准》(Secretary of Interior's Standards for the Treatment of Historic Properties)（网址：nps. gov/ and nps. gov/ hps/tps/ standguide/）；

18）国际标准化组织颁布的 ISO 14021-1999 号标准《环境标识和声明-自我声明的要求（第 II 种类型的环境标识）》(Environmental labels and declarations-Self Declared Claims (Type II Environmental Labeling))；

19）国际标准化组织颁布的 ISO 14025-2006 号标准《环境标识和声明（第 III 种类型的环境声明-原则和程序）》(Environmental labels and declarations (Type III Environmental Declarations-Principles and Procedures))；

20）国际标准化组织颁布的 ISO 14040-2006 号标准《环境管理、全生命周期评价原则和框架》(Environmental management, Life cycle assessment principles, and frameworks)；

21）国际标准化组织颁布的 ISO 14044-2006 号标准《环境管理、全生命周期评价要求和指南》(Environmental management, Life cycle assessment requirements, and guidelines)；

22）欧洲标准化委员会颁布的 EN 15804-2012 号标准《施工可持续性、环境产品声明、施工产品目录的核心规则》(Sustainability of construction works, Environmental product declarations, Core rules for the product category of construction products)；

23）国际标准化组织颁布的 ISO 21930-2007 号标准《建筑施工中的可持续性-建筑产品的环境声明》(Sustainability in building construction-Environmental declaration of building products);

24）美国联邦贸易委员会颁布的《使用环境市场声明的指南，16 CFR 260.7e》（Federal Trade Commission，Guides for the Use of Environmental Marketing Claims，16 CFR 260.7e）（网址：ftc. gov/bcp/grnrule/guides980427. htm）；

25）全球报告计划的可持续报告（Global Reporting Initiative Sustainability Report）（网址：globalreporting. org/）；

26）经济合作和发展组织颁布的《跨国公司指南》（Organisation for Economic Co-operation and Development OECD Guidelines for Multinational Enterprises）（网址：oecd. org/daf/internationalinvestment/guidelinesformultinationalenterprises/）；

27）联合国全球契约计划颁布的《进展交流》（U. N. Global Compact，Communication of Progress）（网址：unglobalcompact. org/cop/）；

28）国际标准化组织颁布的 ISO 26000-2010 号标准《社会责任指南》（Guidance on Social Responsibility）；

29）森林指导委员会（Forest Stewardship Council）（网址：ic. fsc. org）；

30）可持续的农业合作组织（Sustainable Agriculture Network）（网址：sanstandards. org）；

31）雨林联盟（The Rainforest Alliance）（网址：rainforest-alliance. org/）；

32）美国实验与材料标准协会颁布的 ASTM D6866 号标准；

33）化学摘要服务（Chemical Abstracts Service）（网址：cas. org/）；

34）健康产品声明（Health Product Declaration）（网址：hpdcollaborative. org/）；

35）"从摇篮到摇篮"认证产品标准（Cradle-to-Cradle Certified Product Standard）（网址：c2ccertifed. org/product _ certifcation）；

36）欧洲化学品管理局颁布的《化学品的注册、评价、授权和限制》（Registration，Evaluation，Authorisation and Restriction of Chemicals）（网址：echa. europa. eu/support/guidance-on-reach-and-clp-implementation）；

37）清洁产品行动提出的用于评价化学品危险性和安全性的绿色屏障方法（GreenScreen）（网址：cleanproduction. org/Greenscreen. v1-2. php）；

38）美国实验与材料标准协会颁布的铜焊剂 ASTM B813 号标准；

39）美国实验与材料标准协会颁布的 ASTM B828 号标准《通过焊接铜与铜合金管及配件制作毛细管接头的规程》（Standard Practice for Making Capillary Joints by Soldering of Copper and Copper Alloy Tube and Fittings）；

40）美国加州颁布的 AB1953 号标准《输送人用水的铅质水管标准》（California AB1953 standard for lead water pipes used to convey water for human consumption）（网址：leginfo. ca. gov/pub/05-06/bill/asm/ab _ 1951-2000/ab _ 1953 _ bill _ 20060930 _ chaptered. html）；

41）绿色密封剂（GreenSeal）（网址：greenseal. org）；

42）2002 年国家电气规范中关于拆除和处置断开的含铅稳定剂导线的规定（2002 National Electric Code requirements for removal and disposal of disconnected wires with lead stabilizers）（网址：nfpa. org）；

43）欧盟颁布的《使用特定危害物质的限制》法令（Restriction of the Use of Certain Hazardous Substances of the European Union Directive）（网址：eur-lex. europa. eu）；

44）美国国家标准研究院和商用及机构用家具生产企业联盟联合颁布的 M7. 1-2011 号标准（网址：bifma. org/standards/standards. html）；

45）美国国家标准协会和商用及机构用家具生产企业联盟联合颁布的 e3-2001 号标准《家具可持续性标准和等级认证项目》（网址：levelcertifed. org）；

46）可持续回收商认证（Certifcation of Sustainable Recyclers）（网址：recyclingcertifcation. org）；

47）欧洲委员会废弃物框架指令 2008/98/EC（网址：ec. europa. eu/environment/waste/framework/index. htm）；

48）欧洲委员会废弃物燃烧指令 2000/76/EC（网址：europa. eu/legislation _ summaries/environment/waste _ management/l28072 _ en. htm）。

（7）室内环境质量

"室内环境质量"是 LEED BD＋C 里的第 7 类评价点，含 2 个强制项和 9 个评价点，共引用了 59 部其他规范标准，分别是：

1）美国供热、制冷、空调工程师协会颁布的 ASHRAE 62. 1-2010 号标准《可接受的室内空气质量需要的通风》（Ventilation for Acceptable Indoor Air Quality）；

2）美国供热、制冷、空调工程师协会颁布的标准 ASHRAE 170-2008 号标准《医疗设施的通风》（Ventilation of Healthcare Facilities）；

3）设施指南研究院颁布的《医疗设施设计与施工指南（2010 版）》（2010 FGI Guidelines for Design and Construction of Health Care Facilities）（网址：fgiguidelines. org）；

4）欧洲标准化委员会颁布的 EN 15251-2007 号标准；

5）欧洲标准化委员会颁布的 EN 13779-2007 号标准；

6）英国皇家注册设备工程师协会颁布的《CIBSE 应用手册 AM10》（CIBSE Applications Manual AM10，2005）（网址：cibse. org）；

7）美国实验与材料标准协会颁布的 ASTM E779-03 号实验标准《使用风扇加压确定空气渗漏率的标准实验方法》（Standard Test Method for Determining Air Leakage Rate by Fan Pressurization）；

8）美国实验与材料标准协会颁布的 ASTM E1827-11 号实验标准《使用小孔鼓风门确定建筑气密性的标准实验方法》（Standard Test Methods for Determining Airtightness of Buildings Using an Orifice Blower Door）；

9）欧洲标准化委员会颁布的 EN 1779-1999 号标准《无损检测、渗漏检测-方法和技术选择的标准》（Nondestructive testing, Leak testing-Criteria for method and technique selection）；

10）欧洲标准化委员会颁布的 EN 13185-2001 号标准《无损检测、渗漏检测-示踪气体法》（Nondestructive testing, Leak testing, Tracer gas method）；

11）欧洲标准化委员会颁布的 EN13192-2001 号标准《无损检测、渗漏检测-气体的基准渗漏量标定》（Nondestructive testing, Leak testing, Calibration of reference leaks for gases）；

12）住宅能源服务网络颁布的标准（RESNET Standards）（网址：resnet. us/stand-ards）；

13）美国环保部能源之星项目颁布的《集合住宅的测试协议》（ENERGY STAR Multifamily Testing Protocol）（网址：energystar. gov/ia/partners/bldrs _ lenders _ rat-ers）；

14）空调、采暖和制冷协会颁布的 AHRI 885-2008 号标准《空气处理箱和空气排气口应用中估计使用空间声音等级的规程》（Procedure for Estimating Occupied Space Sound Levels in the Application of Air Terminals and Air Outlets）（网址：ahrinet. org）；

15）美国供热、制冷、空调工程师协会颁布的标准 ASHRAE S12. 60-2010《学校的声学性能标准、设计要求和指南》（Acoustical Performance Criteria，Design Requirements，and Guidelines for Schools）；

16）美国供热、制冷、空调工程师协会手册《2011 版 HVAC 应用》第 48 章《噪音和振动控制》（2011 HVAC Applications，ASHRAE Handbook，Chapter 48，Noise and Vibration Control）；

17）加拿大国家研究协会 2002 年颁布的《施工技术更新第 51 号，演讲房间的声学设计》（NRC-CNRC Construction Technology Update No. 51，Acoustic Design of Rooms for Speech，2002）（网址：nrc-cnrc. gc. ca）；

18）美国供热、制冷、空调工程师协会颁布的 ASHRAE 52. 2-2007 号标准《测试一般性新风的方法-评价清洁设备基于颗粒尺寸的移除效率》（Method of Testing General Ventilation Air-Cleaning Devices for Removal Efficiency by Particle Size）；

19）欧洲标准化委员会颁布的 EN 779-2002 号标准；

20）英国皇家注册设备工程师协会颁布的《CIBSE 应用手册 AM13》（Chartered Institu-tion of Building Services Engineers Applications Manual AM10，2005）（网址：cibse. org）；

21）美国环保部颁布的《国家室外空气质量标准》（National Ambient Air Quality Standards）（网址：epa. gov/air/criteria. html）；

22）美国加州公共健康局颁布的《CDPH 标准方法，v1. 1-2010 版》（CDPH Stand-ard Method v1. 1-2010）（网址：cal-iaq. org）；

23）国际标准化组织颁布的 ISO 17025 号标准；

24）国际标准化组织颁布的 ISO 65 指南；

25）德国环保部颁布的 AgBB-2010（网址：umweltbundesamt. de/produkte-e/bau-produkte/agbb. htm）；

26）国际标准化组织颁布的 ISO 16000 号标准里的第 3、6、7、11 部分；

27）美国南部海岸空气质量管理局颁布的第 1168 号法令（South Coast Air Quality Management District Rule 1168）（网址：aqmd. gov）；

28）美国南部海岸空气质量管理局颁布的第 1113 号法令（South Coast Air Quality Management District Rule 1113）（网址：aqmd. gov）；

29）欧盟颁布的欧洲油漆法令 2004/42/EC（European Decopaint Directive）（网址：ec. europa. eu/environment/air/pollutants/stationary/paints/paints _ legis. htm）；

30）加拿大环保部颁布的《建筑涂料 VOC 浓度限值》（Canadian VOC Concentration

Limits for Architectural Coatings）（网址：ec. gc. ca/lcpe-cepa/eng/regulations/detail-Reg. cfm? intReg＝117）；

31）香港环保署颁布的《香港空气污染控制法规》（Hong Kong Air Pollution Control Regulation）（网址：epd. gov. hk/epd/english/environmentinhk/air/air _ maincontent. html ）；

32）美国加州环保局颁布的 CARB 93120《复合木材制品通过空气传播的有毒物质控制措施》（CARB 93120 ATCM）（网址：arb. ca. gov/toxics/compwood/compwood. htm）；

33）美国国家标准协会和商用及机构用家具生产企业联盟联合颁布的标准 M7. 1-2001《确定办公家具系统、组成部分和座椅释放 VOC 的标准实验方法》（Standard Test Method for Determining VOC Emissions from Ofce Furniture Systems，Components and Seating）（网址：bifma. org）；

34）美国国家标准协会和商用及机构用家具生产企业联盟联合颁布的标准 e3-2011《家具可持续性标准和等级认证项目》（Furniture Sustainability Standard）（网址：bifma. org）；

35）美国国家标准协会和国家金属板材和空调供应商联盟联合颁布的标准 ANSI/SMACNA 008-2008《在用建筑施工中室内空气品质指南，第二版，2007》的第三章（Sheet Metal and Air-Conditioning National Contractors Association IAQ Guidelines for Occupied Buildings under Construction，2nd edition，2007，Chapter 3）（网址：smacna. org）；

36）欧洲标准化委员会颁布的 EN 779-2002 号标准；

37）英国标准 5228—2009（医疗卫生）（British Standard 5228—2009，Healthcare）（网址：bsigroup. com）；

38）美国医疗卫生工程师协会和美国疾病防控中心联合颁布的《传染控制危险评估》（Infection Control Risk Assessment ICRA Standard）（网址：ashe. org/advocacy/organizations/CDC）；

39）美国疾病防控中心颁布的 2003-112 号出版物《在屋面铺设热沥青过程中的沥青烟雾暴露》（Asphalt Fume Exposures During the Application of Hot Asphalt to Roofs）（网址：cdc. gov/niosh/topics/asphalt）；

40）美国实验与材料标准协会颁布的 ASTM D5197-09e1 号实验标准《确定空气中尿素甲醛和其他羰基化合物的标准实验方法》（Standard Test Method for Determination of Formaldehyde and Other Carbonyl Compounds in Air）；

41）美国实验与材料标准协会颁布的 ASTM D5149-02 号实验标准《通过乙烯化学发光连续测量大气中臭氧含量的标准试验方法》（Standard Test Method for Ozone in the Atmosphere：Continuous Measurement by Ethylene Chemiluminescence）；

42）国际标准化组织颁布的 ISO 4224 号标准；

43）国际标准化组织颁布的 ISO 7708 号标准；

44）国际标准化组织颁布的 ISO 13964 号标准；

45）美国环保部颁布的《确定室内空气中污染物的方法纲要》中的 IP-1、IP-3、IP-6、IP-10（Compendium of Methods for the Determination of Air Pollutants in Indoor Air）（网址：nepis. epa. gov）；

46）美国环保部颁布的《确定室外空气中非无机化合物的方法纲要》中的 TO-1、

TO-11、TO-15、TO-17（Compendium of Methods for the Determination of Inorganic Compounds in Ambient Air）（网址：epa. gov/ttnamti1/airtox. html）；

47）美国加州公共健康局颁布的《使用环境舱测试和评估来自室内源头的挥发性有机化学释放物的标准方法，v1. 1-2010 版》（Standard Method for the Testing and Evaluation of Volatile Organic Chemical Emissions from Indoor Sources using Environmental Chambers，v1. 1-2010）（网址：cal-iaq. org/separator/voc/standard-method）；

48）美国供热、制冷、空调工程师协会颁布的 ASHRAE 55-2010 号标准《人居住的热环境条件》（Thermal Environmental Conditions for Human Occupancy）；

49）美国供热、制冷、空调工程师协会颁布的《ASHRAE 暖通空调系统使用手册（2011 版）》中的第 5 章（ASHRAE HVAC Applications Handbook，2011 edition，Chapter 5）；

50）国际标准化组织颁布的 ISO 7730-2005 号标准；

51）欧洲标准化委员会颁布的 EN 15251-2007 号标准；

52）北美照明工程师协会颁布的《照明手册（第 10 版）》（The Lighting Handbook，10th edition）；

53）北美照明工程师协会颁布的《IES 照明测量（LM）83-12：IES 空间全自然采光百分比和阳光照射》（IES Lighting Measurements（LM）83-12，Approved Method：IES Spatial Daylight Autonomy and Annual Sunlight Exposure）（网址：webstore. ansi. org）；

54）《窗和办公室：关于办公室人员表现和室内环境的一项研究》（Windows and Offices：A Study of Office Worker Performance and the Indoor Environment）（网址：：h-m-g. com）；

55）美国国家标准协会颁布的标准 ANSI S1. 4 号标准《商用建筑测量规程》（Performance Measurement Protocols for Commercial Buildings）；

56）《2010 版医疗建筑噪音和振动指南》（2010 Noise and Vibration Guidelines for Health Care Facilities）（网址：http：//speechprivacy. org/joomla//index. php? option=com _ content&task=view&id=33&Itemid=43）；

57）美国国家标准协会颁布的 ANSI S12. 60-2010 号标准《美国国家学校声学性能标准、设计要求和指南》中的第一部分《永久性学校》（American National Standard Acoustical Performance Criteria，Design Requirements，and Guidelines for Schools，Part 1，Permanent Schools）（网址：asastore. aip. org）；

58）美国国家标准协会颁布的标准 ANSI T1. 523-2001 号标准《电信索引（2007 版）》（Telecom Glossary 2007）（网址：ansi. org）；

59）美国实验与材料标准协会颁布的 ASTM E966 号实验标准《建筑幕墙和幕墙构件中空气传声隔声材料的现场测量标准指南》（Standard Guide for Field Measurements of Airborne Sound Insulation of Building Facades and Facade Elements）。

3. LEED 引领的美国绿色建筑标准体系分析

（1）LEED 引用的规范标准的数量

根据 2.1 节整理的资料可以看出，LEED v4 BD+C 引用和参考了大量规范标准。表 2-1 按照 9 大类技术评价点分别统计了 LEED v4 BD+C 引用的规范标准数量，总数超过

150 个。这其中尤以"材料与资源"和"室内环境质量"这两类评价点引用的规范标准数量为多,前者引用了 48 部规范标准,后者引用了多达 59 部规范标准。

LEED BD＋C 中 9 大类评价点引用的规范标准的数量统计　　　　表 2-1

技术评价点类别	a-IP	b-LT	c-SS	d-WE	e-EA	f-MR	g-IEQ	h-IN	i-RP
引用的规范标准数量（j）	1	12	14	8	19	48	62	0	0
总计					162				

注：a-IP 代表 Integrative Process，即整合设计过程；B-LT 代表 Location & Transportation，即位置与交通；c-SS 代表 Sustainable Site，即可持续场地；d-WE 代表 Water Efficiency，即水效率；e-EA 代表 Energy & Atmosphere，即能源与大气；f-MR 代表 Materials & Resources，即材料与资源；g-IEQ 代表 Indoor Environmental Quality，即室内环境质量；h-IN 代表 Innovation，即创新；i-RP 代表 Regional Priority，即地区有限；j-该总数未考虑 9 大类评价点中互相重复的规范标准，按照整个 LEED BD＋C 计算的话，实际引用的不重复的规范标准数量要略少一些。

（2）LEED 引用的规范标准的来源

LEED 引用规范标准的另一大特点是来源的广泛性。按照国家和地区划分，LEED 引用的规范标准来自美国、欧盟、加拿大、英国等国家和地区。按照颁布标准的组织机构划分，LEED 引用的规范标准有的由国际标准化组织（ISO）颁布，有的由美国联邦政府颁布（例如美国环保部，即 EPA），有的由美国地方政府颁布（例如加州环保署），有的由著名的行业协会颁布（例如美国供热、制冷、空调工程师协会），还有的由非政府组织颁布（例如雨林联盟）。

在 LEED 引用的规范标准里，来自美国国内的占大部分，其次是来自欧盟的。被引用较多的规范标准颁布机构包括国际标准化组织（ISO），美国供热、制冷、空调工程师协会（ASHRAE），美国国家标准研究院（ANSI），美国实验与材料标准协会（ASTM），欧洲标准化委员会（CEN）等。

4. LEED 引用的规范标准的性质

首先需要强调的是，LEED 引用的不仅仅是严格意义上的"规范和标准"，还包括很多其他性质的文献，例如法令、指南、行动计划等，甚至还包括某些组织和机构的网站。因此，可以认为由 LEED 引领的标准体系是一个多元、开放、类型丰富的体系。这和绿色建筑覆盖面广，涉及的技术点多，涵盖多个专业有关。

在表 2-1 统计的 162 部技术文献中，严格意义上的"规范和标准"大约占比 46％，接近一半。这些规范标准的技术内容包罗万象，以涉及建筑设备系统和建筑材料的为多。这是因为这两部分的内容涉及的技术最为详细，实难在 LEED 标准内部进行详尽地规定，只能依靠引用外部资源予以解决，这也是世界多国绿色建筑标准普遍采用的通行做法。

2.1.3　LEED 形成的标准体系的启示

由于绿色建筑涉及建筑工程项目的各个环节、各个专业，因此规范和指导绿色建筑设计、施工、运营的标准必须综合考虑大量技术内容，这和建筑工程行业其他任何单项标准都不一样，是绿色建筑标准大量引用和参考其他规范标准从而形成标准体系的内在原因。

作为世界范围内出现较早、项目最多、国际影响力最大、商业化最成功的 LEED 标准，在引用和参考其他规范标准并形成标准体系方面有很多值得借鉴之处。首先，LEED大量引用其他规范标准，并且在若干关键技术评价点上选择具有权威性的规范标准进行引用，例如能源与大气类别里的"最低节能性能"和"优化节能性能"这两个重要的技术评价点都引用了 ASHRAE 90 号标准。这种做法使得 LEED 能够确保覆盖绿色建筑各个方面的要求，同时在重要的技术细节上有明确而详尽的规定，大大增强了标准的全面性和适用性。其次，LEED 形成的标准体系具有开放的特征，其引用和参考的规范标准不仅限于美国，还包括欧盟标准、加拿大标准等，体现出明显的国际化。开放的特征不仅体现在引用的规范标准的来源地上，还体现在 LEED 引用了大量严格意义上不算规范标准的技术文献上，包括法规法令、技术指南等。

2.2 DGNB 形成的绿色建筑标准体系及其启示

2.2.1 DGNB 建筑标准概况

本节将对"德国可持续建筑标准"（以下简称 DGNB）的相关内容、发展过程、组织模式和认证模式进行讨论。DGNB 的字面含义是德国可持续建筑协会（Deutsche Gesell-schaft für Nachhaltiges-Bauen e. V. ）的缩写。德国推广 DGNB 标准，在很大程度上是受到 LEED 等绿色建筑标准在国际上得到广泛接受的影响。在德国官方部门的大力支持下，同时基于德国多年积累的高质量建筑工业水准，德国可持续建筑协会（Deutsche Gesell-schaft für Nachhaltiges-Bauen e. V. ）发展出了"德国可持续建筑标准"。

与"美国绿色建筑评估体系"（Leadership in Energy and Environmental Design，LEED）和"英国绿色建筑评估体系"（Building Research Establishment Environmental Assessment Methodology，BREEAM）等国际上广泛采用的标准相比，"德国可持续建筑标准"属于第二代建筑评估体系，该体系克服了第一代绿色建筑标准主要强调生态等技术因素的局限性，强调从可持续性的三个基本维度（生态、经济和社会）出发，在强调减少对于环境和资源压力的同时，发展适合用户服务导向的指标体系，使"可持续建筑标准"帮助指导更好的建筑项目规划设计，塑造更好的人居环境。

"德国可持续建筑标准"一方面体现了以德国为代表的欧洲高质量设计标准，另一方面指标体系的建设者也致力于构建适合世界上不同地区制度、经济、文化和气候特征的认证模式，以利于"可持续建筑标准"的推广和国际化进程。因此，下文将围绕满足多样性和实现高标准，探讨 DGNB 对于可持续建筑内涵的把握，分析确定相关指标体系的方式，举例解析某些指标的定义和评估方法，最后还将通过案例来展示 DGNB 如何实现更好地指导高标准的建筑和规划设计。

图 2-4 给出了目前世界上的绿色建筑/可持续建筑评价体系。

2.2.2 第二代可持续建筑标准

1. 可持续性的内涵
追求可持续发展是今天德国社会的整体发展理念。这个理念确立了建筑和规划领域工

图 2-4　目前世界上的绿色建筑/可持续建筑评价体系

作的行动原则，要求人们对于世界上的自然资源采取负责任的处理态度。关于可持续发展，目前最为权威的定义源于联合国于 1987 年出台的布伦特兰报告。"可持续发展是既满足当代人的需求，又不对后代人满足其需求的能力构成危害的发展……发展是可持续发展的前提；人是可持续发展的中心体；可持续长久的发展才是真正的发展。使子孙后代能够永续发展和安居乐业。"这些基本思想后来都纳入了 1992 年里约热内卢首脑会议发表的"可持续发展战略"的宣言当中。在如何将全球层面的可持续发展要求转化到地方层面的问题上，1994 年，欧洲各国在丹麦的奥尔堡（Aalborg）签署了"奥尔堡宪章"，率先将联合国布伦特兰报告和里约峰会宣言中提到的发展"可持续城市"要求加以落实（Bodenschatz，Harald，2010）。

在德国，所谓"可持续建筑"在很大程度上是从以前的"生态建筑"发展而来。不过，"可持续建筑"与"生态建筑"在内涵上又有所区别，"可持续建筑"超越了单纯的生态因素，为此专家们发展出了生态性、经济性和社会性的综合体系。DGNB 就是对建筑和房地产领域的生态性、经济性、社会性所进行的量化描述。与相对看重生态环保的第一代绿色建筑评价标准不同，作为第二代评价标准，这三个维度在 DGNB 中有同样重要的地位，各自所占的百分比加权是一样的。

在当今世界上，建筑相关的社会活动消耗了相当高比例的自然资源，而且还引起了40％的碳排放量。因此，建筑与房地产领域有必要为社会的可持续发展承担相应责任。为了实现可持续性的目标，就需要确保建筑物在三个维度方面的质量和价值，不仅要满足资源更加友好、降低对于环境负担的要求，还要使建筑物能够拥有更加完善的社会用途。因此在可持续的建造中，就需要使生态、经济和社会目标得到同等的考虑，并且在建设过程中加以实现。从这个意义上来看，就需要考虑建筑物从规划设计一直到拆除的整个全生命周期中的表现。

2. 全生命周期的评估

DGNB认证标准的核心是在全生命周期体现可持续性，即从建材原料的开采到建材及建筑构件生产、到施工、再到投入使用的运营阶段、再到维修保养以及拆除回收再利用的全过程（图2-5）。建筑项目初期的投入对于建筑的影响是综合的，只有从建筑全生命周期的角度对建筑进行评价，才能体现其对长期环境、投资与社会的影响，从而体现可持续发展的根本意义。从这个角度，可以帮助我们探讨一些工作中常见的问题：比如外保温材料生产过程会产生环境有害物质，到底值不值得？高技派建筑设计中大量运用昂贵的设备，是不是必要？这些问题都不能简单地进行是非回答。根据具体项目的不同，可以通过进行系统量化的全生命周期评估（Life Cycle Assessment，简称LCA）以及全生命周期成本计算来进行解释。

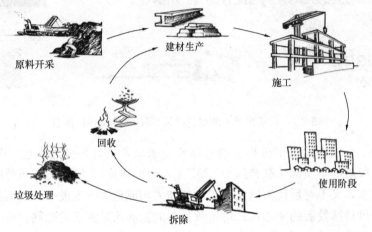

图2-5 建筑的全生命周期过程

全生命周期评估的研究对象不仅包含建筑材料与构件产品，还包含相关的服务内容，如运输、安装、废料填埋等。基于确定的研究框架（如预定的建筑寿命，例如50年），全生命周期研究方法要求将建筑项目在步骤和产品两个维度上进行拆分：例如，在步骤上可分为建材生产阶段、建筑施工阶段、使用阶段、维护阶段、处理与回收阶段等；在每个阶段，都有特别的研究对象，如每项建材的生产（包含原料及开采、生产过程耗能的能源材料及其开采等）、运输中产生的能耗及环境影响、使用过程中由于电气、采暖、通风等产生的能耗及环境影响、维修替换的新增建筑构件、旧建筑构件的处理方式产生的能耗及环境影响等等。在确定研究对象后，针对每个单体研究对象，进行环境数据的收集，包括非可再生能源消耗、可再生能源消耗、温室气体排放量、臭氧层破坏指数、环境酸化指数（酸性气体排放量）、土地富氧化指数，等等。在DGNB中，针对特定的几项生命周期评估指数，都存在着专门的认证条款。DGNB认证要求一个严格标准化的全生命周期评估，这使得DGNB在量化上是严格、科学的，在这点上与国际上其他绿色建筑标准有较大不同，也体现了这个在德国更为流行的"可持续建筑"概念与"绿色建筑"等概念的不同之处。

全生命周期的环境数据收集需要有完善的数据库和整个工业体系的支持。最重要的数据参考是产品的生产方随产品推出的"产品环境报告（EPD）"，其中总结了产品生产过程中的各项环境数据指标及相应的证明。"产品环境报告"在未来可能与"使用说明书"、

"安全说明书"等一样，内容将不仅限于建筑行业的必须提供的随产品材料。除此之外，世界范围内也有很多研究机构和公共机构制定了为生命周期评估使用的环境数据库。DGNB的德国版本要求不具有"产品环境报告"的产品及服务使用德国联邦交通、建筑与城市规划发展部制定的"Ökobau.dat"数据库。德国市面上的一些生命周期评估软件如"GaBi"、"LEGEP"等，都对该数据库有很好的支持。在初期设计阶段，即使不能确定建材构件的生产单位，标准数据库中的数据也可以作为建筑师设计的参考依据，通过基于标准数据库的预评估，帮助设计人员对方案在更节能、更环保的目标下进行调整。

生命周期评估的结果在DGNB的"生态性"条款方面占到近一半左右，而生命周期成本计算则在"经济性"方面占到60%，可以说在DGNB总计60项以上的条款中占有举足轻重的地位。除了直接作为认证条款被评估以外，从全生命周期角度进行项目实施与设计，也可以间接提高其他认证条款（如舒适性、维修替换方便性以及回收利用可能性等）取得好成绩的可能。

3. 致力于可持续设计的质量调控

（1）DGNB的优势

DGNB认证本身并不是国家强制推行的法律规范，这一认证体系能够实现迅速推广，离不开自身作为第二代可持续建筑认证体系的优势。在激烈的市场竞争过程中，DGNB必须在保证追求高质量的可持续建筑的过程中，满足用户的多样性需求，使自身具备高度的适应性，良好地应对世界各地复杂的制度、经济、社会、文化和自然气候条件。"德国可持续建筑协会"（DGNB）总结DGNB认证体系所具有的11个优点（Deutsche Gesellschaft für Nachhaltiges Bauen 2009）：

1）对可持续建筑项目有积极的推动作用；

2）在早期设计阶段实现成本控制，提高了投资的安全性；

3）通过整体设计和透明完善的档案资料管理，降低了建造、运营和拆除阶段的风险；

4）贴近实践的设计辅助工具；

5）关注建筑的全生命周期质量；

6）体现了德国建筑的品质，而这要依靠认证体系与德国在建筑法规及长期的节能建筑领域积累的经验；

7）认证标准本身也是一种重要的品牌和营销手段；

8）全面描述了一个房产项目的质量，由此增强了建筑质量对业主和消费者在租购房产过程中的透明度；

9）评估工作本身是针对建筑性能而非特定的建筑设计手段开展工作，这样也就确保了设计方具有更大的发挥空间；

10）认证标准不仅仅是评价侧重技术性的"绿色建筑"，还综合考虑并对建筑的经济性和社会性加以评价；

11）认证标准具有足够的灵活性，能够适应新的科技发展情况，并处理世界各地的多样性状况。

这些优点的基础是德国社会各行业对于节能和可持续发展的自觉性。除了长期的可持续发展政策要求与宣传以外，这种自觉性主要来源于以下几个现实方面的推动力：1）德国已经通过国家立法，确定要在2022年全面实现无核化，所有核电站都将关闭，这将使得能源费用大幅上涨，成为建筑建设及运维费用开支的一大部分，而这一趋势对开发商和建筑业主的相关决策将起到重要的影响；2）德国是《京都议定书》的责任国，即在每年有规定量的温室气体减排义务，德国致力于到 2020 年，单位 GDP 能耗比 1990 年的水平降低 40％，考虑到每年新增的建筑数量有限，不会超过整个建筑保有量的 1％，因此有必要充分重视对各种现有建筑和设施的改造；3）相对于中国这样处于快速城市化过程中的国家来说，德国的建筑市场饱和，基础建设项目开发和房地产交易等行业的利润有限，投资方倾向于选择那些具有更低风险的项目，以保证可以在长期持有和运营期持续获利的可能。这些因素都是德国作为最早提出第二代可持续建筑认证体系的重要基础。

（2）通过整合性设计进行引导

与"绿色建筑"类似，整合性设计（Integrated Design）都是近年来世界建筑行业产生的"时髦"概念之一。与建筑行业传统的线性工作流程（甲方前期策划→建筑师创作方案→扩初→技术专业参与配合→各专业协同施工图设计→施工单位施工）相比，整合性设计强调在建筑项目的各个阶段，特别是前期阶段，就需要追求各专业平等的协同合作，促进项目策划、方案设计、工程实施等不同阶段的连贯性，提高整个过程的质量，推动可持续建筑的发展（Prins，Owen 2010）。

图 2-6 说明了尽早进行各专业协同的必要性，以便将可持续建筑认证标准中所涉及的内容与设计过程尽可能整合到一块，从而更大程度地提高这些因素在可持续性和节能环保效果上的影响力，这样还能有效减少成本和避免浪费工作量。对于整合性设计来说，要求设计师不仅仅是在前期设计考虑建筑全生命周期的运营情况，更重要的是要鼓励投资方、设计单位、使用者、施工单位、物业管理单位等这些在建筑项目的全生命周期中有重要影响力的相关者，能够在项目前期参与到立项和设计中去，保证不同的利益与专业发展都能够对设计方案的可持续性提出自己的意见。

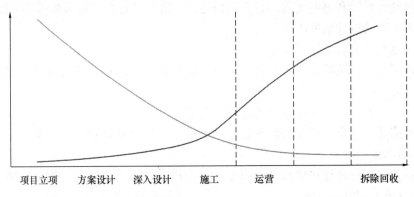

图 2-6　实施整合性设计的意义（制作参考 Ebert et al. 2010）

从认证指导设计的角度上看，运用整合性设计方法能够帮助提高认证条款各方面的成绩；从认证本身的角度上说，在早期利用整合性设计，有效地针对建筑可持续性进行设计优化，本身也是 DGNB 评价标准的一个条款。这其中包括是否对项目实施过程（从前期立项、设计到施工）中各相关方参与针对建筑项目可持续性的例会进行记录；是否在项目各阶段存档中整合了证明、计算及核查 DGNB 认证条款的内容；使用者或其代表是否参与了对项目立项、实施方案及时间计划的表决；是否在项目各阶段有向各个参与方及公众发布公告等（Deutsche Gesellschaft für Nachhaltiges Bauen 2009）。

先进的设计辅助工具及项目管理方法，是整合性设计可以执行的保障。建筑信息化模型及建筑性能计算机模拟的运用，使得各方能够在设计阶段对各专业各项技术指标方便地进行监控，并以此进行设计调整。在管理上，自动化的记录与过程优化工具也越来越多。而在没有这些工具的过去，在前期设计阶段做到量化的设计优化与项目管理优化几乎是不可能的。

4. 面向国际化应用的认证标准

（1）DGNB 标准与德国自身的制度和工业体系的关系

为了理解 DGNB 与德国整个法律法规及标准体系的相互关系，有必要对德国的法律法规体系进行简单的介绍。德国的法律法规体系首先是由联邦和联邦州制定的法律、行政法规、规范标准三个等级组成，且下级规定不能与上级规定相违背。随着逐渐融入欧盟中，德国越来越多地受到了欧盟各部门政策和欧盟法规的影响。法律条款对于所要规范领域中的对象提出了各种规范性的要求，并做出了一系列强制性和建议性的规定，基于相关的法律授权，各个行政主管部门制定了一系列的行政法规作为法律条款的详尽补充。而技术性的规范标准则为行政法规的实施提供了有效的技术证明、实施手段及监督依据。法律法规中对相应技术性规范标准的使用，均有强制性规定。与我国相类似，德国的技术性规范标准也是由国家标准研究院（Deutsches Institut für Normung，缩写为 DIN）制定的，内容极为详细和庞杂，涉及生产生活的方方面面，更是德国工业与科技健康发展的重要保障。

在建筑和城市规划领域，联邦和各联邦州在法律法规的制定和管理方面有所分工：在联邦层面制定了作为成文法法典的《建设法典》，作为全国范围内规范城市规划问题的法律根据，并制定了一系列相关规范和用于规范城市开发的相关技术标准；而对于具体建设项目的申请和审批，基于德国宪法中规定规划属于地方性事物的原则，则是由各联邦州自己制定建设项目相关的法规，各州之间对具体的规定（主要是建筑规范的具体指标等）有一些差异，但是基本结构和内容是很相似的。德国与节能可持续建筑相关的一些法律法规如图 2-7 所示。

这些法律法规在建筑设计项目中被大量提及和使用。特别是在技术性规范标准中，有大量细节性的计算方法和参照数据可供使用。满足《节能条例》（Energieeinsparverordnung，EnEV）规定的新建建筑将被颁发能耗证书，不过与 DGNB 认证不同，这个证书是具有行政强制效力的，是新建建筑的市场准入条件。与这些法律法规十分不同，DGNB 认证目前则是由非政府机构——德国可持续建筑协会（也缩写为 DGNB）制定的，完全自愿参加，并不具有法律和强制意义的认证。因此 DGNB 并不属于上述的"金字塔"式的法规体系。不过在 DGNB 认证中，大量的计算证明过程主要还是依照《节能条例》等法规和标准（例如《建筑能耗计算》DIN V 18599 和《全生命周期环保评估》DIN EN ISO 14040）等进行。在后面的章节中，我们将举例说明，DGNB 是如何以其他法规标准为计算依据，对某一具体的认证条款进行计算证明的。

（2）国际性推广的进展情况

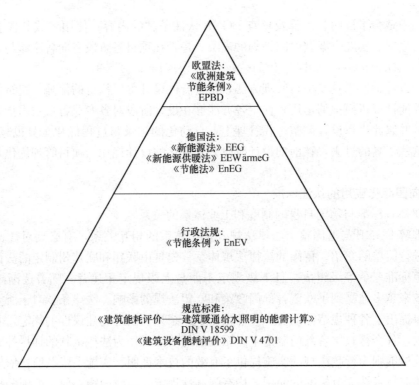

图 2-7　在德国法律法规体系不同层级中与节能建筑相关的部分内容

目前世界上存在着不同的针对建筑物的可持续性水平进行评价的认证体系,例如美国的 LEED,英国的 BREEAM,法国的 HQE 或者日本的 CASBEE。与 DGNB 相比,这些评价体系在评价过程中主要是评价一个建筑物在生态方面的可持续性,及环境友好和资源友好的程度如何。而 DGNB 的认证体系,则是超越了这个单纯的范畴,涉及的内容除了建筑物在可持续方面完整的全生命周期以外,还评价了生态、经济和社会文化方面的因素,此外还考虑了技术以及过程和区位方面的质量。

通过考察确定 DGNB 本身技术标准的过程可以看到,DGNB 的指标体系依赖于德国在建筑工业长期构建起来的制度和质量控制体系。认证标准的量化依据在很大程度上参考了相关的法律法规和技术标准体系。从这个经验出发,DGNB 在国际化过程中也发展出了一套与所在国当地的制度和社会环境相结合的质量控制模式。使自身能够适应技术和社会发展的变化,特别是考虑到不同国家在气候条件、法律制度、建筑管理等方面的规定。为了与进行认证地区特点相适应,DGNB 强调对当地法规的适应,尽量使用符合当地情况的标准和技术标准中的参照值进行认证条款的计算证明。以我国为例,DGNB 开发了针对我国法规条件的适应版本,在我国通过认证的项目都是根据这个适应版本进行的评估。

在德国之外,奥地利的可持续房地产协会首先进行了系统适应方面的工作。DGNB 的合作组织在 2009 年成立。此后,德国的 DGNB 系统根据奥地利的法律规定和规范进行了调整,制定了奥地利版本的《可持续建筑证标准》。在 2010 年 1 月,奥地利的可持续房地产协会,为温哥华冬奥会的奥地利馆颁发了 DGNB 预认证的银质证书。继奥地利之后,瑞士的可持续房地产协会(SGNI)于 2010 年成立,同时在 2012 年 1 月,也完成了第一个瑞士版本的 DGNB 认证证书。

通过与其他国家的非营利和非政府组织进行合作，DGNB 认证体系使自身能够应对世界上不同区域的多样性要求。到 2012 年 2 月为止，DGNB 已经在保加利亚、丹麦、匈牙利、泰国、奥地利、中国和瑞士建立了一系列的合作组织。另外还有很多其他的国家也对 DGNB 体系表现出了兴趣。在土耳其、希腊、意大利、巴西、俄国、斯洛文尼亚和西班牙，已经签署了准备建立合作组织的谅解备忘录。

通过这种过程，DGNB 系统就在全球范围的不同国家发展出了各种国际版本的 DGNB 体系。并且也使得认证工作在全世界得到应用。不过在重视适应各个国家不同条件的同时，DGNB 的标准并没有进行过多改动，其本身的核心质量标准系统仍然是建立在符合当前欧洲标准之上的。

2.2.3 DGNB 认证的方式

1. 认证条款的基本架构

根据以上对于可持续性的内涵及其所对应三个基本维度（生态性、经济性和社会性）的讨论，DGNB 在进行评估和发放可持续建筑证书的过程中，通过定性和定量相结合的方式，把那些体现了资源和环境友好、功能完善、使用舒适的特征确定下来，此外也要把那些社会和文化方面的内容整合进来。而相关内容的确定，所依据的是长期的建筑和规划实践，它也体现出 DGNB 的认证过程本身就是一个实效性的工具。

对于建筑物的评价来说，DGNB 认证条款需要从生态、经济和社会文化方面综合协调，因此专家总共定义出了 6 个性能维度，它们构成了认证条款的整体架构。换句话说，一个可持续的建筑作品在从规划设计、建造、运行和拆除的全生命周期中，必须能够同时体现以下 6 个性能维度的要求：

（1）生态质量；

（2）经济质量；

（3）社会文化质量；

（4）技术质量；

（5）过程质量；

（6）区位质量。

基于长期的建筑和规划实践经验以及搜集到的大量数据，研究人员使用一系列专门的评价指标对各个性能维度加以定义。考虑到建筑物的功能类型和工程任务的特点（新建或者改造）等各种不同情况，研究人员会根据具体情况制定与之相对应的专门指标条款。截至 2012 年 2 月，根据不同的建筑功能类型内容和工程任务，DGNB 证书的类型包括：办公和行政建筑（新建、现代化改造、完全整治和现状保护），新建的工业、商业和酒店建筑，教育和居住建筑（超过 6 个居住单元）以及混合利用的建筑物，乃至城市街区层面等不同的 20 种类型。

在不同的评价体系中，不仅各自出现指标会有所差异，即使是同一个指标所占的权重也会不一样。此外需要指出的是，由于 DGNB 评估强调从全生命周期来进行观察，越是在规划阶段早期进行考察的指标，就越会对后来建筑作品所实现的质量产生影响。

整个认证过程就是对满足各个指标条款的情况进行分别考察，并将各个部分的得分加以累加。最后的总分，则是由每一性能维度的得分，乘以该性能维度的百分比（如经济性占 22.5%）加和所得。根据满足所定义指标条款要求的情况，建筑物就会被授予铜奖（满足程度达到 50%）、银奖（满足程度达到 65%）和金奖（满足程度达到 80%）。DGNB 6 个性能维度（图 2-8）的每一项评价条款，分值一般都在 0~10 分之间，每个性能维度中的不同项乘以其加权的和，占该性能维度满分的百分比。最后的总分，则是由每一大方面的得分，乘以该大方面的百分比（如经济性占 22.5%）加和所得。为获得 DGNB 的金银铜牌，最后的总分和每一大方面分别的总分都必须满足在某个临界值以上。具体临界值如表 2-2 所示。图 2-9 给出了项目根据 6 个性能维度的评价结果。

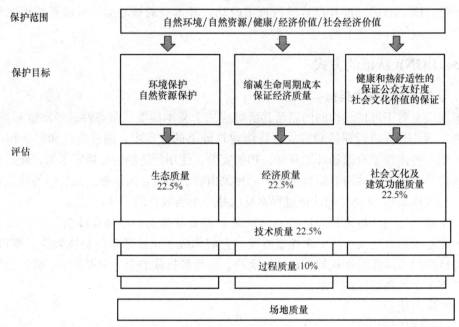

图 2-8　6 个性能维度各自所占的权重

DGNB 的评级标准（制作参考 Deutsche Gesellschaft für Nachhaltiges Bauen 2009）　表 2-2

	总得分在…之间	每方面得分在…以上
金牌	80%~100%	65%
银牌	65%~80%	50%
通牌	50%~65%	35%

2. DGNB 认证的工作流程

按照德国可持续建筑质量认证协会的描述，DGNB 的认证过程概括起来可分为以下几个步骤（Deutsche Gesellschaft für Nachhaltiges Bauen 2009）：

（1）由认证师就待认证的建筑项目提出申请注册；

（2）由 DGNB 与建筑项目所有方（甲方）签订认证合同；

（3）认证师向 DGNB 组织下运营公司提交要求的所有材料；

（4）DGNB 将每次委派两名第三方审核人员进行先后两次的内容审核，并将审核报告提交认证师。根据第一次的审核报告及疑问，认证师将做进一步的说明并提交补充材料；

（5）根据审核报告，DGNB 认证委员会将给出认证评级结果，并通知甲方和认证师；

（6）认证师可在审核员的陪同下对审核进行复查。

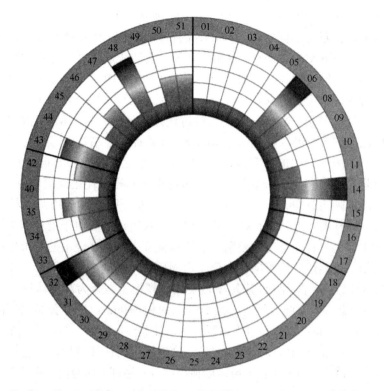

图 2-9　项目根据 6 个性能维度的评价结果

从上述的过程来看，DGNB 认证过程的参与者可以分为四方，即建筑项目所有者（甲方）、认证师、设计团队及 DGNB 协会。其中认证师（Auditor）扮演认证代理人的角色，主持并引导整个认证过程的进行。认证师的资格必须由 DGNB 协会授权许可。在我国工作的注册认证师共有 22 名，分别工作在上海、北京、青岛等城市的建筑事务所或开展相关业务的咨询公司，详情可在 DGNB 官方网站（www.dgnb-system.de）上查询（DGNB Auditoren und Consultants 2014）。

任何具有建筑、土木、自然科学及经济学硕士学位，并在建筑地产行业具有两年以上工作经验的人员，或者具备其他建筑地产行业相关职业学历并在该行业从事五年以上工作的人员，均有资格参加 DGNB 组织的认证师培训课程，该课程共计 200 小时，通过考试即获得注册认证师资格。

有参加 DGNB 认证意愿的建筑项目所有方应主动与认证师联系并形成委托关系。为了使建筑项目在 DGNB 认证中获得理想的结果，甲方应该让认证师尽可能早地参与到项目实施过程中去，比如从方案设计甚至项目策划阶段就开始允许认证师的介入，以此保证参与 DGNB 认证对项目的控制产生尽可能大的影响。甲方可以决定，认证师是仅仅从事与认证过程资料档案整理、计算证明以及事务性工作（必做动作），还是同时来扮演针对建筑方案的节能可持续性的咨询顾问角色，为设计方案的优化提出意见，甚至参与到设计方案创作过程中去（选做动作）。认证师在甲方和 DGNB 组织间起到一个重要的纽带作用，一方面他肩负着甲方委托的获取理想 DGNB 认证结果的目标，另一方面也代替 DGNB 组织，传达可持续建筑的理念，并监督着可持续建筑项目的实施过程。关于认证师职责中的"必做动作"和"选做动作"，DGNB 课程和手册中都做出了详细的规定（可参见 Deutsche Gesellschaft für Nachhaltiges Bauen 2009）。

针对建筑项目实施的不同阶段，DGNB 的认证证书分为两种，即前期认证和最终认证，这与英国的 BREEAM 认证等有着相似之处。前期认证证书是针对建筑设计或施工阶段，在投入使用之前颁发的临时证书。它一方面可以作为项目所有方营销和宣传的工具，为房产租购行为提供了定价依据，另一方面也为项目的投资融资做出了可靠的保证。例如瑞士建筑项目的贷款限额，直接与瑞士《可持续建筑评价标准》MINERGIE 的评级相挂钩；而英国的住宅的市场准入则以通过 BREEAM 认证为强制要求等。对于是否要做出类似的政策规定，德国社会中的各利益相关方也在讨论之中。DGNB 前期认证是基于设计施工期间的材料与不完整的证明做出的，并随着建筑的投入使用而失效。在建筑完工后，投入使用前，认证师还应向 DGNB 补交完整的材料及证明，在审核人员对最终的材料和现场做出验收（同样要通过两次审核）后，再颁发最终证书。由于设计施工期间进行的设计变动以及两次递交材料完整度的差别，前期认证证书和最终证书的结果也可能不同。因此前期认证的结果不能代表建筑项目在全生命周期中可持续性的证明。

DGNB 的认证费用，根据认证建筑项目类型、规模、是否为前期认证、申请方是否为 DGNB 协会会员等条件的不同而不同，在 2000（面积 800m² 以下办公等建筑前期认证会员价格）～40000 欧元（面积 85km² 以上城区最终认证非会员价）不等，详细最新价格表可在网站 www. dgnb-system. de 上查询（图 2-10）。这里所说的认证费用，不包括聘请认证师的费用，认证师作为设计项目的工作人员，单独与项目方签订工作合同出现的费用。

DGNB成员(DGNB members)				
项目大小 建筑面积（m²）	≤4.000	4.000～ 20.000	=20.000	20.000～ 80.000	≥80.000
预认证（项目在设计阶段）	2.000 €	2.000 € +0.35 €/m²	7.600 €	7.600 € +0.06 €/m²	11.000 €
认证（已完成项目）	3.000 €	3.000 € +0.75 €/m²	15.000 €	15.000 € +0.17 €/m²	25.000 €
非DGNB成员(non DGNB members)				
项目大小 建筑面积（m²）	≤4.000	4.000～ 20.000	=20.000	2.000～ 80.000	≥80.000
预认证（项目在设计阶段）	4.000€	4.000 € +0.35 €/m²	9.600 €	9.600 € +0.06 €/m²	13.000 €
认证（已完成项目）	6.000 €	6.000 € +0.75 €/m²	18.000 €	18.000 € +0.17 €/m²	28.000 €

图 2-10　DGNB 的认证费用

3. DGNB 指标体系的构建

确定某个专有的指标体系工作会经历若干的发展阶段：首先是 DGNB 下属部门会筹备相关的工作组，搜集该类型的经验数据和资料，构建各种功能利用的基本情况，此外还要确定市场上对于此类型建筑认证的具体需求情况。一旦明确这种专有类型符合市场需求，就会成立负责的工作组，工作组内部一般会有大约 20 个来自不同专业的成员，对这个基础情况进行深入调研，搭建相关数据库。根据具有普遍性特征的 6 个性能维度（生态质量、经济质量、社会文化及功能质量、技术质量、过程质量、基地质量），专业人员会开发专门的核心体系及其指标条款。核心指标体系构建完成后，还会在试验阶段把相关成果在具体项目当中加以验证，从而保证指标体系及其具体条款的实效性。

六大方面中的具体条款与加权值，则根据评价活动所在的国家及建筑类型的不同而有所不同，迄今这样的 DGNB 评价标准变体已多达 20 种，分为旧建筑、新建建筑和街区建筑群三大类，其中包含了商业建筑、办公建筑、工业建筑、医院学校、住宅等众多使用功能类型，今后根据需要还可能进行更多的扩充，所以在考虑到可完善的前提下，DGNB 的适用范围是十分灵活的。

不过根据 DGNB 官方网站提供的信息，目前对外公开的只有一部分专业类型的指标条款，只有参与评估的审核员和顾问小组才有资格取得相关的完整资料。此处将列举两个专门类型的指标体系及其核心条款，对 DGNB 的认证方式加以说明。从表 2-3 可以看到，针对建筑物和针对街区建筑群的主要指标条款之间存在明显的差异。

针对建筑物和针对街区建筑群的主要指标条款比较 表 2-3

针对建筑物的主要指标条款	针对街区的主要指标条款
生态质量	
(1) 生态平衡-温室气体排放的影响 (2) 对于地方环境的风险 (3) 环境友好的材料选取 (4) 生态平衡-基本能源 (5) 饮用水需求和废水的排放 (6) 土地需求	(1) 生态平衡 (2) 水质和土地的保护 (3) 城市气候变化 (4) 功能的多样性和网络联系 (5) 对于可能环境影响的考虑 (6) 对于土地的需要 (7) 对于可再生基本能源的全部需求及其所占比例 (8) 建筑群的能源效率 (9) 资源友好型的基础设施 (10) 土方的管理 (11) 水循环系统
经济质量	
(1) 全生命周期的建筑相关成本 (2) 弹性和再利用的性能 (3) 市场化能力	(1) 全生命周期的相关成本 (2) 对于社区政府的资金影响 (3) 稳定性情况 (4) 土地开发效率
社会和文化质量	
(1) 热舒适性 (2) 室内空气质量 (3) 声环境舒适度 (4) 视觉舒适度 (5) 使用者的控制 (6) 外部空间质量 (7) 安全和故障风险 (8) 无障碍水平 (9) 公共可达性 (10) 自行车舒适度 (11) 城市设计和造型方面构想的程序 (12) 建筑艺术性 (13) 平面的质量	(1) 社会结构和功能混合 (2) 社会和企业方面的基础设施 (3) 客观/主观方面的安全性 (4) 公共空间停留的质量 (5) 噪声防护 (6) 提供的开放空间状况 (7) 无障碍水平 (8) 功能的弹性和建筑群的结构 (9) 城市设计方面的联系 (10) 城市设计方面的造型 (11) 现有的功能状态 (12) 公共空间的艺术水平

针对建筑物的主要指标条款	针对街区的主要指标条款
技术质量	
（1）防火 （2）噪声 （3）建筑围护结构在保暖和防湿方面的技术质量 （4）技术系统的适应能力 （5）建筑体量的清洁和维护友好性 （6）拆除和拆卸的方便性 （7）排放的防护	（1）能源技术 （2）有效率的废弃物管理 （3）雨水的回收与管理 （4）信息和通信基础设施 （5）维修、保养和清洁 （6）交通系统的质量 （7）道路基础设施的质量 （8）公共交通基础设施的质量 （9）服务自行车的基础设施质量 （10）服务行人的基础设施质量
过程质量	
（1）过程筹备的质量 （2）整合性规划 （3）规划过程中进行优化和处理复杂性的情况 （4）在招标和分配方面确保可持续性 （5）确保创造优化和管理方面的前提 （6）建筑工地/建造过程 （7）确保建筑实施的质量 （8）有序的运行	（1）参与 （2）确定构想的程序 （3）整合性的规划 （4）社区的共同影响 （5）调控 （6）建设地点和建设过程 （7）营销情况 （8）确保质量和监测
场地质量	
（1）当地小尺度的区位 （2）区位和街区的形象和状态 （3）交通联系 （4）临近那些和功能利用有关的对象和设施	与上述其他方面的评价整合起来进行

表 2-4、表 2-5 给出了新建办公建筑与街区建筑群的指标体系。

专门指标体系一：新建的办公建筑（2012 版） 　　　表 2-4

内容方面	指标组	编号	指标内涵	影响因素	占整个指标体系中的比例
生态质量	对于全球和地方环境的影响（ENV10）	ENV1.1	生态平衡-温室气体排放的影响	7	7.9%
		ENV1.2	对于地方环境的风险	3	3.4%
		ENV1.3	环境友好的材料选取	1	1.1%
	资源的需求和废弃物的排放（ENV20）	ENV2.1	生态平衡-基本能源	5	5.6%
		ENV2.2	饮用水需求和废水的排放	2	2.3%
		ENV2.3	土地需求	2	2.3%
经济质量	全生命周期的成本（ECO10）	ECO1.1	全生命周期的建筑相关成本	3	9.6%
	再开发（ECO20）	ECO2.1	弹性和再利用的性能	3	9.6%
		ECO2.2	市场化能力	1	3.2%

内容方面	指标组	编号	指标内涵	影响因素	占整个指标体系中的比例
社会和文化质量	健康、舒适性和使用者友好水平（SOC10）	SOC1.1	热舒适性	5	4.3%
		SOC1.2	室内空气质量	3	2.6%
		SOC1.3	声环境舒适度	1	0.9%
		SOC1.4	视觉舒适度	3	2.6%
		SOC1.5	使用者的控制	2	1.7%
		SOC1.6	外部空间质量	1	0.9%
		SOC1.7	安全和故障风险	1	0.9%
	功能质量（SOC20）	SOC2.1	无障碍水平	2	1.7%
		SOC2.2	公共可达性	2	1.7%
		SOC2.3	自行车舒适度	1	0.9%
	造型质量（SOC30）	SOC3.1	城市设计和造型方面构想的程序	3	2.6%
		SOC3.2	建筑艺术性	1	0.9%
		SOC3.3	平面的质量	1	0.9%
技术质量	技术运行中的质量（TEC10）	TEC1.1	防火	2	4.1%
		TEC1.2	噪声	2	4.1%
		TEC1.3	建筑围护结构在保暖和防湿方面的技术质量	2	4.1%
		TEC1.4	技术系统的适应能力	1	2.0%
		TEC1.5	建筑体量的清洁和维护友好性	2	4.1%
		TEC1.6	拆除和拆卸的方便性	2	4.1%
		TEC1.7	排放的防护	0	0.0%
过程质量	规划方面的质量（PRO10）	PRO1.1	过程筹备的质量	3	1.4%
		PRO1.2	整合性规划	3	1.4%
		PRO1.3	规划过程中进行优化和处理复杂性的情况	3	1.4%
		PRO1.4	在招标和分配方面确保可持续性	2	1.0%
		PRO1.5	确保创造优化和管理方面的前提	2	1.0%
	建筑实施方面的质量（PRO20）	PRO2.1	建筑工地/建造过程	2	1.0%
		PRO2.2	确保建筑实施的质量	3	1.4%
		PRO2.3	有序地运行	3	1.4%
场地质量	场地质量（SITE10）	SITE 1.1	当地小尺度的区位	2	0.0%
		SITE 1.2	区位和街区的形象和状态	2	0.0%
		SITE 1.3	交通联系	3	0.0%
		SITE 1.4	临近那些和功能利用有关的对象和设施	2	0.0%

内容方面	指标组	编号	指标内涵	影响因素	占整个指标体系中的比例
生态质量	对于全球和地方环境的影响（ENV10）	ENV1.1	生态平衡	3	2.7%
		ENV1.2	水质和土地的保护	2	1.8%
		ENV1.3	城市气候变化	3	2.7%
		ENV1.4	功能的多样性和网络联系	2	1.8%
		ENV1.5	对于可能的环境影响的考虑	2	1.8%
	资源的需求和废弃物的排放（ENV20）	ENV2.1	对于土地的需要	3	2.7%
		ENV2.2	对于可再生基本能源的全部需求及其所占比例	3	2.7%
		ENV2.3	建筑群的能源效率	2	1.8%
		ENV2.4	资源友好型的基础设施	2	1.8%
		ENV2.5	土方的管理	1	0.9%
		ENV2.6	水循环系统	2	1.8%
经济质量	全生命周期的成本（ECO10）	ECO1.1	全生命周期的相关成本	3	6.8%
		ECO1.2	对于社区政府的资金影响	2	4.5%
	再开发（ECO20）	ECO2.1	稳定性情况	2	4.5%
		ECO2.2	土地开发效率	3	6.8%
社会和文化质量	社会质量（SOC10）	SOC1.1	社会结构和功能混合	2	1.8%
		SOC1.2	社会和企业方面的基础设施	2	1.8%
	健康、舒适性和使用者友好水平（SOC20）	SOC2.1	客观/主观方面的安全性	2	1.8%
		SOC2.2	公共空间停留的质量	2	1.8%
		SOC2.3	噪声防护	2	1.8%
	功能质量（SOC30）	SOC3.1	提供的开放空间状况	3	2.7%
		SOC3.2	无障碍水平	2	1.8%
		SOC3.3	功能的弹性和建筑群的结构	2	1.8%
	造型质量（SOC40）	SOC4.1	城市设计方面的联系	3	2.7%
		SOC4.2	城市设计方面的造型	2	1.8%
		SOC4.3	现有的功能状态	2	1.8%
		SOC4.4	公共空间的艺术水平	1	0.9%
技术质量	技术性基础设施（TEC10）	TEC1.1	能源技术	2	2.6%
		TEC1.2	有效率的废弃物管理	2	2.6%
		TEC1.3	雨水的回收与管理	3	4.0%
		TEC1.4	信息和通信基础设施	1	1.3%
	技术方面质量（TEC20）	TEC2.1	维修、保养和清洁	2	2.6%
	交通和机动性（TEC30）	TEC3.1	交通系统的质量	3	4.0%
		TEC3.2	道路基础设施的质量	1	1.3%
		TEC3.3	公共交通基础设施的质量	1	1.3%
		TEC3.4	服务自行车的基础设施质量	1	1.3%
		TEC3.5	服务行人的基础设施质量	1	1.3%

内容方面	指标组	编号	指标内涵	影响因素	占整个指标体系中的比例
过程质量	参与（PRO10）	PRO1.1	参与	3	1.7%
	规划的质量（PRO20）	PRO2.1	确定构想的程序	2	1.1%
		PRO2.2	整合性的规划	3	1.7%
		PRO2.3	社区的共同影响	2	1.1%
	建筑实施方面的质量（PRO30）	PRO3.1	调控	2	1.1%
		PRO3.2	建设地点和建设过程	2	1.1%
		PRO3.3	营销情况	2	1.1%
		PRO3.4	确保质量和监测	2	1.1%

4. 指标条款的评分方法与参照体系

与绝对量化指标相比，DGNB 根据特定参照对象开发的相对量化指标能够更好地反映 6 个性能维度要求，此处将对于各专门类型的参照体系的确定原则加以说明，相关内容要把涉及气候、建筑类型、规模、当地的制度标准等多种因素考虑在内。

为了计算每个具体条款的分数，DGNB 大体有三种确定方法：

（1）通过参照值。首先确定三个量化参照指标，即目标值、参照值和底线值的大小。每项最后的得分是通过与这三个量化参照指标相比较，取线性插值来确定的。如果结果没有达到底线值，则该项不能得分。对于不同的建筑项目，根据其边际条件不同，这三个量化参考指标也可能不同。这种采用相对参照值而非绝对数值的评分标准，是 DGNB 与其他国家评价体系相比比较独特的一点。例如，在温室气体排放、非可再生与可再生能源消耗等条款中，参照体系的选择是根据德国的强制性节能规范（EnEV）及其具体标准进行的。以建筑能耗为例，在使用阶段办公建筑每平方米每年的初级能源消耗是根据德国的相关国家标准 DIN V 18599 来计算的，而与这个计算结果能够相比照的参照值，也应是通过完全相同的过程来计算的，计算对象是根据评价建筑的边际条件确定的参照建筑。参照建筑应与评价建筑有相同的体形、面积、朝向及使用功能，但有根据规范标准的围护结构、窗墙比、门窗类型及建筑设备类型。这种参照体系的优点是尽可能排除了无关因素，增强了不同类型不同场地条件限制下不同建筑的可比性；缺点是主要突出了围护结构和建筑设备选用的影响，而没能特别体现体形、朝向等前期设计要素对环境与能耗的影响。

（2）通过评分表。这种方式主要针对难以通过计算来量化的指标。通过对比实际情况与评分表中的描述，来确定某个项目的得分。例如在评价建筑热工舒适性过程中，有冬季、夏季可操作温度、相对湿度、双向自然通风、垂直温度分布舒适性等若干项分指标，每项指标通过证明其满足不同等级的规范标准，可获得不等的点数，最后根据获得点数的多少来确定该项——即热工舒适性最后的得分。再如在评价社会性中的无障碍这一条款中，可直接对照评分表中的描述进行打分：如 95% 以上的使用面积及室外可通行面积均根据规范证明无障碍可达、主入口有无障碍设施，且满足其他法规中规定的无障碍要求的，得 10 分；80% 以上使用面积以及 50% 以上室外通行面积根据规范证明无障碍可达的，得 7 分；所有公共及工作区域证明无障碍可达且达不到更高分数的，得 4 分；所有公共区域及专为残疾人准备的工作位置能够无障碍可达且达不到更高分数的，得2.5分等。

（3）通过是非判断。在非是即非的条款中，只有满足与不满足两种情况，满足得满分，不满足得零分。如"技术方面"中的建筑隔声要求，满足德国相关法规 DIN 4109 中规定的，得分；不满足则不得分。

下面将用"新建的办公建筑评估"（2012版）这个专有类型的两个指标条款加以进一步说明。

（1）TEC1.6：拆除和拆卸的方便性

"拆除和拆卸的方便性"（TEC1.6）属于规划方面的质量（TEC10），在整个评估中的影响因素为2个，所占比例为1.0%。该标准的目标是追求尽可能地简化拆卸整个建筑设施的工作，提高将其拆卸成各个部分的可能性（可拆卸性），以便人们获得尽可能多的可循环利用材料。在具体的评价工作中，会拆卸的部分可分为建筑设备（TGA）、非构造类的建筑要素、非承重性的建筑原材料和承重性的建筑原材料这四大类。而每个大类的评估又需要分解为三个方面进行（表2-6）：拆卸成本（5级）、分割成本（3级），以及是否在规划设计阶段就安排了相关循环利用和拆除的方案（是/否）。在评价规划设计阶段的方案时，DGNB的评价主要考察三个方面内容：

1）材料选择的同质性（材料种类的多少，清除方式的多少）；

2）对材料可拆卸性的考虑（分类进行分拆，进行再利用的机会）；

3）再利用是否无害，可循环利用的建筑材料（其他的使用方式）。

各大类的评估分类 表2-6

拆卸成本		点数（总计100）
非常低	非常便于拆卸（例如采取夹住的连接方式、松散的叠加方式、点击或者螺栓连接方式）	38
低	拆卸成本较低（例如那些抽气灌注的材料、可旋开的罩子等）	32
中等	拆卸成本中等（例如需要从地板中抽取或者从板片元素中分离出来）	24
高	拆卸成本高（例如从粘合的涂层上拆除）	8
非常高	拆卸成本非常高	0
分割成本		
易于实施	可以通过手工或者简单的工具实施	38
可行（在投入合理成本的情况下）	除了需要人员之外，还需要工地内部的机械	24
不可行（在投入合理成本的情况下）	在基础或者经济上不可行	8
循环利用和拆除的方案		
	是	24
	否	0

注：分割工作将把材料分为以下类型，以便尽可能循环利用：
（1）根据安装或者拆卸的部分（例如屋顶或者立面部分）；
（2）金属部分（铝、钢、有色金属）；
（3）矿产类的混合建筑废料；
（4）含石膏类的废料；
（5）电力管线；
（6）人造海绵和泡沫材料；
（7）木材或者木质原料；
（8）玻璃部分。

（2）SOC2.3：自行车的舒适性

"自行车的舒适性"（SOC2.3）属于功能质量（SOC20）的指标大类，在整个评估中的影响因素为1个，所占比例为0.9%。虽然与拆除和拆卸的方便性（TEC1.6）相比，"自行车的舒适性"只涉及一个影响因素，但是因为这个指标条款更加强调满足人们的需求，需要考虑的内容就更为复杂一些。

自行车属于最重要的环境友好型个人交通工具。制定这个指标条款的目标是希望对自行车使用者加以扶持。因此就需要在相关的地块上尽可能多地安排体现高质量水平的自行车停车位和设施。以便使用者更好地使用，同时还可以防止人们在公共场地上随意停放自行车。反过来，如果所提供的自行车位的位置和设施配置有问题的话，这些车位的使用率就会下降。因此在使用指标条款进行评价的时候，主要的标准就是要考察基于建筑物自身功能所安排的自行车停车位是否与使用者的需求相符合。评价的具体内容涉及多方面的因素，包括提供计算自行车车位的数量、车位的位置与建筑物入口的距离、能够适应天气变化的车位数量、车位是否配备了照明设施、在防窃贼方面的表现等。此外，提高自行车使用者的舒适性，还会把提供淋浴和更换衣物等服务设施作为考察内容。

1）自行车车位的数量和布局原则

除了确保停放数量之外，确定数量方面的参考标准要依靠各个城市制定的静态交通的推荐指标，同时还要参考自行车停放设施的规划要求和相关行业协会的技术标准。另外建筑物的使用面积和使用者数量也是确定自行车车位的重要参考内容。如果位于公共空间当中的自行车车位是由业主建设或支付费用的话，也可以计算在内。评价能够将使用面积或者与使用者人数结合起来进行评价，在评价中应当取较大的数值（表2-7）。

自行车车位的数量评价　　　　　　　　　　　　　　　　　　表2-7

描　述	点　数
＞1个车位/120m² 或者＞1个车位/每9个雇员	1
1个车位/40m² 或者1个车位/每9个雇员	40

注：可以在区间内部采取内推法。

自行车车位的布局要求便于停放和移走车辆，这就需要人们在安装或者卸下相关的自行车时不会妨碍到旁边的使用者或者车辆。这就需要在关注停车位数量的同时，考察车位之间的间距是否有变化的可能性（竖向或者水平向）（表2-8）。

自行车布局原则　　　　　　　　　　　　　　　　　　　　　表2-8

	是否满足
是	对于满足评价的数量和质量方面的前提
否	无法对该指标进行评价

2）车位与建筑物入口的距离

为了尽可能提高使用者对相关停车位的使用率，就应当使自行车的停放位置尽可能靠近建筑物的入口。如果人们前往停放位置需要绕道，特别是在需要使用竖向交通（楼梯、坡道或者电梯）的情况下，相关设施的使用率就会较低。在自行车使用者必须通过电梯时，必须保证电梯轿厢满足自行车的尺寸需要。

停车位到建筑入口的间距以及设施的配置水平主要是根据规划的停放时间长短确定。短时间的停放要求停车位置到主入口的距离要尽可能的短。如果有整齐摆放的需要，自行车停车位距离入口不应多于 50m 的间距。不过对于长时间停放来说，只要保证安全和设施水平得到保障，即使是更远一些的距离也可以接受。如果规划设计将建筑物的访问人员和雇员的停车要求分开安排，就需要分别考虑来访者到建筑的主入口和雇员到员工入口的距离问题。见表 2-9～表 2-11。

表 2-9

自行车车位的质量				
	平均的停放时间	功能举例	到建筑物入口的允许距离	自行车车位的设施水平
短时间	2 小时	超市、商场、购物中心	35～50m（依赖功能类型以及项目规模）	自行车修理设施，防止损坏、防窃贼和天气影响
长时间	12 小时	一般的工作场所、企业和工业设施、教育建筑	35～50m	同上，但是要加照明
	24 小时或者更长	居住、酒店	35～100m	同上，但是要有道路指引以及可能的自行车修理设施

注：自行车停放设施到建筑入口的距离至关重要。

停车位的位置	表 2-10
描 述	点数
访问者的停车位如果没有位于建筑物的主入口。服务于内部人员的自行车车位如果没有位于建筑员工入口前面。 避免通过楼梯、坡道或者电梯出现竖向交通的绕路	5
自行车车位位于建筑物的主入口前面。自行车车位位于建筑员工入口前面（充分的理由）	10

自行车车位到建筑物入口的距离	表 2-11
描 述	点数
距离少于 50m	1
距离少于 35m	10

注：可以在区间内部采取内推法。

3）自行车停车位的设施水平

自行车停车位的设施水平考虑的因素包括：

①车位之间的间距：为了满足一般使用者移出和安放自行车的要求，所有的自行车摆放间距都要合适（坚持布局原则）。由此就必须要使每一辆自行车都要有一个支撑点，同时也要使人能够给一个轮子上锁。对于需要长时间存放的停车位必须考虑克服天气变化的影响（表 2-12）。

②防窃贼：使停放地点能够被行人和店铺很好地监视，否则就要安排人员一直监控（由专人或者监视器负责）。

③采光：在缺乏光照的情况下，自行车车位附近必须提供人工采光，以保证最起码的

安全要求。为了保证能够正常地移出和安放自行车，还要满足适当的照度要求。如果自行车位是在室外空间，使照度中间值要达到至少 20～40lux。如果位于建筑内部，照度的中间值就需要保证达到至少 150lux 的水平。

④路线指引：如果从主入口无法看到自行车车位，就必须要有与之相匹配的道路指引系统，例如使用视觉信号（铭牌）或者划设清晰的连续自行车线路标志，并保证其一直通到停车位，而且标志需要保持双向指示。如果有自行车修理设施的话，就也要标示出来。

自行车修车位的设施水平考虑的因素　　　　　表 2-12

描　述	点数
自行车停车位已有而且满足上述的要求	3
自行车停车位能够保证在安放自行车后使用短锁（例如弓形锁）	2
防窃贼（例如监控）	5
克服天气变化（例如有顶棚）	5
照明： 室外空间具有中间值照度达到至少 20～40lux 如果自行车位位于建筑内部，就需要保证照度的中间值能够达到至少 150lux 的水平	5

注：此处的数值可以累加。

4）自行车修理设施的最低要求

预留的地点应当毗邻建筑物，如果位于建筑物内部需要有直接的出入口。另外还要考虑天气影响、取暖和照明等要求。

修理设施必须配备起码的一般修理工具，以便自行车使用者能够使用。需要配备水池（具有热水和清洁剂），用于清洗手和衣物。

为了提高人们在较长时间停留的舒适性，服务于自行车使用者的设施包括：

①提供换衣服房间。

②提供寄存的设施：窄柜/存放衣物、箱包和自行车附件。

③提供淋浴/卫生间（表 2-13）。

淋浴、换衣服以及保存和烘干衣物的设施　　　　　表 2-13

描　述	点数
每 5 个车位一个淋浴	5
每 2 个车位一个窄柜	5
每个淋浴配一个换衣间	5
每个车位配烘干面积为 0.5m²	5

注：此处的数值可以累加。

5. 案例介绍（Ebert et al. 2010）

案例一：卡塞尔环保建筑中心（德国卡塞尔，建于 2001 年，认证时间：2009 年）

隶属于德国卡塞尔大学的环保建筑中心（ZUB）新建于 2001 年，坐落于卡塞尔大学主城区的校区内——这是一片带有 19 世纪末期典型工业区特征的地区，北侧与文物保护建筑——Kolben-Seeger 大楼相毗邻。该中心致力于环境保护相关的工业技术与建筑技术的研发，而新建的中心大楼，正是作为展现该中心研究内容的示范性建筑而兴建的。与今天相比，虽然绿色建筑与可持续建筑等概念在当时的社会影响力还在扩展过程中，这座中心总部的设计还是体现设计者和管理者在各方面对可持续性内涵的深刻思考，其中包括：能耗与设备、建筑质量、舒适性、成本控制以及使用功能的灵活安排等。2008年，第一版DGNB标准出台以后，就将该建筑作为实验性的评估对象进行了认证，并颁发了银质证书。需要指出的是，参与制定第一版DGNB标准的专家里面，有好几位就是在ZUB工作的教授。可以说这座建筑为DGNB标准的具体制定提供了很多实践性的参考依据。下面将对该项目的设计特点与评估情况进行简单介绍。

在与场地关系上，该建筑的最大特点是北侧通过一条玻璃顶的连廊与Kolben-Seeger大楼相连（图2-11、图2-12）。连廊既提供了采光，又可作为公共空间使用。建筑的南立面采用了铝木复合龙骨的幕墙结构，并使用了当时比较先进的三层充惰性气体保温玻璃；东西立面则采用了封闭的钢筋混凝土承重墙体、贴外保温的做法。建筑屋面除了满足屋顶采光的部分以外，均铺设屋面绿植。

图2-11　卡塞尔环保建筑中心

相关著作（Ebert et al. 2010）对在这座建筑能耗与室内环境设计中所提出的重要理念进行了总结。这个理念也适用于现今的可持续建筑或所谓绿色建筑设计：首先应当依照室内的气候条件与要求进行建造，其次才是依照建造情况来调节室内气候，即先被动、后主动的原则。

为了满足室内的气候条件与要求（被动性措施），就需要考虑发展具有较低体形系数和建筑构件传热系数的设计方案，这些在国内规范中也都有所规定。南立面采用的大面积幕墙结构，它的优势在于冬季可以尽可能多地利用太阳能，通过阳光对房间进行加热以减少采暖能耗，而三层保温玻璃具有相对很低的传热系数（U值为0.8W/m²·K），在很大程度上也起到了保温作用；至于夏季导致房间过热的问题，该建筑设计中采用了采光自动控制的立面外遮阳作为解决方案。

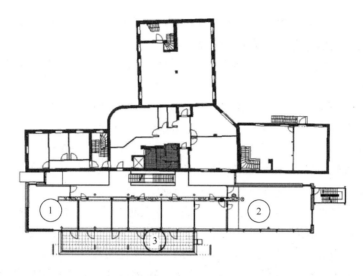

图 2-12　卡塞尔环保建筑中心与北侧保护建筑标准层平面图

在主动性措施方面，建筑采用了地板采暖与加热建筑构件相结合的采暖方式，可保证较低的供暖水温，以达到节能的目的。采暖时，地板管道与市政供热系统相连；而制冷时，地板与建筑构件中的管道也可充冷水，为房间提供冷源。建筑设计还安排了冬季使用的集中式通风系统，通过与回风的热交换对新风进行加热；而在夏季，由于德国气候相对凉爽，新风是通过开窗和地下管道两个渠道来分散获取，并利用北侧玻璃顶连廊的热效应进行集中排风。通风系统中安装了二氧化碳和挥发性有机化合物（如甲醛）浓度监测设备，可依照这些物质的浓度对通风进行智能控制。立面遮阳也是通过传感器智能控制，以保证工作台在工作时间有 500 lux 的照度。

上述这些措施使得建筑在 DGNB 的"生态环保"方面获得了不错的分数（67.2%），而这些措施也成为了德国新建建筑中常见的标准做法。设计中十分注重经济性，建筑项目形体和材料选择相对简单，在"经济性"方面也获得了 94% 的高分。不过由于该建筑修建时间较早，在认证过程中缺乏大量规划决策和进度方面的必要资料，特别是体现"社会性"方面的材料。另外，由于该项目没有留下完整的设计过程记录，也没有进行公开的招投标竞赛，结果在"过程质量"的认证方面获得分数不高，而最终获得了银牌。

案例二：ICADE Premier Haus（德国慕尼黑，2010 年，认证时间：2010 年）

ICADE PremierHaus（图 2-13、图 2-14）这个办公楼建筑位于慕尼黑中央火车站西侧的 Arnulf 园区，建于 2010 年，是 Arnulf 园区城区改造项目计划的一部分。在该建筑项目立项之初，甲方就明确了发展"可持续建筑"并获得"DGNB 标准认证"的目标。

由于该建筑位于城市中心区域，交通便利，基础设施齐全，这使得它在场地的评估中能够占有很大的优势。该建筑在设计中关注了与周边的相互作用，不仅在外形上与整个城区相融合，还为城区营造了公共空间；由于建筑物临近主干道，在立面设计和玻璃材料选用中考虑了视线及噪声的因素；建筑的地下停车场为城区提供了大量停车位和自行车的停放空间，并为自行车运动者准备了更衣室和淋浴间；以上这些均在 DGNB 认证体系的评估中有所体现，并为该建筑在认证中得到了一个不错的分数。

与德国大多数新建建筑相同，立面设计在整个建筑设计中占有重要地位。该建筑采用了分段式立面，底层商业餐饮部分使用了结构玻璃（SG）立面，而上层办公部分则采取了双层保温玻璃固定扇加箱型窗开启扇的做法。

在能耗与空调系统设计上，该建筑办公部分采用了加热/水冷吊顶，以及内嵌于立面箱型窗内的分散式空调。在建筑热工性能、声光环境以及能耗指标的评估过程中，计算机模拟扮演了很重要的角色。这种包含建筑技术层面信息的建模（例如建筑信息化模型）与模拟得益于计算机技术在建筑行业中越来越多的应用，并使得综合指标性的评价取代规范的硬性要求成为可能，即从强制规定例如体形系数、窗墙比、每个建筑构件的传热系数临界值这样的特征指标，转化到直接定义如初级能源消耗、二氧化碳排放量、可操作温度这样的综合性效果指标上来。这样不仅能更有效地保证建筑设计对可持续性、节能性产生的作用，同时还为建筑设计提供了更大的创作自由。类似带有研究性质的工作在这个项目的设计过程中还有很多，比如详尽的全生命周期评估、针对健康有害物质的建材检测等，正是这些在我国建筑设计过程中很少出现的步骤、很少花费投入的工作，保证了该建筑在DGNB认证中能够取得好的成绩，更保证了在实际建造和运营过程中评估结果的真实有效化，使得建筑可持续性评价不再是噱头和空话，而是有据可循，也经得起实践的检验。

图 2-13　ICADE Premier Haus

除此之外，在这个建筑的可持续性评价过程中，认证师还发挥了很好的作用，与甲方、设计方在设计初期就产生了良性互动，这不仅是该项目能在"过程质量"评估中获得95％的高分的原因，同时也是该项目能通过整合性设计手段如愿完成项目立项初期制定的目标的有效保障。该项目最终获得了DGNB金牌。

案例三：张江科学文化交流中心（中国上海，认证时间：2012年）

中国第一个DGNB认证项目是位于上海的张江科学文化交流中心。位于上海浦东张江高科技园区，业主为上海欧文企业发展有限公司，由业主与德国商会上海代表处Econet于2010年共同发起。建筑是一座5层的办公建筑，面积12.000m²，地下一层作为餐厅/功能性房间，地下二层为停车场。该建筑是中国首个DGNB金奖示范项目，同时也达到了中国绿色建筑标准的三星水平。

图 2-14　Arnulf 园区

项目在决策之初就要将该建筑发展成能够体现高质量可持续建筑的样板项目。DGNB 的技术团队在一开始就介入把项目认证与规划设计工作整合起来，这样也就保证了在过程质量方面认证取得很高的分数。而且相关的认证标准也成为规划设计中的重要目标内容。

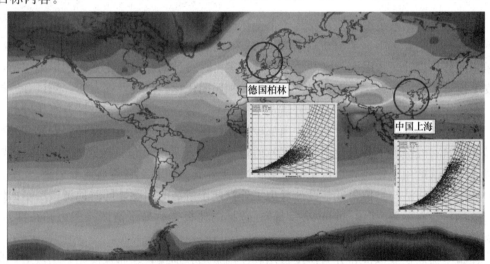

图 2-15　DGNB 对于德国和中国不同气候条件的比较

从参考所在国和当地气候条件出发，DGNB 认证确定了相关的评价标准。根据中国标准模拟建筑的负荷分布，得出了上海地区具有制冷需求远大于制热、除湿能耗大、夏季太阳得热高的特点（图 2-15）。在建筑设计方面，立面设计优化窗墙比为 35%。通过优化建筑外围护结构和可控通风（去湿、制冷、制热），同时提供辐射式供冷供热，能够较好地满足室内舒适度的设计要求。建筑选择了自然采光及照明优化的措施，房间深度距离外窗距离适中，安装了导光式遮阳设施、透光度高和色牢度高的玻璃，并采用亮色室内装饰。同时，灯组照明控制与窗户平行，配备自动定时开关，在灯具的选择上也安排了直接/非直接照明。

图 2-16 给出了根据中国标准模拟建筑的负荷分布，表 2-14 给出了适应气候的保温。

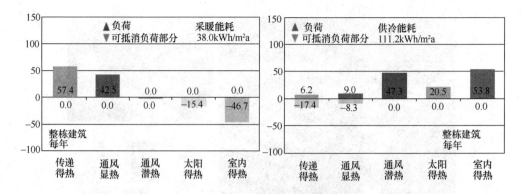

图 2-16　根据中国标准模拟建筑的负荷分布

适应气候的保温 表 2-14

序号	建筑围护结构	U 值（W/m² · K）
1	外墙	0.40
2	屋顶	0.30
3	楼板	0.70
4	外窗	1.50
5	室内中庭玻璃	1.80

在能耗与空调系统设计上，安装了带全热回收的可控通风，同时提供辐射式的供冷供热系统。地源热泵，满足了100%的制热需求和60%的制冷需求，并且配备了辅助的冷水机组。此外，设计还考虑太阳能制冷的备选方案。在设计的综合优化方面的措施包括，健康安全设计、节能方案、节水方案、自然采光和照明优化、垃圾处理方案、测试和监控方案、改建、重建及回收利用方案、清洁及维护方案、独立质量控制、设计方案比较等。

通过开放外部空间，并对外开放内部设施，提供第三方租用的可能性，安排多种功能区域，建筑有效提高了公众使用度。无障碍设计方面，采取了包括建筑入口无障碍坡道、无障碍电梯（适用于轮椅并带盲文标识按钮）、无障碍厕所和无障碍通道等措施。

从建筑的清洁与维护角度，设计考虑了外窗便于清洁的问题，同时保证楼层平面便于清扫（尽量没有死角/拐角/折角/夹室等），选择的地板类型易于清洁（颜色和花样），建筑墙体为机械安装。

建筑生命周期成本核算分为建设费用和使用费用分别核算。而且使用费用被进一步分为运行费用（能源/水/电费用、污水处理、建筑清洁维护、运行、检查和维修）和维护费用（建筑结构维修、建筑设备维修）。好的设计能够降低建设和运行费用，精心设计的建筑能够使全寿命周期费用降低40%。

其他在设计中得到体现的认证标准还包括：

（1）房间系统的舒适性设计。

（2）第三方使用能力。

（3）建筑运行标准。

（4）空间效率。

（5）使用功能可变性。

（6）加强使用者对于通风/遮阳/室温/日光控制等方面的干预度。

（7）使用功能的可变性和适用性：

1）建筑模块；

2）空间结构；

3）电气和多媒体；

4）供暖/给排水。

（8）自行车使用舒适性：

1）便利的停车位；

2）淋浴/更衣/晾衣设施。

2.2.4 DGNB 建筑标准体系的启示

通过本节的介绍可以看到，"德国可持续建筑标准"（DGNB 体系）是目前世界上最全面的建筑评价体系。它是基于德国长期发展起来的高质量标准和准则所发展出来的完善体系，属于第二代建筑评估体系。克服了第一代绿色建筑标准主要强调生态等技术因素的局限性，DGNB 强调从可持续性的三个基本维度（生态、经济和社会）出发，在强调减少对于环境和资源压力的同时，发展适合用户服务导向的指标体系，使"可持续建筑标准"帮助指导更好的建筑项目规划设计，塑造更好的人居环境。

DGNB 体系确定了 6 个性能维度，它们可以帮助全面指导如何设计更好的建筑，并将认证视为其高品质的标志，但是同时也给设计师保留了充分的创作空间。DGNB 框架鼓励发展整合性的设计流程控制，在理念→设计→投资→运营的整个环节上，照顾到房地产行业的所有利益相关者在价值方面的考虑。而且 DGNB 认证建筑往往并不昂贵，实现高质量的可持续建筑的核心是精心的设计和管理。

与德国相比，我国目前还没有建立关于可持续建筑标准的完善数据库，建筑工业没有与其他工业在节能环保方面形成很好的联系，也还没有确定的使用年限区间（拆除新建频率高，突发性强），这些都对可持续建筑认证的发展带来了一定的困难。目前 DGNB 的工作模式主要还是以德国未来的欧洲质量标准为参考，在未来的认证框架体系的发展中，相关的专家还需要进行大量的工作，以便构建起更加适应中国的制度、经济、社会和文化环境的质量标准体系，并通过一系列认证工作加以完善，这些都需要国内外同行长期不懈的努力。

第 3 章 江苏省绿色建筑技术与标准现状

江苏省的绿色建筑事业起步及取得的阶段性成果在全国是处于领先地位的，其发展过程大致可分为三个阶段。第一个阶段是从 1994 年开始，绿色建筑的概念逐步引入中国，是为起步阶段；第二阶段是以 2006 年国家颁布实施《绿色建筑评价标准》GB/T 50378—2006 和我省准备编制《江苏省绿色建筑评价标准》为发端，开始推动绿色建筑评价标准，我省的绿色建筑工作全面启动；第三阶段是 2009 年至今，随着国家大力推进节约型社会建设和节能减排工作，我省的绿色建筑工作走向深入。这期间，江苏省在绿色建筑技术标准体系建设方面开展了一定工作，相继颁布实施了《江苏省绿色建筑评价标准》DGJ32/TJ 76—2009、《江苏绿色建筑评价技术细则》、《江苏省绿色建筑评价标识实施细则》等一系列与绿色建筑相关的规定、地方标准、技术措施、技术要求。同时，省住房城乡建设厅还设立了"江苏省绿色建筑创新奖"，制定了《江苏省绿色建筑创新奖评审办法》，修订了《江苏省省级节能减排（建筑节能）专项引导资金暂行管理办法》等，大大提高与促进了建设、开发、设计单位主动实施绿色建筑项目的积极性，这一系列的举措有力地推动了我省绿色建筑的发展。

江苏省绿色建筑的持续发展，体现在以下几方面：1）标准体系的完善；2）技术支撑体系的完善；3）建立健全市场服务体系；4）绿建标识评价工作的宣贯和服务；5）广泛开展交流与合作；6）通过示范区建设引领促进绿色建筑工作。在行之有效的工作带动下，截至 2014 年 12 月，全省通过住房和城乡建设部备案的绿色建筑评价标识项目达到 566 项，数量居全国之首。

从标准化角度看，江苏省已经着手建立了以《江苏省绿色建筑评价标准》为核心的一系列标准。相应的绿建设计标准如《公共建筑节能设计标准》、《江苏省居住建筑热环境和节能设计标准》相继出台，绿色办公建筑、绿色工业建筑设计标准进入修订阶段。这些标准、规范的编制和应用对推进全省绿色建筑的设计和评估将起到规范促进作用。

3.1 江苏省绿色建筑规划相关技术与标准

3.1.1 江苏省绿色建筑规划相关技术及实践

1. 通用性技术

人类社会的发展经过了农业文明、工业文明，开始进入生态文明，要实现绿色的目标从规划专业来说，正是倡导关注城市发展和自然环境和谐的、对环境影响小的、高效利用能源资源的城市发展模式，融合特定的生物气候条件、地域特征和文化传统，应用适宜的、可操作的生态技术，营造具有可持续性的城镇建筑环境。实现减排（Reduce）、再利用（Reuse）、循环利用（Recycle）和回收利用（Recover）的4R目标。

相对于我国规划编制的层次，绿色规划在不同的规模尺度上也有不同的设计策略，表现为城市级、片区级和地段级。城市级绿色规划策略，应以"整体优先"为理念，首先重点处理城市总体山水格局，处理好城市与自然的关系；其次结合城市大型基础设施工程，建设整体连贯的生态上相互作用的城市开放空间网络系统；再次，调整城市内部结构，鼓励适度集中与有机分散相结合，从单一城市化走向城乡融合。片区级绿色规划策略主要针对城市中功能相对独立和具有相对环境整体性的街区，如CBD、历史地段、居住区等。针对新城区而言，在最初的选址、开发模式和交通模式选择等方面需妥善处理与老城区生态系统的承接关系，与分区规划和控制性详规相结合，保护和强化原有的黄金特点和开发潜能；在旧城改造更新中，则需关注复合的生态问题，如调整旧城的产业结构和空间结构，合理开发棕地，开展生态修复，重建城市风道，缓解热岛效应等。地段级绿色规划策略主要落实到较小范围的形体环境建设项目和具体建筑群体上，如街道广场、大型建筑物及其周边环境等，应主要考虑生态设计中环境增强原理，尽量增加局部的环境生态要素，如绿化、水体、植被等，以改善环境；建筑群体的组织要考虑与特定气候和地理条件相对应的生态问题，如夏季遮阳通风，冬季保温隔热，充分利用被动式设计以形成舒适的微气候。

技术策略有不同层面，但绿色规划技术在不同层面上仍具有共通点，可以归纳如下几个方面：

（1）土地利用集约化。保护和延续原有自然生态空间，适度集约开发土地以节约土地资源；注重自然与人工环境的协调，控制生态廊道；混合利用土地，倡导功能的多样化，合理配置公共服务设施，缩短出行距离，以提高土地的经济性和利用效率；充分利用地下空间。

（2）绿色交通。提倡公共交通系统（如地面公交、地铁、BRT、轻轨等）并配置相应的道路系统；提倡自行车等绿色交通工具出行模式以减少机动车出行；改善现有交通条件，将城市快速交通系统改至地下以减少污染；合理组织道路网密度以提高通行效率和控制空间尺度等。

（3）绿地生态系统。讲求绿地系统的整体性、系统性以及生物物种的本土化和多样化；充分的水体及土壤的保水性可以缓解城市的热岛效应；通过配置物种，恢复能量代谢与循环，起到生态修复作用。

（4）绿色市政。基础设施充分整合生态技术，开发可再生能源、综合利用能源及节能技术、集约循环利用水资源、对垃圾展开回收和再利用，通过虚拟模拟技术对环境污染加以控制。

绿色住区规划技术有其特定的要求和内容，故单独归纳如下：

（1）生态评估与土地利用

生态评估因子包括地质地貌、气候资源等自然环境信息以及历史文脉、人口构成、产业及交通等社会经济信息，通过综合评估得出土地利用和空间规划的原则性制约框架，并细化落实为土地利用、建筑物密度与高度控制、生态空间控制等技术措施；充分合理利用地下空间，也是节约用地的有效措施，可结合实际（如地形地貌、地下水位的高低等），合理规划地下空间，用于车库、设备用房、仓储、甚至公共设施等。

（2）交通组织和公共设施配置

提倡公共交通并与城市交通系统有良好衔接，社区内部减少机动车，鼓励步行和自行车出行，人性化的空间尺度、可达性好、功能集约混合的公共设施、公共绿地和开放空间可以提高土地的效益和社区的活力；贯彻公共设施与场地的无障碍设计，满足老少和残障人士的使用需求，体现人文关怀。

（3）空间布局和微气候的营造

以形成舒适的微气候为目标，依据采光率、温度控制、自然通风等方面的生态效应组织住宅建筑的空间布局，并通过计算机辅助技术对声环境、风环境、日照以及舒适性和能耗等进行模拟分析，进而优化调整布局。

（4）生态景观和环境设计

自然水体、人工湿地对微气候、空气质量和社区景观环境有良好的调节作用，草坪、灌木、乔木合理搭配的生态绿地和植被、多层次的竖向立体绿化对环境污染和破坏有改善和修复作用，但应尽量选择适应当地水土和气候的乡土植物；生态景观的分布与空间结构相对应能保证其充分发挥生态调节作用；使用透水性铺装，增加地面的透水性，可以生态净化水资源并缓解热岛效应。

（5）环境污染控制与能源、资源的循环集约利用

城市社区是生活污染的源头，要减少污染的产出和排放，通过生态设施促进和完善社区内循环，加强回收再利用；通过布局、绿化和材料来降低噪声污染和废气污染；雨水回收、中水回用可以保证水资源的循环利用；集中的太阳能和热交换系统、垃圾焚烧热发电的集中供暖系统等均可以充分集约化利用资源和能源。

2. 地域性技术

（1）气候因素

特定地域的生物气候条件是城市形态最为重要的决定因素之一，在很大程度上会决定一个城市的结构形态和布局。从气候分区来看，江苏省大部分为夏热冬冷气候，局部地区为寒冷地区，总体而言，季节性强，冬夏气候差异明显，夏季炎热，冬季日照率不高，雨水较为丰沛，湿度较高，有梅雨季。

这样的气候条件下，特别需要关注的地域性设计主要体现在以下几个方面：

1）选址与布局，风环境改善。因冬夏两季主导风向不同，在总体空间结构中需顺应夏季主导风向留出风道，在冬季主导风向上做一定的围合封闭，以达到夏季通风降温、冬季蓄热的作用，同时采用错列式布局、适当加大建筑间距等手段，并结合计算机模拟技术进行风环境的优化设计，形成区域内良好的微气候风环境。

2）水环境设计。集合区域水景规划设计绿地系统及雨水回用系统，既提高水资源的利用，也可以在夏季利用水体的高热容性降低室外温度，调节湿度，形成良好的局部小气候。

（2）能源与资源

江苏不是资源与能源大省，却是消耗大省，因此利用现有的能源与资源条件十分重要，尤其是可再生能源的充分利用。

江苏地处长江下游平原，沿江靠海，湖泊河渠众多，苏中苏南水网密布，具有丰富的水资源。和地热一样，水源也可以利用热泵技术来进行采暖与降温；较为充足的日照也保

证了太阳能的热能、光电能能被充分利用来集热或采暖；苏中苏北沿海地区还可以利用风能发电；作为农业发达地区，秸秆等废弃作物、木材、木材废弃物和动物粪便等都可以成为可再生的生物质能的原料。

（3）历史经验

江苏人杰地灵，历史文化积淀深厚，有着丰富而成熟的传统聚落营造经验，我们应向传统人居环境学习，挖掘特有的生态文明特征和朴素规划技术。如传统城镇对环境容量的控制，与自然环境的共生，约定俗成的营建规则，被动技术的自觉运用，人工组织水系和巷道以形成风道，合院结构的城市肌理利于形成良好的微气候，更有工、商、居、学、游等混合带来的市镇繁华和欣欣向荣。向传统学习，去芜取菁，才能使绿色规划更具地域性和创新性。

绿色规划是一个长期的系统的体系，需要系统的眼光和综合规划的方法，解决的是城市与自然环境的协调关系，是城市与人的关系。具体项目中，在确定生态原则的基础上，绿色规划可以针对某个方面开展涉及，以解决其最主要的矛盾。

当前国内在绿色建筑规划阶段的策略和技术研究方面处于起步阶段，主要研究进展体现在各国已制定的绿色建筑评价标准中对规划阶段策略技术的关注和国内外相关论文文献资料中。国家和江苏省的部分规范标准也涉及规划阶段应考虑的策略和技术类型。在实际操作案例中，绿色住区的规划设计策略与技术也比较成熟，如绿色校园、绿色科技园区、绿色工业建筑园区等规划。策略与技术也在不断探索与完善中。

党的十八大报告提出："坚持走中国特色新型工业化、信息化、城镇化、农业现代化道路，推动信息化和工业化深度融合、工业化和城镇化良性互动、城镇化和农业现代化相互协调，促进工业化、信息化、城镇化、农业现代化同步发展。"在此背景下，绿色规划阶段还将重点关注新型城镇化及社会主义新农村建设，其主要内容是以城乡统筹、城乡一体、产城互动、节约集约、生态宜居、和谐发展为基本特征，使大中小城市、小城镇、新型农村社区协调发展、互促共进。

3. 江苏省绿色建筑规划设计实践

江苏省人口密度大，城市化程度高，人均资源和环境容量小，发展生态城市和绿色建筑非常迫切。近几年来，与江苏省委、省政府提出的"绿色江苏建设"、"生态省建设"、"节约型城乡建设"等目标相一致，江苏省全面推进绿色建筑工作，率先开展建筑节能和绿色建筑区域示范，探索能源资源节约的城乡建设模式和发展方式，工作成果处于全国领先水平。无锡太湖生态新城成为国家住房和城乡建设部批准的全国首批 8 个国家级绿色生态示范城区之一；全省的绿色建筑和保障房住区的标识项目数量也居全国首位。

从 2010 年起，江苏开始推进建筑节能和绿色建筑示范区的建设，通过发展思路的延续和系统化的工作推进，五年多来全省范围内共设立各类区域示范项目 54 个，安排省级财政补助资金 8.72 亿元。实现了全省地级市全覆盖，示范内容全面，包括建筑节能、绿色建筑、节约型城乡建设、绿色生态城区建设等，示范技术体系完整。示范区累计新开工 6000 多万 m²绿色建筑，截至 2014 年 12 月，建成超过 1500 万 m²，共有 266 个项目获得绿色建筑评价标识，项目数量超过全省总量的 50%。各示范区组织编制的基于低碳生态理念的专项规划研究达近百项，其中多项成果经评审达到国内领先水平；完成地下空间复合开发利用近 2000 万 m²，可再生能源利用项目超过 2800 万 m²、建成集中能源站 15 个；

实施绿色施工项目 170 个；建成市政综合管廊 40 公里；并在绿色照明、住宅全装修、节水型城市建设等方面创建了一批示范工程。2014 年省住房城乡建设厅科技发展中心编写并印发了《江苏省建筑节能与绿色建筑示范区重点技术（产品）推广目录》（第二版），以更好地指导全省绿色建筑工作。

绿色规划的制定和实施涉及多个专业和部门，实施还需要一定的周期。目前，省内绿色规划的技术成果主要体现在绿色住区的层面。以 2008～2011 年度江苏省绿色建筑评价标识项目为例，55 个 1～3 星项目中，只有 15 个涉及了规划方面技术的运用，主要为绿色住区项目。这些项目的绿色规划技术主要集中于节能、节水、节地、地域性特色等几个方面。

（1）节地与室外环境

1）地下空间利用。地下室得到了较大比例的利用，也增加了些地下自然采光措施，如采光井等。但有关地下空间的绿色设计手段泛善可见，比如被动式自然采光、通风或主动式技术等运用不多；

2）景观绿化。运用了乔、灌、草相结合的复层绿化系统，再加上垂直绿化和屋顶绿化等，绿化的形式趋于多样，也起到了美化环境、节约能源的目的。

（2）节能与能源利用

1）可再生能源的利用：利用地热能采暖供冷，如地源热泵集中空调＋终端顶棚辐射毛细血管供暖供冷系统；利用太阳热能集热和光能进行光电转化，包括整体集中平板式太阳能集热系统、分散式阳台壁挂式太阳能热水器、太阳能板光伏发电；

2）能源的回收与利用：余热回收，全年运行的转轮式热回收机组，对住宅排风进行热回收，从而降低机组自身的运行能耗；结合实际条件，如结合热电厂的废气利用，采用区域分布式的热电冷联供技术；

3）照明节能：公共设施部分采用清洁节能照明灯具、高效光源等，通过设计和光导管技术的运用可以解决地下空间的自然采光问题，以减少对照明设备的依赖。

（3）节水与水资源利用

设置透水地面与雨水收集池，对屋面、地面、道路等处的雨水进行收集回用，净化处理后用于绿化浇灌、道路与车库冲洗、景观补水等用途；采用节水绿化技术，因地制宜布置喷灌、微灌、滴灌等设备，降低绿化用水量。

（4）地域性/创新设计

针对项目的环境和气候条件，选用合理的建筑朝向和总体布局以保证日照通风和良好的微气候形成；针对较为丰沛的雨水做好收集与再利用；选用适合本地气候与土壤的植物物种以达到生态修复及生物多样性的目标。

绿色规划的实践刚刚起步，在节材、保护环境和运营管理等几个方面尚需加强，尤其针对本地区的文化背景、物理环境、资源特点等要加强创新绿色设计，同时要完善对规划节能指标的量化规定。

此外，专业发展城乡差别大，研究和实践发展不同步也是当前的突出问题。基于本省的绿色规划与建筑设计的相关研究成果不少，但重点大多立足较发达地区和大中城市，如苏南地区的城市，一方面三线城市及农村环境的绿建系统研究相对滞后，另一方面不发达地区本身在研究和技术上的投入较少。

3.1.2 江苏省绿色规划设计标准

江苏省现行和在编的绿色建筑标准以《江苏省绿色建筑评价标准》为核心，形成了涉及不同专业的标准。自2010年起实施的《江苏省绿色建筑评价标准》，连同已施行多年的《江苏省居住建筑热环境与节能设计标准》等相关标准，江苏省绿建评价以及设计标准走在了全国前列。

除了《江苏省绿色建筑评价标准》DGJ 32/TJ76—2009及相关细则，江苏省近年编制的《江苏省绿色建筑设计标准》DGJ 32/J173—2014、《公共建筑节能设计规范》DGJ 32/J 96—2010、《江苏省居住建筑热环境和节能设计标准》DGJ 32J71—2008等标准都涉及了规划专业中的绿色或节能技术策略。

《江苏省绿色建筑设计标准》DGJ 32/J173—2014是强制性标准。主要内容包括：总则；术语；基本规定；绿色建筑策划及设计文件要求；场地规划与室外环境；建筑设计与室内环境；结构设计；暖通空调设计；给排水设计与水资源利用；电气设计；景观环境设计等。

《公共建筑节能设计规范》DGJ 32/J 96—2010，内容包括：总则；术语；建筑与建筑热工设计；采暖、通风和空气调节节能设计；电气节能设计；给水节能设计；可再生能源利用；用能计量；检测与控制。适用于江苏地区新建、改建和扩建的公共建筑节能设计。

规划方面的主要标准如表3-1所示。

江苏省绿色建筑规划方面标准清单　　　　　　　　　　表3-1

序号	标 准 编 号	标 准 名 称
1	DGJ 32/TJ76—2009	《江苏省绿色建筑评价标准》
2	DGJ 32/J87—2009	《太阳能光伏与建筑一体化应用技术规程》
3	DGJ 32/TJ01—2003	《江苏省节能住宅小区评估方法》
4	DGJ 32/J118—2011	《住宅小区光纤到户通信配套设施建设标准》
5	DGJ 32/J122—2011	《江苏省城市应急避难场所建设标准》
6	DGJ 32/J08—2008	《江苏省建筑太阳能热水系统设计安装与验收规范》
7	DGJ 32/J14—2007	《35kV及以下客户端变电所建设标准》
8	DGJ 32/J17—2006	《住宅小区通信配套设施建设标准》
9	DGJ 32/TC02—2005	《城市道路内汽车停车泊位设置标准》
10	DGJ 32/J96—2010	《公共建筑节能设计规范》
11	DGJ 32/J67—2014	《商业建筑设计防火规范》
12	DGJ 32/J71—2008	《江苏省居住建筑热环境和节能设计标准》
13	DGJ 32/TC01—2004	《江苏省城市容貌标准》
14	DGJ 32/TJ120—2011	《城市居住区人防工程规划设计规范》
15	DGJ 32/J173—2014	《江苏省绿色建筑设计标准》

其中，《太阳能光伏与建筑一体化应用技术规程》DGJ 32/J87—2009，适用于新建、改建、扩建的工业与民用建筑光伏系统工程，以及在既有工业与民用建筑上安装或改造已安装的光伏系统工程的设计、施工、验收和运行维护。

《江苏省节能住宅小区评估方法》DGJ 32/TJ01—2003 属推荐性标准。主要内容包括：总则；术语符号；基本规定；建筑单体；绿化；能源供应及设备；给排水；公共设施管理；评定程序；附录。该评估方法适用于全省新建、扩建、改造的节能住宅小区的评定。

《江苏省城市容貌标准》DGJ 32/TC01—2004，内容包括：引言；街景容貌；公共场所与公共设施；广告标志与夜景照明；环境卫生；城市绿化与公共水域。

3.2 江苏省绿色建筑设计相关技术与标准

3.2.1 江苏省绿色建筑设计技术现状与趋势

自 1969 年美籍意大利建筑师鲍罗·索勒里首次提出了"生态建筑"理念，20 世纪 70 年代石油危机的爆发使人们意识到建筑产业必须走可持续发展道路以来，20 世纪 80 年代，节能建筑体系逐渐发展。1992 年，"联合国环境与发展大会"在巴西里约热内卢召开，与会者第一次明确提出了"绿色建筑"概念，绿色建筑开始成为一个兼顾环境与舒适度的研究体系，并且得到了越来越多的国家的肯定与推广，成为当今世界建筑发展的重要方向。无论是世界级建筑大师还是众多的高校和学术机构亦致力于绿色建筑的研究和创新。

20 世纪 90 年代，我国的建筑市场才意识到建筑节能减排的重要性。1994 年我国才正式以《中国 21 世纪议程》的形式发表了文件，明确了经济建设的可持续发展作为发展的总体战略和政策决策。1996 年继续发表了《中华人民共和国人类住区发展报告》，将可持续发展的思想与我国城市化、城镇化的进程联系在一起，这对我国建筑行业提出了总体要求。

总体而言，目前绿色建筑设计技术体现在节地（用地控制、密度控制、绿地控制等）、节能（总平面布局、墙体节能、门窗节能、屋面节能、楼地面节能等）、节水（雨水收集利用、建筑中水利用、污水回收利用等）、节材（建筑材料的可持续性、材料选择本地化、土建装修一体化等）、地域性设计（规划设计、单体设计等）和运营管理等方面。

另外，我国也已经开展居住建筑、文教建筑、商业建筑、办公建筑、医院建筑、交通建筑、体育建筑、工业建筑、建筑改造等专项性绿色设计标准等及技术要点。

1. 江苏省绿色建筑设计技术及实践

近年来，江苏省大力推进绿色建筑实践工作。绿色建筑倡导建设节约型社会，强调循环可持续发展理念，挖掘建筑节地、节能、节水、节材的潜力，从建筑全生命周期核算效益和成本。江苏省具有全国各省区人口密度最大、人均资源最少、人均资源容量最小、环境承载量高等省情特征，大力开展节能、节地、节水、节材、环保的绿色建筑，是应对上述压力的有效措施，有利于加快形成能源资源节约的城乡建设模式和发展方式，提高生态文明水平，促进人与自然的和谐发展，充分体现江苏省建设更高水平小康社会所采取的实际行动。

江苏省的绿色建筑事业一直走在全国前列。2011 年江苏率先开展了保障性住房绿色建筑评价标识工作，共有 10 个项目获得绿色建筑设计评价标识，在全国引起很大反响。目前，全省通过住房和城乡建设部备案的绿色建筑评价标识项目达到 566 项，数量位居全国第一。通过对相关项目的案例研究，我们从以下几个方面归纳总结了在多数项目中已被普遍采用的、具较好可行性的绿色建筑设计技术以及还存在的一些问题，进而可知我省绿色建筑设计技术的现状水平。

（1）节地与室外环境

1）地下空间利用。地下室得到了较大比例的利用，也增加了些地下自然采光措施，如采光井等。但有关地下空间的绿色设计手段泛善可见，比如被动式自然采光、通风或主动式技术等运用不多；

2）景观绿化。运用了复层绿化系统，如垂直绿化、屋顶绿化等，绿化的形式趋于多样，也起到了美化环境、节约能源的目的。但是基于本土化的设计，体现当地文化特色的理念需要加强。强调人性化的尺度，从场地规划到细部设计，体现健康宜人的原则，仍需标准加以规范。

（2）节能与能源利用

1）建筑遮阳。包括外遮阳与建筑一体化设计，可调卷帘外遮阳，low－e 玻璃外遮阳等，但由于成本原因，此技术多运用在设计标志项目，公建和住宅均有使用，且以可调式外遮阳为主。在增强建筑与遮阳一体化设计理念的同时，要对具体的节能指标做量化规定。

2）太阳能利用。包括整体式太阳能集热系统，太阳能热水系统、太阳能光伏发电，其中，太阳能热水系统的运用程度最高，公建和住宅均有涉及。太阳能与建筑的一体化设计，与建筑形体及立面的协调关系是应该注重的方面。此外太阳能也需要更多用途的开发利用，可借鉴其他省市的成功经验，以提升我省太阳能运用的技术实力。

3）照明。包括采用节能照明灯具、高效光源、光诱导照明系统、导光管等，由此可以看出，多样的节能照明技术已被广泛运用。在此一方面要针对照明节能的指标做量化要求，另一方面要增强通过设计运用自然采光的意识。

除了以上这些方面，建筑的形体控制，围护结构的构造处理都是需要增强设计以达到节能与能源利用的方面。

（3）节水与水资源利用

主要包括雨水收集、回用、净化处理，规定项目节水率，设置透水地面与雨水收集池，雨水用于绿化浇灌、道路冲洗、景观补水、冲厕等用途。这在 1～3 星的项目中均有体现。建议增加具体的量化指标，确定雨水的回收得到充分的利用。同时对于建筑中水和污水也需要同样的重视程度。

（4）节材与材料资源利用

材料运用包括采用高强度钢材，高性能材料，外保温材料更新，可循环再生材料等。相关构造的节能措施已从材料方面入手，材料的可循环性也被重视。同时应进一步加大本土材料利用的比例，适宜的结构选型对应的材料选择以及土建装修一体化的理念也应加以贯彻。

（5）地域性/创新设计

针对本地区的气候条件，选用合理的建筑遮阳方式、太阳能建筑一体化的设计手段，针对较为丰沛的雨水做好收集与再利用等都是地域性的绿色设计手段。但目前多为既有普适技术的选用，真正针对本地区的文化背景、物理环境、资源特点的创新绿色设计尚显不足，同时缺少对具体的节能指标的地区性量化规定。

绿色建筑类型涵盖了居住建筑、文化教育建筑、办公建筑、商业建筑、交通建筑、工业建筑及既有建筑改造等。在性能技术一体化方面则较多地从被动式或主动式建筑风环境、光环境、热环境技术入手，有关健康与安全性方面也有多个技术的运用，比如智能化控制系统，安全防范措施等。但因为应用范围小，或者代表性不强，在此不再赘述。

2. 绿色建筑的发展原则

面对全球能源危机和日趋严重的环境污染，在发展低碳经济、力推建筑节能的大背景下，绿色建筑将成为未来建筑的趋势和目标，具有广阔的发展前景。在当前的社会背景和现有的技术水平下，我们提出"适时、适技、适地"三原则。

（1）适时原则——理念先行引领绿色建筑发展

绿色建筑代表了世界建筑未来的发展方向，推广和发展绿色建筑有赖于绿色理念深入人心，需要全社会观念与意识的提高，要向全社会宣传普及绿色建筑的理念和基本知识，提高民众的接受度。绿色建筑不等同于高科技、高成本建筑，不是高技术的堆砌物，通过合理的规划布局和建筑设计，并不需要增加过多的成本，就可以从源头上有效实现绿色建筑的目标。

（2）适技原则——适宜技术推动绿色建筑发展

绿色建筑技术研究在国外开展得较早，已有大批的成熟技术，在积极引进、消化、吸收国外先进适用绿色建筑技术的基础上，更重要的是选择与创造适宜本土的绿色建筑技术，走本土化绿色之路。大量建筑在建造过程中要结合本地实际情况，选择最适宜的技术与产品并合理地集成在建筑上，尤其是自然通风和天然照明技术要得到强化应用。适宜的、可推广的且成本恰当的技术与产品才是绿色建筑技术与产品的重点。

（3）适地原则——地域创新提升绿色建筑发展

基于我省情况，从实际的地理、气候状况出发，结合传统经验、材料和工艺，因地制宜地选择适用的技术和产品，是绿色建筑发展的本土化策略。绿色建筑在融入自然生态环境的同时，还要体现出地区的民俗文化特点。生态的、与自然和谐共存的建筑的核心不再是简单的节能、环保，而是更深层次的对自然的尊重和对人性的关怀。

3. 绿色建筑的发展趋势

在建筑和建筑群的规划设计上，绿色建筑理念主要体现为被动式技术策略的应用，而无论对何地、何种类型的建筑和建筑群规划来说，最重要的就是因地制宜采用技术和策略。合理选址布局、考虑室外环境效应的景观设计、合理的建筑群体间交通组织是打造绿色建筑的重要技术策略。对地形的适宜性利用，对旧建筑的再利用和对城市公共设施的利用也是必须考虑的因素，随着科技手段的不断发展，利用软件模拟技术为建筑群选择合理的布局和组合方式将成为必然趋势，技术支撑下的绿色建筑规划技术也将日趋科学。住房和城乡建设部《"十二五"绿色建筑和绿色生态城区发展规划》的颁布，也进一步揭示了我国绿色建筑事业的发展趋势，具体体现在以下几方面。

（1）从绿色建筑到生态城市

"走中国特色的低碳发展模式必须坚持两手抓：一方面从每个家庭的居所——绿色建筑入手；另一方面还必须从城市整体的层次来寻求应对之道，即打造生态城、低碳城"❶。因此绿色建筑发展应与城市环境发生更积极的互动关系，通过发展绿色建筑，进而打造生态城市。

（2）传统经验与现代科技的结合

为了适应当地环境，抵抗恶劣气候的侵袭，合理利用有限的可得资源，用最经济的材料得到最大程度的舒适，人与自然形成了和谐融洽的良性循环，纵观国内外的传统民居，其中包含着许多朴素的绿色建筑设计思想和技术措施。但由于技术的局限性和人们对舒适度要求的提高，其中不尽人意的地方也随着时代的进步和技术的发展，被更多的主动式绿色技术的应用所改善。因此一方面要更多地从传统经验中汲取灵感，创作具有地域性的建筑，另一方面要紧跟时代和科技的发展，更新绿色建筑技术。

（3）新建筑的绿色设计与既有建筑的绿色改造相结合

随着社会发展、经济转型和生活水平的提高，既有建筑改造的需求日增，但因为年代久远以及建造之初绿色理念的缺失，既有建筑改造中的能源消耗与资源利用数量巨大，因此对既有建筑改造的绿色设计迫在眉睫。新建建筑的绿色设计是必须秉持的理念，也可以避免日后的使用改造中造成消耗和浪费，因而长远来看，两者结合，才能真正实现节约能源、生态社会的目标。

（4）城乡统筹，发展生态村镇和绿色农房

在住房和城乡建设部《"十二五"绿色建筑和绿色生态城区发展规划》的指导下，要紧紧抓住城镇化、工业化、信息化和农业现代化的战略机遇期，牢固树立尊重自然、顺应自然、保护自然的生态文明理念，引导我国城乡建设模式和建筑业发展方式的转变，促进城镇化进程的低碳、生态、绿色转型。要编制村镇绿色建筑技术指南，指导地方完善绿色建筑标准体系在对乡村土地利用、建设布局、污水垃圾处理、能源结构等基本情况的调查基础上，组织编制地方农房绿色建设和改造推广图集，研究具有地方特色、符合绿色建筑标准的建筑材料、结构体系和实施方案，并引导农民在新建和改建农房过程中使用适用材料和技术，并按照地方绿色建筑标准进行农房建设和改造，以实现生态村镇和绿色农房。

3.2.2 江苏省绿色建筑设计相关标准现状及反思

1. 江苏省绿色建筑设计相关标准现状

为贯彻执行节约资源和保护环境的国家技术经济政策，推进可持续发展，规范绿色建筑的评价，江苏省住房和城乡建设厅 2009 年 1 月制定并颁布了《江苏省绿色建筑评价标准》DGJ 32/TJ76—2009，并于 2009 年 4 月开始实施，该标准用于评价江苏省新建和改、扩建住宅建筑和公共建筑（办公建筑、商场建筑和旅馆建筑）。

自 2009 年 4 月起实施的《江苏省绿色建筑评价标准》、2011 年 1 月颁布的《江苏省绿色建筑评价技术细则》，连同已施行多年的《江苏省居住建筑热环境与节能设计标准》

---

❶ 摘自《从绿色建筑到低碳生态城》—仇保兴，2009。

等，江苏省绿建评价以及设计标准走在了全国前列。通过对标准及相关规范的仔细研读对比，结合建筑设计专业自身特点，将其分为通用性标准、专项性标准、物理环境与性能化标准三个大类。其中通用性标准按照绿建评价标准内容进行细分，包括节地与室外环境、节能与能源利用、节水与水资源利用、节材与材料资源利用、全生命周期等；专项性标准按照建筑类型细分，包括居住建筑、公共建筑、建筑改造等；物理环境与性能化标准则是具体从声光电热等物理环境方面和安全性能方面进行细分和定义。具体内容如下。

（1）通用性标准

1）节地与室外环境

《江苏省绿色建筑评价标准》DGJ 32/TJ76—2009，地方标准。本标准用于评价江苏省新建和改、扩建住宅建筑和公共建筑。本标准4.1、5.1章节规定了住宅建筑和公共建筑的节地和室外环境的相关要求。

2）节能与能源利用

《江苏省绿色建筑评价标准》DGJ 32/TJ76—2009，地方标准。本标准用于评价江苏省新建和改、扩建住宅建筑和公共建筑。本标准4.2、5.2章节规定了住宅建筑和公共建筑的节能与能源利用的相关要求。

《公共建筑节能设计标准》DGJ 32/J96—2010，地方标准。为贯彻执行国家节约能源、环境保护的法规和方针政策，改善公共建筑的室内热环境，提高采暖、通风、空气调节和照明系统的能源利用效率，降低建筑能耗，根据《公共建筑节能设计标准》GB 50189—2005，并结合江苏省建筑气候和建筑节能的具体情况，制定本标准。本标准的主要技术内容是：总则；术语；建筑及建筑热工设计；采暖、空调与通风的节能设计；电气节能设计；给水节能设计；可再生能源利用；用能计量；检测与控制。本标准适用于江苏地区新建、改建和扩建的公共建筑节能设计。

《江苏省居住建筑热环境和节能设计标准》DGJ32/J71—2014，地方标准。为了贯彻国家建筑节能的方针政策，改善建筑物室内热环境；提高江苏省居住建筑供暖、空调降温等方面耗能的使用效率，特制订本标准。通过建筑设计和供暖与空调降温设计采取有效的技术措施，使江苏省居住建筑节能率达到65％的水平。标准中规定了江苏省范围内居住建筑室内热环境标准、能耗标准及节能设计原则和要求。主要内容包括：总则，术语符号，设计指标，建筑热工设计的一般规定，围护结构的规定性指标，建筑物的节能综合指标，供暖、通风和空气调节的节能设计，生活热水供应等。适用于江苏省新建、扩建和改建的居住建筑的节能设计。

《太阳能光伏与建筑一体化应用技术规程》DGJ 32/J87—2009，地方标准。为落实《中华人民共和国可再生能源法》和国务院减排的战略部署，促进江苏省太阳能光伏与建筑一体化的推广应用，编制本规程。本规程的编制主要规范太阳能光伏系统与建筑的结合，使太阳能光伏系统得到有效利用。本规程主要技术内容有：总则；术语；光伏系统设计；光伏建筑设计；太阳能光伏系统安装；环保、卫生、安全、消防；工程验收；运行管理与维护。本规范适用于新建、改建和扩建的工业与民用建筑光伏系统工程，以及在既有民用建筑上安装或改造已安装的光伏系统工程的设计、施工、验收和运行维护。

3）节水与水资源利用

《江苏省绿色建筑评价标准》DGJ 32/TJ76—2009，地方标准。本标准用于评价江苏省新建和改、扩建住宅建筑和公共建筑。本标准4.3、5.3章节规定了住宅建筑和公共建筑的节水与水资源利用的相关要求。

4）节材与材料资源利用

《江苏省绿色建筑评价标准》DGJ 32/TJ76—2009，地方标准。本标准用于评价江苏省新建和改、扩建住宅建筑和公共建筑。本标准4.4、5.4章节规定了住宅建筑和公共建筑的节材与材料资源利用的相关要求。

5）全生命周期

《江苏省绿色建筑评价标准》DGJ 32/TJ76—2009，地方标准。本标准用于评价江苏省新建和改、扩建住宅建筑和公共建筑。本标准4.6、5.6章节规定了住宅建筑和公共建筑运营管理的相关要求。

（2）专项性标准

1）居住建筑

《江苏省节能住宅小区评估方法》DGJ 32/TJ01—2003，地方标准。为规范房地产市场，统一节能住宅小区标准，改善和提高居住环境质量，推进城市住宅建设的可持续、健康发展，保障消费者的合法权益，特制定本评估方法。本标准的主要内容包括：总则；术语符号；基本规定；建筑单体；绿化；能源供应及设备；给排水；公共设施管理；评定程序。本评估方法适用于全省新建、扩建、改造的节能住宅小区的评定。

《江苏省住宅设计标准》DGJ 32/J26—2006，地方标准。为保障我省居民基本的住房条件，提高城镇住宅功能质量；使我省住宅设计符合适用、安全、健康、美观、经济和环保节能等基本要求，制定本标准。本标准适用于我省城市、建制镇新建、改建和扩建的住宅设计。其中第5节环境标准和第7节设施标准规定了日照采光通风隔声防潮以及太阳能热水器的设计标准；第6节节能标准从规定性指标、性能性指标、有关实施技术三个方面规定了节能设计的相关要求。

《江苏省居住建筑热环境和节能设计标准》DGJ 32/J71—2014，地方标准。为了贯彻国家建筑节能的方针政策，改善建筑物室内热环境；提高江苏省居住建筑供暖、空调降温等方面耗能的使用效率，特制订本标准。通过建筑设计和供暖与空调降温设计采取有效的技术措施，使江苏省居住建筑节能率达到65%的水平。标准中规定了江苏省范围内居住建筑室内热环境标准、能耗标准及节能设计原则和要求。主要内容包括：总则，术语符号，设计指标，建筑热工设计的一般规定，围护结构的规定性指标，建筑物的节能综合指标，供暖、通风和空气调节的节能设计，生活热水供应等。适用于江苏省新建、扩建和改建的居住建筑的节能设计。

2）居住建筑

《公共建筑节能设计标准》DGJ 32/J96—2010，地方标准。为贯彻执行国家节约能源、环境保护的法规和方针政策，改善公共建筑的室内热环境，提高采暖、通风、空气调节和照明系统的能源利用效率，降低建筑能耗，根据《公共建筑节能设计标准》GB 50189—2005，并结合江苏省建筑气候和建筑节能的具体情况，制定本标准。本标准的主要技术内容是：总则；术语；建筑及建筑热工设计；采暖、空调与通风的节能设计；电气节能设计；给水节能设计；可再生能源利用；用能计量；检测与控制。本标准适用于江苏地区新建、改建和扩建的公共建筑节能设计。

3）建筑改造

《既有建筑节能改造技术规程》DGJ 32/TJ127—2011，地方标准。为推进建筑节能工作的开展，在保证室内热舒适环境的基础上提高既有建筑用能系统的能源利用效率，降低既有建筑运行能耗，减少温室气体排放，规范既有建筑节能改造的技术要求。结合江苏省建筑气候特点和建筑节能的具体情况，制定本规程。本标准的主要内容包括：总则；术语；基本规定；外围护结构节能改造；采暖通风空调及生活热水系统节能改造；供配电与照明系统节能改造；可再生能源利用；综合评估。本规程适用于各类既有民用建筑的外维护结构、用能设备及系统等方面的节能改造。

（3）物理环境与性能化标准

1）建筑声环境

《江苏省绿色建筑评价标准》DGJ 32/TJ76—2009，地方标准。本标准用于评价江苏省新建和改、扩建住宅建筑和公共建筑。本标准4.5、5.5室内环境质量章节规定了住宅建筑和公共建筑声环境的相关要求。

2）建筑风环境

《江苏省绿色建筑评价标准》DGJ 32/TJ76—2009，地方标准。本标准用于评价江苏省新建和改、扩建住宅建筑和公共建筑。本标准4.5、5.5室内环境质量章节规定了住宅建筑和公共建筑风环境的相关要求。

3）建筑光环境

《江苏省绿色建筑评价标准》DGJ 32/TJ76—2009，地方标准。本标准用于评价江苏省新建和改、扩建住宅建筑和公共建筑。本标准4.5、5.5室内环境质量章节规定了住宅建筑和公共建筑光环境的相关要求。

4）建筑热环境

《江苏省绿色建筑评价标准》DGJ 32/TJ76—2009，地方标准。本标准用于评价江苏省新建和改、扩建住宅建筑和公共建筑。本标准4.5、5.5室内环境质量章节规定了住宅建筑和公共建筑热环境的相关要求。

5）健康与安全性

《商业建筑设计防火规范》DGJ 32/J67—2008，地方标准。本规范的主要技术内容是：总则；术语；商业建筑规模分类和耐火等级；总平面布局和平面布置；防火防烟分区；安全疏散；建筑构造；小型商业用房防火设计；消防给水和灭火设备；防烟、排烟与采暖通风、空气调节；电气。本规范使用与江苏省新建扩建和改建的商业建筑。

表3-2给出了江苏省绿色建筑设计专业相关标准。

江苏省绿色建筑设计专业相关标准 表3-2

序 号	标 准 编 号	标 准 名 称
1	DGJ 32/TJ76—2009	《江苏省绿色建筑评价标准》
2	DGJ 32J96—2010	《江苏省公共建筑节能设计标准》
3	DGJ 32/J87—2009	《太阳能光伏与建筑一体化应用技术规程》
4	DGJ 32/TJ01—2003	《江苏省节能住宅小区评估方法》
5	DGJ 32/J26—2006	《江苏省住宅设计标准》
6	DGJ 32/J71—2014	《江苏省居住建筑热环境和节能设计标准》

序号	标 准 编 号	标 准 名 称
7	DJG 32/TJ127—2011	《既有建筑节能改造技术规程》
8	DGJ 32/TJ106—2010	《民用建筑节能工程质量管理规程》
9	DGJ 32/J123—2011	《建筑外遮阳工程技术规程》
10	DGJ 32/TJ133—2011	《装配整体式自保温混凝土房屋结构技术规程》
11	DGJ 32/J157—2013	《居住建筑标准化外窗系统应用技术规程》
12	DGJ 32/J173—2014	《江苏省绿色建筑设计标准》

2. 江苏省绿色建筑标准建设的反思

与发达国家相比，我国的绿色建筑发展时间较晚，无论是理念还是技术实践与国际标准还有很大的差距。虽然目前发展势头良好，在政策制度、评价标准、创新技术研究上都取得了一定的成果，近两年也出现了一批示范项目，但我省绿色建筑发展总体上仍处于起步阶段，总量规模比较小。目前，推动建筑节能、发展绿色建筑已成为社会共识，但绿色建筑的推广仍存在很多困难。根据对现状的分析总结，发现江苏省绿色建筑存在一些问题，主要包括以下几方面：

（1）认识理念仍有局限，标准体系不清晰、不完整

一是不少地方尚未将发展绿色建筑放到保证国家能源安全、实施可持续发展的战略高度，缺乏紧迫感，缺乏主动性，相关工作得不到开展。二是由于发展起步较晚，各界对绿色建筑理解上的差异和误解仍然存在，对绿色建筑还缺乏真正的认识和了解，简单片面地理解绿色建筑的含义。如认为绿色建筑需要大幅度增加投资，是高科技、高成本建筑，我国现阶段难以推广应用等。关于绿色建筑真正内涵的普及工作仍然艰巨。

作为体现并推行国家技术经济政策的技术依据和有效手段，我国的绿色建筑标准化工作近几年才刚刚起步，江苏省虽走在全国前列，但至今现行各类绿色建筑设计标准数量很少、覆盖面窄，绿色建筑评价标准尚待完善，致使绿色建筑工作在较多环节上存在"无标可依"的局面。这一方面是因为受到绿色建筑技术及产品研究开发力度和水平的制约，另一方面是因为绿色建筑标准涉及多专业学科和领域，各个专业学科已初步形成各自的标准体系，尚缺少突出绿色建筑主题的统筹规划。

（2）技术选择存在误区，过分追求技术和设备上的高标准，与国外差距较大

在绿色建筑的技术选择上还存在误区，认为绿色建筑需要将所有的高精尖技术与产品集中应用在建筑中，总想将所有绿色节能的新技术不加区分地堆积在一个建筑里。一些项目为绿色而绿色，堆砌一些并无实用价值的新技术，过分依赖设备与技术系统来保证生活的舒适性和高水准，建筑设计中忽视自然通风、自然采光等措施，直接导致建筑成本上升，在市场推广上难以打开局面。

而有些领域的部分标准迁就现有生产技术水平，跟不上绿色建筑发展的新趋势，更不利于技术更新，与国际标准和国外先进标准比较，技术水平偏低，差距较大。

（3）相关标准缺项

目前绿色建筑标准多集中在评价方面，缺少与之相配套的设计、施工与验收、运行管理等方面的标准。实践中，往往需要借助于现行的相关专业标准。但相关专业标准或针对性不强，没有明确对绿色建筑的要求，或覆盖面不够，没有显化"绿色"要求。现行的绿

色建筑评价标准主要针对的是居住建筑和公共建筑的评价，其中公共建筑没有细化建筑类别，更没有考虑如学校建筑、医院建筑等其他公共机构类型建筑的用能特性。

再如，目前在对绿色建筑规划领域的研究中，主要缺失的内容是对公共设施配套和无障碍设施设计的考虑。由于规范没有强制规定项目周边公共设施的配套情况，这就造成了很多项目对这点的忽视。通常设计者仅仅考虑到周边的公交线路，而对其他类型的配套设施如：学校，超市，社区中心等都没有提及。对无障碍设施的忽视成为了一种普遍的现象，几乎在所有的项目中对无障碍设施的设计都是不足或者缺乏的。这两方面的内容在新编和修编的规范中应得到重视并予以加强。另外，目前在对绿色建筑给排水领域的研究中，主要集中在雨水回用和再生水利用技术上，而对于建筑给排水系统优化、降低管道漏损措施等方面关注度不够，造成绿色建筑设计与评价过程变成对雨水或再生水利用单一技术的评价，没有形成系统全面的设计理念。

（4）部分标准编制深度不够，缺乏前瞻性和指导性

现行的绿色建筑标准无论是技术上还是指标上都不能完全适应绿色建筑发展的需要。尽管我省已开展了绿色建筑的研究和实践工作，但对如何全面贯彻"四节一环保"要求尚缺乏深入研究，特别是对如何因地制宜地发展绿色建筑研究不多。

设计师对绿色建筑中的规划问题观念较薄弱，在实际工作中更重视节能、节水领域的主动式绿色建筑技术应用，而大部分相关从业人员在设计研究时都从本专业出发，缺乏对绿色建筑规划的系统研究。民众对绿色建筑的本质不够了解，对绿色建筑也不够关注，认知停留在狭义的概念层面。在其实际的推行实践中，也发现存在着一些不足，有些技术指标不宜核定和监测。如，电气专业在清洁能源、再生能源运用中的标准应进一步完善、配套。应当根据江苏省地方特点和技术发展状况对相关标准进行完善，提高全省建筑电气的实际效率，形成具有江苏地方特色的建筑电气发展框架。

（5）法规标准有待完善

绿色建筑在我国处于起步阶段，相应的政策法规和评价体系还需进一步完善。国家对绿色建筑没有法律层面的要求，缺乏强制各方利益主体必须积极参与节能、节地、节水、节材和保护环境的法律法规，缺乏可操作的奖惩办法规范。绿色建筑与区域气候、经济条件密切相关，我国各个地区气候环境、经济发展差异较大，目前的绿色建筑标准体系没有充分考虑各地区的差异，不同地区差别化的标准规范有待制定。因此，结合我省的气候、资源、经济及文化等特点建立针对性强、可行性高的绿色建筑标准体系和实施细则是当务之急。

3.3 江苏省绿色建筑结构与材料相关技术与标准

3.3.1 江苏省绿色建筑结构与材料技术与趋势

1. 江苏省绿色建筑结构与材料技术及实践

江苏省绿色建筑工作一直走在全国前列，在良好的工作基础上，江苏的绿色发展理念逐步升级，开始从建筑单体向区域融合发展、从单项技术运用向综合技术集成发展。2010年，江苏开始省级绿色建筑示范区的建设，省住房和城乡建设厅与省财政厅联合以省级建

筑节能专项引导资金，鼓励示范区的绿色技术集成实践。

示范区的建设目标比较一致，即以社会、经济、环境可持续发展为最终目标，以节约型城乡建设的十大重点工程为主要的建设内容，以绿色建筑项目为抓手，最大限度节约资源（节能、节地、节水、节材），保护环境和减少污染；形成可循环的经济发展方式、绿色的城市形象及和谐的生活方式，体现人与建筑和谐、城市与环境和谐。

随着绿色建筑工作的深入推进，江苏省相继出台了一系列与绿色建筑相关的规定、地方标准、技术措施、技术要求等，尤其在建筑节能技术标准体系上开展了一系列工作。目前已有的江苏省建筑节能技术标准按照工程进展阶段来看，涵盖了工程建设中设计、施工、验收、检测、运营各个阶段。从结构和材料方面来看，主要涉及节能与节材方面，从关注外围护结构的热性能作为基础条件开始，逐渐扩展到建筑系统整个设计、施工、验收、运营环节。

（1）节能与能源利用

节能与能源利用主要涉及外围护结构，通过改善建筑外墙、屋面、外门窗的热工性能，达到节约建筑能耗的目的，常用的技术有：外墙外保温、外墙自保温、屋面保温、屋面平改坡、外门窗断热中空玻璃等。江苏省注重构建适宜夏热冬冷地区实际的绿色建筑技术应用体系，大力推广建筑外遮阳、节能门窗、墙体自保温系统等成熟适用技术，主要体现在以下几个方面。

1）遮阳材料

积极推广织物卷帘外遮阳系统、铝合金卷帘外遮阳系统、铝合金百叶外遮阳系统、遮阳型双层整体铝合金节能窗、内置遮阳百叶中空玻璃等外遮阳技术。截至 2014 年 12 月底，全省外遮阳应用面积近 900 万 m² 以上，折算建筑面积近 7000 万 m²。

2）门窗材料

积极推广节能型隔热铝合金门窗、节能型塑料门窗、铝木复合节能门窗、铝塑复合节能门窗等节能门窗技术。每年建筑门窗和幕墙的生产总产值达到 45.8 亿元，其中门窗产值约为 25.8 亿元。每年门窗工程应用量大约为 1600 万 m²。

积极推广平板式、整体式全玻璃真空管、分体式全玻璃真空管、整体式金属热管型、分体式全玻璃真空管、金属 U 形真空管等太阳能热水技术。

3）墙体材料

积极推广长江淤泥烧结保温砖、蒸压加气混凝土砌块、页岩模数砖等砌块类自保温技术，完善了专用砌筑砂浆、冷热桥处理措施等配套技术。

（2）节材与材料资源利用

1）木结构

江苏省已出台有关木结构标准《轻型木结构建筑技术规程》DGJ 32/TJ129—2011，扬州市在其古城低碳示范社区低碳工程中采用了这种结构形式。轻型木结构，除了抗震性能好、保温隔热性能优良、美观舒适等优点外，绿色环保是其最突出的优点。有研究机构对木结构、钢结构和混凝土结构的几个环境影响性能指标进行了对比，结果显示：钢结构比木结构房屋能耗要高出 17%，其产生的温室效应、废气、废水要比木结构分别高出 26%、14% 和 31.2%；混凝土结构比木结构房屋能耗要高出 16%，而其产生的温室效应和废气要比木结构分别高出 31% 和 23%。

2）高强、高性能材料的利用

推广与应用高强、高性能材料，在提高建筑结构安全等级的同时，显著减少材料消耗，提高建筑物的耐久性，实现节能减排的目标。推广与促进高强钢筋与高性能混凝土在建设工程中的应用，以高强材料代替现在广泛应用的低强度等级材料，显著减少材料用量，节约大量资源。

3）材料的再利用

传统建筑材料主要包括烧制品（砖、瓦类）、砂石、灰（石灰、石膏、土、水泥）、混凝土等，在拆除旧建筑时，不仅会产生大量的砖块和混凝土废块及金属废料等废弃物，而且无论是新建或是拆毁时都会留下建筑残骸，如果能将其大部分作为建材使用，即建筑废弃物成为建筑副产品，这样既节约建筑材料资源，又减少对建筑室内外环境造成的污染及建筑垃圾的浪费。

2. 绿色建筑结构与材料的发展趋势

结构作为整幢建筑物的骨架，其设计应与建筑绿色化、生态化的要求相适应。结构技术绿色化体现在制定结构整体设计方案时，应尽量使用环保材料或采用新型结构形式来减少材料用量，使方案真正体现安全、经济、合理和环保的原则。就结构专业而言，从结构选材、结构体系及构件选择、提高结构耐久性水平、提高结构工业化生产水平等方面考虑，是打造绿色化的重要技术策略。绿色建材的评价是通过确定和量化相关的资源、能源消耗、废弃物排放来评价某种建筑材料的环境负荷，评价过程包括该建筑材料的寿命周期全过程，即原料采集、产品生产、运输、使用、再生利用整个生命循环过程。从发展趋势来看，体现在以下几方面。

（1）结构体系的选择

绿色建筑结构体系的选择要尽量采用资源消耗和环境影响小的体系。对环境的影响由小到大顺序依次为木结构、钢结构、砌块类结构、混凝土结构。"木结构体系"因其环保、绿色、可再生的优势必然要成为推广项目之一；钢结构强度高，抗震性好，具有良好的可重复性，兼具绿色、环保的特点，发展钢结构体系是建筑产业化进程的重要方向；一些新型的结构体系如现浇混凝土空心板体系、密肋轻板结构体系、组合网架夹心剪力墙节能体系（WZ体系）突破了传统节能体系的局限，将成为发展趋势。

（2）推进建筑工业化

对于量大面广的建筑，如住宅、教学楼、医院、一般办公楼等，可以发展装配整体式混凝土结构及半预制的新型叠合结构，改进与加强预制构件之间、与支承结构之间的连接构造，保证结构整体抗震能力，广泛在小高层建筑中使用。钢结构可全面实现工厂预制现场拼接，不但节省材料，降低污染，还大大缩短施工周期。

（3）高性能结构材料的利用

新型高强高性能材料有强度高、耐久性好以及节约材料等优越性，符合我国所提倡的发展绿色建筑的理念，必将在各类建筑结构中得到越来越广的应用。随着各种优质添加剂的研制，会大大改善高性能混凝土的性能，如在混凝土内加入适量的聚丙烯纤维或膨胀剂，可以一定程度地控制混凝土裂缝的开展，并对改善高强混凝土早期热裂缝性能有一定作用。

（4）绿色建材不断优化

根据国外绿色建材发展的情况，结合国内具体实际，我国绿色建材的发展趋势主要有三方面。资源节约型绿色建材：资源节约型绿色建材一方面可以通过实施节省资源，尽量减少对现有能源、资源的使用来实现，另一方面也可采用原材料替代的方法来实现；能源节约型绿色建材：节能型绿色建材不仅指要优化材料本身制造工艺，降低产品生产过程中的能耗，而且应保证在使用过程中有助于降低建筑物的能耗；环境友好型绿色建材：环境友好是指生产过程中不使用有毒有害的原料、生产过程中无"三废"排放或废弃物，可以被其他产业消化、使用时对人体和环境无毒无害、在材料寿命周期结束后可以被重复使用等。

3.3.2　江苏省绿色建筑结构与材料标准

1995 年江苏省颁布了《江苏省民用建筑节能设计标准实施细则》，这是我省第一部地方建筑节能设计标准。十多年来，由于各地不断涌现出大量的新型节能材料、节能设备和节能技术，工程建设标准化管理部门组织编制了相应的地方标准。

我省含有两个气候区，苏北的徐州、连云港属于寒冷气候区，其他地方属于夏热冬冷气候区。在制定我省建筑节能地方标准时，要针对不同气候区，参考对应的国家标准并与之呼应。因此和一些属于独立气候区的省份相比，我省建筑节能技术标准类别多，内容复杂，更需要进行系统化地梳理。

《江苏省居住建筑热环境与节能设计标准》DGJ 32/J71—2014。主要内容：总则；术语和符号；设计指标；建筑热工设计的一般规定；围护结构的规定性指标；建筑物的节能综合指标；供暖、通风和空气调节的节能设计；生活热水供应等。本标准规定了我省范围内居住建筑室内热环境标准、耗能标准及节能设计原则和要求。适用于江苏省新建、扩建和改建居住建筑的节能设计。

从结构体系角度，江苏省主要标准有《轻型木结构建筑技术规程》DGJ 32/TJ129—2011、《现浇轻质泡沫混凝土应用技术规程》DGJ 32/TJ104—2010。

从外墙外保温方面看，主要标准有：《复合发泡水泥板外墙外保温系统应用技术规程》DGJ 32/TJ174—2014、《保温装饰板外墙外保温系统技术规程》DGJ 32/TJ86—2013 等。

从墙体隔热方面看，主要标准有：《建筑反射隔热涂料保温系统应用技术规程》DGJ 32/J165—2014。

涉及楼屋面的标准主要有《水泥基复合保温砂浆建筑保温系统技术规程》DGJ 32/J22—2006、《聚氨酯硬泡体防水保温工程技术规程》苏 JG/T 001—2005。

涉及门窗和幕墙的标准主要有《建筑玻璃贴膜工程技术规程》苏 JG/T 022—2006、《居住建筑标准化外窗系统应用技术规程》DGJ 32/J 157—2013。

表3-3 给出了江苏省绿色建筑结构与材料方面的标准清单。

江苏省绿色建筑结构与材料方面标准清单　　　　　　　　　　　　　表 3-3

序号	标 准 编 号	标 准 名 称
1	DGJ 32/J 71—2014	《江苏省居住建筑热环境和节能设计标准》
2	DGJ 32/TJ 129—2011	《轻型木结构建筑技术规程》
3	DGJ 32/TJ 104—2010	《现浇轻质泡沫混凝土应用技术规程》

序号	标 准 编 号	标 准 名 称
4	DGJ 32/TJ 86—2009	《保温装饰板外墙外保温系统技术规程》
5	DGJ 32/TJ 78—2013	《淤泥烧结保温砖自保温砌体建筑技术规程》
6	DGJ 32/TJ 85—2009	《混凝土复合保温砌块（砖）非承重自保温系统应用技术规程》
7	DGJ 32/TJ 107—2010	《蒸压加气混凝土砌块自保温系统应用技术规程》
8	DGJ 32/TJ 95—2010	《聚氨酯硬泡体防水保温工程技术规程》
9	DGJ 32/TJ 133—2011	《装配整体式自保温混凝土房屋结构技术规程》
10	DGJ 32/J 157—2013	《居住建筑标准化外窗系统应用技术规程》
11	DGJ 32/TJ 86—2013	《保温装饰板外墙外保温系统技术规程》
12	DGJ 32/TJ 165—2014	《建筑反射隔热涂料保温系统应用技术规程》
13	DGJ 32/TJ 167—2014	《烧结保温砖（砌块）自保温系统应用技术规程》
14	DGJ 32/TJ 174—2014	《复合发泡水泥板外墙外保温系统应用技术规程》
15	苏 JG/T 053—2013	《蒸压陶粒混凝土保温外墙板应用技术规程》
16	苏 JG/T 015—2012	《SGF 粉刷石膏及无机砂浆内保温应用技术规程》
17	苏 JG/T 054—2012	《热处理带肋高强钢筋混凝土结构技术规程》
18	苏 JG/T 056—2012	《蒸压轻质加气混凝土（NALC）保温系统应用技术规程》
19	苏 JG/T 030—2013	《HHC 混凝土砌块（砖）非承重自保温系统应用技术规程》
20	苏 JG/T 060—2013	《复合岩棉防火保温板保温系统应用技术规程》
21	苏 JG/T 042—2013	《发泡陶瓷保温板保温系统应用技术规程》
22	苏 JG/T 062—2013	《复合免拆模板外墙外保温系统应用技术规程》
23	苏 JG/T 063—2013	《真空绝热板建筑保温系统应用技术规程》

3.4 江苏省绿色建筑暖通空调相关技术与标准

3.4.1 江苏省暖通空调节能技术现状

建筑的采暖空调能耗是通过两个阶段形成的：建筑形成冷热耗量；采暖空调系统向建筑提供冷热量时消耗能源。建筑采暖空调能耗是建筑冷热耗量与采暖空调系统能效比的比值。要实现节能目标，就应从减少建筑冷热耗量，提高采暖空调系统能效比两方面去改变。因此要优化冷热源系统设计、优化水系统设计、优化风系统设计等，由此才能实现采暖空调系统工程的节能目标。此外，暖通空调自动控制、空调系统检测、设备运行与管理等也是设备节能的重要内容。

实现冷热源系统设计优化则要对冷热源、冷热源设备进行综合评价，包含环境影响评价、冷热源品位评价、冷热源容量评价、冷热源可靠性与稳定性评价、冷热源设备能效性能评价、技术经济评价等，在满足额定性能系数及部分负荷性能系数的最低限制要求的基础上，根据建筑的规模和使用特征，并结合项目所在地的能源结构状况择优选择冷热源系统的形式。实现冷热输配系统节能则要提高输配系统的能效比，降低管网中泵与风机消耗的功率，因此需要通过优化水系统设计、优化风系统设计等技术来实现。暖通空调系统自动控制则要实现动态能耗计量分析，改善设备管理，并对系统设备的运行状态进行调节。但实现节能优化控制必须与相关专业配合，整合节能技术研究成果，实现相关专业标准之间的关联。设备运行与管理优化则致力于整个系统的控制、运行管理和维护，并获得满足住户需求的运行参数及运行调度。暖通空调节能涵盖的主要技术内容如表3-4所示。

暖通空调系统节能技术 表 3-4

暖通空调系统节能技术	冷热源系统	冷水机组
		热泵机组
		建筑冷热电三联供
	建筑冷热输配系统	变水量系统
		变风量系统
		"大温差"冷热输配系统
		温湿度独立控制系统
		低温辐射供暖与辐射供冷
	新风排风系统	冷热回收；过渡季节通风；新风变频等
	暖通空调自动控制系统	空调机组自动控制；变风量系统自动控制；新风系统自动控制；风机盘管自动控制；热泵机组的自动控制等
	可再生能源利用空调系统	太阳能空调系统
		土壤源热泵
		地表水源热泵
		地下水源热泵
		污水源热泵
	空调系统检测、运行与管理	参数性能检测，规范运行与管理程序

3.4.2 江苏省暖通空调节能技术发展趋势

1. 建筑设备系统的整体协调性不断提高

采暖空调系统节能设计强调的是建筑设备系统的整体协调性，即单个设备的能效比不能反映整个空调工程的节能状态，应是空调设计总冷负荷与其所消耗的总功率之比。因此要优化冷热源系统设计能效比、优化水系统设计能效比、优化风系统设计能效比等，由此才能实现采暖空调系统工程的节能目标。

不同冷热源形式的设计能效比有很大的差异，一是冷热源的性质不同，二是各种冷热源形式的空调工程的总装机容量与设计冷（热）负荷的匹配程度。如果二者比较接近，则空调工程设计能效比一般比较高。因此要提高整个空调工程的节能目标设计能效比，在选择主机时要尽量使总装机容量与设计冷（热）负荷相匹配，同时还要优化水系统设计和风系统设计，控制水系统中最远环路，控制风系统的最高全压标准。

2. 空调系统节能运行不断改善

虽然目前空调系统的运行状况存在诸多问题，但其趋势将不断改善。

空调设备的运行现状：很多建筑的空调系统都达不到满负荷运行，即使在最热月仍有闲置的空调机组。水泵选型过大或选配电机功率过大，低效率运行，浪费能源。多台冷冻水泵并联运行时，没有根据供冷负荷的变化调整开启台数，而是无论冷负荷大小，都是按最大冷负荷开动冷冻水泵，白白浪费了电能。空调水系统的运行现状：普遍存在大流量小温差现象，最大负荷出现的时间很少，绝大部分时间在部分负荷下运行，实际温差小于设计温差，实际流量比设计流量大1.5倍以上，水泵电耗大大增加。空调风系统的运行现状：新风接入口面积、新风管道尺寸及风机容量偏小，不能满足过渡季节全新风运行。

空调系统的节能运行管理主要内容包括空调运行人员管理、空调节能策略管理、空调节能检查管理和空调节能维护保养管理四大部分。空调节能策略管理就是空调运行中采取行之有效的节能措施来达到降低运行费用的目的。只有按照标准的运行操作规程进行操作，采取合理、可行的节能技术措施，才能保证空调系统运行安全、节能；只有严格监控空调系统的运行参数、空调房间的温度，统计电、热、燃料的消耗，才能及时发现能源浪费问题、及时查找问题，进行修整，最大限度地降低能源的浪费。

3. 优化管理型能源管理

优化管理型能源管理是指通过连续的系统调试使建筑各系统（尤其是设备系统与自控系统）之间、系统的各设备之间、设备与服务对象之间实现最佳匹配，使设备运行、维护和管理达到最优化来实现节能的一种能源管理方式。它又可以分为两种模式：一种是负荷追踪型的动态管理，如新风量需求控制、制冷机台数控制、夜间通风等；另一种是成本追踪型的运行管理，如根据电价峰谷差控制蓄冰空调运行，最大限度利用自有热电联产设备的产能等。

负荷追踪型运行管理是指根据建筑负荷的变化调整运行策略以达到最佳节能状态的一种能源管理方式。负荷追踪型运行管理的目的是对建筑运行的全过程中的负荷进行及时追踪、及时反馈、及时调整，实现最佳匹配。它以负荷计量仪表的准确计量及能源损耗统计数据的真实可靠为前提。

3.4.3 暖通空调节能技术与现行绿色建筑评价标准的衔接

绿色建筑标准体系不是独立存在的，它以各专业标准为基础，强化各专业标准中的绿色主题，整合各专业标准的协同效果。在现行绿色建筑评价体系中，暖通空调节能技术应用体系主要体现在节能与能源利用和室内环境质量这两部分的指标体系中，具体技术应用与绿色建筑评价条文及专业标准之间的关系如表3-5所示。

暖通系统节能技术与绿色建筑评价条文及专业标准间的关系 表3-5

序号	暖通系统节能技术	《绿色建筑评价标准》GB/T 50378—2006	暖通专业相关标准
1	冷热源系统	5.2.2 空调采暖系统的冷热源机组能效比符合现行国家标准《公共建筑节能设计标准》GB 50189 的规定	（1）《公共建筑节能设计标准》GB 50189—2005 （2）《冷水机组能效限定值及能源效率等级》GB 19577—2004 （3）《单元式空气调节机能效限定值及能源效率等级》GB 19576—2004

序号	暖通系统节能技术	《绿色建筑评价标准》GB/T 50378—2006	暖通专业相关标准
2	建筑冷热输配系统	5.2.5 新建的公共建筑，冷热源、输配系统和照明等各部分能耗进行独立分项计量	《空气调节系统经济运行》GB/T 17981—2007
		5.2.11 全空气调节系统采取实现全新风运行或可调新风比的措施	(1)《空调通风系统运行管理规范》GB 50365—2005 (2)《空气调节系统经济运行》GB/T 17981—2007
		5.2.12 建筑物处于部分冷热负荷时和仅部分空间使用时，采取有效措施节约通风空调系统能耗	(1)《公共建筑节能设计标准》GB 50189—2005 (2)《空调通风系统运行管理规范》GB 50365—2005 (3)《空气调节系统经济运行》GB/T 17981—2007
		5.2.13 采用节能设备与系统	(1)《公共建筑节能设计标准》GB 50189—2005 (2)《空调通风系统运行管理规范》GB 50365—2005 (3)《空气调节系统经济运行》GB/T 17981—2007
		5.5.1 采用集中空调的建筑，房间内的温度、湿度、风速等参数符合现行国家标准《公共建筑节能设计标准》GB 50189 中的要求	《公共建筑节能设计标准》GB 50189—2005
		5.5.2 建筑围护结构内部和表面无结露、发霉现象	《民用建筑热工设计规范》GB 50176—93
		5.5.3 采用集中空调的建筑，新风量符合现行国家标准《公共建筑节能设计标准》GB 50189 的设计要求	《公共建筑节能设计标准》GB 50189—2005
		5.5.8 室内采用调节方便、可提高人员舒适性的空调末端	
3	新风排风系统	5.2.10 利用排风对新风进行预热（或预冷）	《空气-空气能量回收装置》GB/T 21087—2007
		5.2.11 全空气空调系统采取实现全新风运行或可调新风比的措施	(1)《空调通风系统运行管理规范》GB 50365—2005 (2)《空气调节系统经济运行》GB/T 17981—2007
4	暖通空调自动控制系统	5.6.9 建筑通风、空调、照明等设备自动监控系统技术合理，系统高效运营	《民用建筑供暖通风与空气调节设计规范》GB 50736—2012
5	可再生能源利用空调系统	5.2.18 根据当地气候和自然资源条件，充分利用太阳能、地热能等可再生能源	(1)《水(地)源热泵机组》GB/T 19409—2013 (2)《地源热泵系统工程技术规范》(2009 年版)GB 50366—2005 (3)《民用建筑太阳能热水系统应用技术规范》GB 50364—2005 (4)《民用建筑太阳能热水系统评价标准》GB/T 50604—2010 (5)《民用建筑太阳能光伏系统应用技术规范》JGJ 203—2010

序号	暖通系统节能技术	《绿色建筑评价标准》GB/T 50378—2006	暖通专业相关标准
6	绿色能源	5.2.14 选用余热或废热利用等方式提供建筑所需蒸汽或生活热水	（1）《直燃型溴化锂吸收式冷温水机组》GB/T 18362—2001 （2）《蒸汽和热水型溴化锂吸收式冷水机组》GB/T18431
		5.2.17 采用分布式热电冷联供技术，提高能源的综合利用率	《民用建筑供暖通风与空气调节设计规范》GB 50736—2012
7	空调系统检测、运行与管理	5.6.7 对空调通风系统按照国家标准《空调通风系统清洗规范》GB 19210规定进行定期检查和清洗	《空调通风系统清洗规范》GB 19210
8	其他	5.2.9 合理采用蓄冷蓄热技术	（1）《蓄冷空调工程技术规程》JGJ 158—2008 （2）《蓄冷空调系统的测试和评价方法》GB/T 19412—2003

3.4.4 江苏省绿色建筑暖通空调设计标准及反思

1. 江苏省暖通空调设计相关标准

建筑所用资源类型受到所在地资源状况的制约，资源利用方式又与当地的经济和技术发展水平以及社会习惯相关。江苏省结合政府的需求和气候经济技术等特点制定了一系列符合本地情况的绿色建筑评价标准或评估体系，利用绿色建筑评估体系促进绿色建筑发展，规范绿色建筑的行业管理。

江苏省暖通空调专业绿色建筑技术标准的发布实施基本满足了我省绿色建筑工作开展的需要，新建建筑的标准体系已经初步形成，为促进新技术、新材料、新工艺的应用发挥了桥梁作用，为全面开展绿色建筑工作奠定了基础。具体表现在：暖通空调专业绿色建筑评价标准与当时的建筑标准衔接好；指标设置具有一定前瞻性；框架结构易于理解和推广，对我省绿色建筑的建设起到了很好的指导作用。

通风空调系统是绿色建筑的重要组成部分，通风空调能耗在建筑耗能中所占比例也越来越大，因此，绿色通风空调系统是实现绿色建筑的重要组成部分，建立绿色通风空调系统评价指标体系，对引导和促进绿色建筑技术及绿色建筑系统设备发展有重要指导意义。由于通风空调系统及其设备的复杂性和多样性，因而在对其进行节能评价时不能仅用单一的能耗指标，而要从系统的设计、系统的检测、系统的运行管理、可再生能源利用、设备的优化等多方面对通风空调系统进行全面的评价。江苏省在制定专业技术标准时兼顾了这些特点，为江苏省绿色建筑暖通专业技术评价体系奠定了良好的基础。

采暖、空调与通风节能设计相关标准有《公共建筑节能设计标准》DGJ 32/J 96—2010、《江苏省居住建筑热环境和节能设计标准》DGJ 32/J 71—2014、《民用建筑节能工程质量管理规程》DGJ 32/TJ 106—2010、《既有建筑节能改造技术规程》DGJ 32/TJ 127—2011。

空调冷热源机组的能耗占整个空调、采暖系统的大部分，由于当前各种机组、设备品种繁多，电制冷机组、溴化锂吸收式制冷机组及蓄冷、蓄热设备等各具特色，且采用这些机组和设备时都受到能源、环境、工程类别、使用时间及要求等多种因素的影响和制约，为此必须客观全面地对冷、热源方案进行分析比较后合理确定。冷热源节能设计相关标准有《公共建筑节能设计标准》DGJ 32/J 96—2010等。

可再生能源利用相关标准有《公共建筑节能设计标准》DGJ 32/J 96—2010、《建筑太阳能热水系统设计、安装与验收规范》DGJ 32/J 08—2008、《建筑太阳能热水系统工程检测与评定标准》DGJ 32/T J90—2009、《太阳能光伏与建筑一体化应用技术规程》DGJ 32/J 87—2009、《太阳能光伏与建筑一体化工程检测规程》DGJ 32/T J126—2011、《地源热泵工程技术规程》DGJ 32/T J89—2009、《既有建筑节能改造技术规程》DGJ 32/TJ 127—2011。

集中采暖与空气调节系统应进行监测与控制，其内容应根据建筑功能、相关标准、系统类型等通过技术经济比较确定，可包括参数检测、参数与设备状态显示、自动调节与控制、工况自动转换、能量计算以及中央监控与管理等。空调系统检测、运行与管理相关标准有2006年6月1日起正式实施江苏省工程建设标准《民用建筑节能工程现场热工性能检测标准》DGJ 32/J 23—2006，为江苏省工程建设强制性标准。《公共建筑节能设计标准》DGJ 32/J 96—2010、《地源热泵系统检测规程》DGJ 32/TJ 130—2011等也做了一些规范。表3-6给出了江苏省暖通专业标准清单。

江苏省暖通专业标准清单　　　　　　　　　　　　表 3-6

序号	标准编号	标准名称	施行日期
1	DGJ 32/TJ 130—2011	《地源热泵系统检测技术规程》	2012-01-01
2	DGJ 32/TJ 127—2011	《既有建筑节能改造技术规程》	2011-12-01
3	DGJ 32/TJ 106—2010	《民用建筑节能工程质量管理规程》	2010-12-01
4	DGJ 32/J 96—2010	《公共建筑节能设计标准》	2010-06-01
5	DGJ 32/TJ 90—2009	《建筑太阳能热水系统工程检测与评定规程》	2010-01-01
6	DGJ 32/TJ 126—2011	《太阳能光伏与建筑一体化工程检测规程》	2010-01-01
7	DGJ 32/J 87—2009	《太阳能光伏与建筑一体化应用技术规程》	2010-01-01
8	DGJ 32/TJ 89—2009	《地源热泵系统工程技术规程》	2009-12-01
9	DGJ 32/J 71—2008	《江苏省居住建筑热环境和节能设计标准》	2009-03-01
10	DGJ 32/J 08—2008	《建筑太阳能热水系统设计、安装与验收规范》	2009-01-01
11	DGJ 32/J 23—2006	《民用建筑节能工程现场热工性能检测标准》	2006-06-01
12	DGJ 32/ TJ 170—2014	《太阳能热水系统建筑应用能效测评技术规程》	2014-09-01

2. 江苏省暖通空调标准建设的反思

暖通空调专业的一些单一技术已经接近国际水平，但暖通空调节能技术研究还没有能够建立起相应的评价标准并纳入到制度化、规范化的轨道上来。主要存在以下问题：

（1）已编制的暖通空调专业节能标准与绿色建筑标准没有很好地衔接，部分暖通空调专业节能标准在绿色建筑标准体系中没有体现。如空气调节系统经济运行评价指标与方法的专业标准非常细化、明确，包括空气调节系统经济运行的基本要求、空气调节系统经济运行的评价指标与方法、空调系统用能的分项计量等，但在绿色建筑标准体系中都没能体现。导致绿色建筑设计标识评价与绿色建筑标识评价数量严重失调，原因之一就是设备节能运行没能实现。

（2）现有的绿色建筑标准体系框架结构的扩展性不强，不能很好地适应新的科学技术的发展。暖通空调专业节能标准的不少指标需要考虑建筑类型、功能需求、经济条件等的差异性，用于绿色建筑评价时受到绿色建筑标准体系的制约，不能应对不同建筑类型、不同经济条件的评价。

（3）与其他专业标准的更新衔接有待改进。在协作机制上，由于存在着专业分割，整合节能技术研究成果十分不利，各专业标准之间缺乏明显的结构层次和关联度。

（4）应增加系统优化设计的评判内容：

鼓励建筑设计的过程中，进行全年动态负荷变化的模拟，分析能耗与经济性，选择合理的系统形式。计算机能耗模拟技术是为建筑节能设计开发的，可以方便地在设计过程中的任何阶段对设计进行节能评估。利用建筑物能耗分析和动态负荷模拟等计算机软件，可估算建筑物整个使用期能耗费用，提供建筑能耗计算及优化设计、建筑设计方案分析及能耗评估分析。使得设计可以从传统的单点设计拓展到全工况设计。大型公共建筑和建筑围护结构不满足节能标准要求时，应通过计算机模拟手段分析建筑物能耗，改进和完善空调系统设计。

3.5 江苏省绿色建筑给排水设计相关技术与标准

3.5.1 江苏省绿色建筑给排水设计技术与趋势

1. 绿色建筑节水技术现状

（1）建筑中水回用

绿色建筑水资源利用要做到既满足社会发展的需要，又不破坏自然生态平衡。除了国家政策、法律法规等宏观控制外，研究开发节水与污水资源化技术也非常重要，开源与节流密切相关。中水回用是原水规模稳定、减排效益高的水资源化措施。建筑产生的污水就地收集，就地利用，减少了自来水的使用量，且节约投资，稳定可靠。开发这类非传统水源，对缓解水资源紧缺的矛盾，保障经济社会可持续发展具有重要战略意义。

从 20 世纪 80 年代初，随着我国改革开放后经济发展对水的需求增加，以及北方地区的干旱形势，促进了中水技术的发展。1991 年，建设部中国工程建设标准化协会发布了《建筑中水的设计规范》CECS 30：91，建设部颁布了《城市中水设施管理暂行办法》（建城 713 号文件），初步建立了中水回用的技术规范和管理办法，推动了中水工程建设和中水技术的发展。近几年来，许多城市资源型和水质型缺水形势严峻，合理利用水资源势在必行，顺应以上需求，住房和城乡建设部采取了一系列促进措施，由标准定额司立项，将《建筑中水设计规范》和《污水回用设计规范》提升为国家标准。可以预见，随着我国水资源需求和生态环境保护的进一步加大，我国中水技术的发展必将进入一个新的阶段。

（2）雨水利用

雨水利用是一个大有可为的领域，它可以产生节水、削减洪峰流量、改善生态环境、地下水涵养、水量维持和缓解地面沉降等诸多效益。近20年来，雨水利用在技术和方法上有了突飞猛进的发展。全世界已经建立了数以千万计的雨水集流系统，而且越来越多的国家对此感兴趣。我国雨水利用起步较晚，但许多地方也进行了雨水利用的尝试。甘肃省自1998年以来积极开展屋顶和庭院雨水集蓄利用的系统研究，实施的"121雨水集流工程"使得利用集流水窖抗旱的效果明显；河北省结合实际，提出"屋顶庭院水窖饮水工程"，该工程主要由径流场、集水槽、输水管、格栅、沉淀池、过滤池和蓄水窖组成，现已在河北省30多个县得到推广应用，受益达7万多人；北京市1998年开始"北京市城区雨水利用技术研究及雨水渗透扩大试验"项目研究，2001年4月通过鉴定，开始在8个城区以示范工程进行推广应用；上海、南京、大连、哈尔滨、西安等许多城市相继开展研究与应用；尤其是自2008年开展绿色建筑评价以来，许多降雨量较充沛的省市已将雨水回用作为非传统水源利用的主要技术而进行全面推广。

（3）采用节水器具及设备

据1980～2003年全国用水统计显示，生活用水在城市总供水量中占的比率呈逐年增长趋势，而配水装置和卫生设备是水的最终使用单元，它们节水性能的好坏，直接影响着建筑节水工作的成效。因而大力推广使用节水器具是实现绿色建筑节水的重要手段和途径。一项对住宅卫生器具用水量的调查显示：冲洗便器用水和洗浴用水的量占整个家庭总用水量的50%以上。因此，《绿色建筑技术导则》中提到，为了提高用水效率，需要采用节水器具和设备。节水器具和设备不但要用在居住类建筑中，还要用在其他形式的建筑上。特别是用水以冲厕和洗浴为主的公共建筑中采用节水器具可以获得较好的节水效益。

（4）合理选择给水系统实现节水和节能

节水与节能本质上是一个问题，水的提取、运输以及净化处理，都意味着要消耗大量能源，所以应在水质、水量满足使用要求的前提下合理节能。在建筑给排水行业，节能主要体现在限压、节水以及太阳能卫生热水等方面。在节水方面，绿色建筑提倡使用节水器具及设备；在供水压力和水头损失的控制方面，由于在工程设计中没有引起足够重视，所以这项技术的规范化仍需进一步推进。

热水系统的水量浪费现象比较严重，其影响因素有很多方面。改善这种状况应采用的技术措施有：①热水供应系统应根据建筑性质及建筑标准选用支管循环或立管循环方式；②尽量减少局部热水供应系统热水管道的长度，并应进行管道保温；③选择合适的加热和贮热设备；④选择性能良好的单管热水供应系统的水温控制设备，双管系统应采用恒温控水阀；⑤控制热水系统超压出流；⑥严格按规范设计、施工和管理。

（5）节水绿化

建筑周围或小区内绿地可起到净化空气、吸滞粉尘、调节改善小气候及美化环境的作用，然而在降雨不均衡或季节性干旱等地区，需要大量的绿化浇灌用水。在绿色建筑的绿化用水方面，尽量使用收集处理后的雨水，或收集优质杂排水等非传统水源，经处理后水质达到灌溉的水质标准后而回用。绿化浇灌宜采用微灌、渗灌或喷灌技术。此外，选择耐旱的土族绿化植物品种对节约绿化浇灌用水而言也有较大的影响。

综上所述，通过对文献、国外绿建标准及优秀案例的研究、归纳、对比和总结，结合江苏省的实际情况进行分析，绿建规范中给排水专业应包含下列内容：

1）水资源利用规划；

2）雨水入渗；

3）雨水回用；

4）再生水利用；

5）用水安全保障措施；

6）节水器具的使用；

7）管材与配件的合理选择；

8）可持续的水环境；

9）分项计量水表；

10）节水绿化。

2. 绿色建筑节水技术发展趋势

近年来，随着我国经济的发展，通过不断引进国外先进技术，加强自主研发，我国节水型卫生器具的节水效率及建筑给排水系统智能化控制水平得到了较大的提高，建筑中水回用设备也朝着集成化、模块化的方向快速发展。

（1）节水型卫生器具

以瓷芯节水龙头和充气水龙头代替普通水龙头。在水压相同条件下，节水龙头比普通水龙头有着更好的节水效果，节水量大部分在 20％～30％之间，且在静压越高、普通水龙头出水量越大的地方，节水龙头的节水量也越大。光电感应式龙头实现自动控制，避免因人为疏忽造成水资源浪费，以达到节水的目的。

（2）中水回用设备

中水回用目前采用较多的是膜生物处理技术（MBR），由于其工艺简单，操作方便，可以实现全自动运行管理，近年来得到了较快发展，并逐渐向一体化成套处理设备发展。

（3）自动控制与计量

建筑中设置建筑给水排水自动化的监控系统（温度设定与控制、水池、水箱的报警和监控）。变频泵供水方式采用管网末端压力表控制水泵转速的运行方式。针对不同需要场所及使用条件，进行给水用水量分项计量。

3.5.2 江苏省绿色建筑给排水设计相关标准现状及反思

1. 专业标准现状

在江苏省绿色建筑全面发展的形势下，给排水专业作为建筑设计的重要组成部分，作为绿色建筑"节水"的主要技术领域，也受到了广泛的关注，目前这方面主要开展的工作包括：

（1）加强标准规范的编制。除了《江苏省绿色建筑评价标准》DGJ 32/TJ 76—2009及相关细则，江苏省近年编制的《雨水利用工程技术规范》DGJ 32/TJ 113—2011，《建筑太阳能热水系统设计、安装与验收规范》DGJ 32/J 08—2008 等标准都涉及了给排水专业中的绿色及节水技术策略。

《江苏省绿色建筑评价标准》DGJ 32/TJ 76—2009 为江苏省工程建设标准。编制该标准的目的是贯彻执行节约资源和保护环境的国家技术经济政策，推进可持续发展，规范绿色建筑的评价。该标准用于评价江苏省内住宅建筑和公共建筑中的办公建筑、商业建筑和旅馆建筑。主要内容包括：总则；术语；基本规定；住宅建筑；公共建筑；规范用词说明；条文说明。适用于评价江苏省新建和改、扩建住宅建筑和公共建筑（办公建筑、商场建筑和旅馆建筑）。

《雨水利用工程技术规范》DGJ 32/TJ 113—2011 为江苏省工程建设标准。经江苏省住房和城乡建设厅审定发布，自 2011 年 4 月 1 日起实施。是在总结了江苏省多年来在雨水利用研究和工程实践的大量成果基础上完成的，为全省开展雨水资源的收集利用、储存与回用、水质处理、调蓄排放、施工验收、运营管理等提供了先进适用、安全可靠、经济合理的技术依据，是对《民用建筑节水设计标准》等国家、行业标准中雨水利用要求的细化和完善，是国内首个地方性雨水利用工程技术标准。

《建筑太阳能热水系统设计、安装与验收规范》DGJ 32/J 08—2008 为江苏省工程建设强制性标准，自 2009 年 1 月 1 日起实施。原《建筑太阳能热水系统设计、安装与验收规范》DGJ 32/TJ 08—2005 同时废止。其主要内容有：①适用范围扩大到居住建筑和公共建筑设置的太阳能热水系统；②调整、补充并规定了居住建筑和公共建筑安装太阳能热水系统建筑、结构、给水排水及电气等专业的具体设计内容，注重解决太阳能热水系统与建筑一体化设计的安全措施；③按太阳能热水系统设计程序重新编排章节顺序，补充、完善了太阳能热水系统所需的相关参数，增强了可操作性；④增加了太阳能热水系统性能检测评定内容；⑤增加了在既有建筑上增设或改造已安装的太阳能热水系统必须经建筑结构安全复核的规定；⑥删除了公式推导过程；⑦补充了太阳能热水系统安装与验收的内容；⑧加注了必须严格执行的强制性条文。

（2）积极建设示范工程，用示范工程来推进绿色建筑相关专业的发展。目前除了已通过备案的绿色建筑标识项目，江苏还大力发展建筑节能和绿色建筑示范区建设，通过综合技术集成引领绿色建筑规模化发展。在示范工程前期规划设计中，传统城市规划、专项规划和绿色建筑的规划都面临创新和技术集成的需求。

2. 江苏省绿色建筑给排水专业存在的问题

江苏省绿色建筑领域给排水专业的发展存在亟需解决的问题，主要包括以下几方面：

（1）标准类型单一

目前绿色建筑相关标准多集中在评价方面，缺少与之相配套的设计、施工与验收、运行管理等方面的标准，设计实践中，往往需要借助现行的相关专业标准。但相关专业标准或针对性不强，没有明确对绿色建筑的要求；或覆盖面不够，没有彰显"绿色"要求。现行的绿色建筑评价标准主要针对居住建筑和公共建筑的评价，其中公共建筑没有细化建筑类别，更没有考虑如学校建筑、医院建筑等其他公共机构类型建筑的特异性。

目前对绿色建筑给排水领域的研究课题也较多集中在雨水回用和再生水利用技术上，而对于建筑给排水系统优化、降低管道漏损措施等方面关注度不够，造成绿色建筑设计与评价过程变成对雨水或再生水利用单一技术的评价，没有形成系统全面的设计理念。

（2）专业发展城乡差别大，研究和实践不同步

随着绿色建筑示范区的建设与推广，全省范围内绿色建筑的研究与实践也在快速增长，但重点主要集中在较发达地区，如苏南地区等。绿色建筑的给水排水专业也不例外，一方面是欠发达地区本身在研究和技术上的投入较少，另一方面绿色建筑的先进理念在这

些地区的推广尚不够普及。在给水排水行业内也开展了关于绿色建筑的研究，目前在相关基础数据的收集、分析和整理方面尚显不足。对优秀实践案例在绿色建筑给排水专业的技术和经验总结也比较缺乏。

3. 江苏省绿色建筑给排水专业标准建设规划

（1）近期计划

根据当前绿色建筑在我省的推广情况以及绿色建筑标准体系的现状，提出2015年之前江苏省绿色建筑各个专业标准近期修编或新编的重点内容。在基础研究和对给水排水专业相关规范研究后，课题组认为绿色建筑相关规范的给水排水专业方面需要进行一些研究、修编。

收集整理国家、部门、行业等多个层面的规范并进行筛选、归纳后，根据我省绿色建筑发展需要，制定适宜于我省的绿色建筑给水排水规范。尤其有必要在区域范围内的绿色建筑评价方面、再生水水质方面、城区雨水入渗和雨洪管理以及减轻对环境影响等方面进行研究。力争研究成果具有先进性，达到指导绿色建筑工程实践的目标，进而形成绿色建筑在给水排水专业设计方面的策略和特色。

对国内及江苏省绿色建筑给水排水专业相关标准规范（表3-9）提出修编及新编建议，见表3-7。

绿色建筑给水排水专业近期修编、新编标准清单　　　　　　　　　　　表3-7

序号	标准编号	标准规范名称	修改建议
1	GB/T 50331—2002	《城市居民生活用水量标准》	修编
2	GB 50015—2003（2009年版）	《建筑给水排水设计规范》	修编
3	GB 50336—2002	《建筑中水设计规范》	修编
4	GB 50400—2006	《建筑与小区雨水利用工程技术规范》	修编
5	GB 50555—2010	《民用建筑节水设计标准》	修编
6	GB 50335—2002	《污水再生利用工程设计规范》	修编
7	GB/T 50085—2007	《喷灌工程技术规范》	修编
8	GB/T 50363—2006	《节水灌溉工程技术规范》	修编
9	GB/T 50485—2009	《微灌工程技术规范》	修编
10	DGJ 32/TJ 113—2011	《雨水利用工程技术规程》	修编

（2）远期新编目标相关标准体系表（给水排水），见表3-8。

绿色建筑给水排水专业远期新编、修编标准清单　　　　　　　　　　　表3-8

序号	标准编号	标准规范名称	修改建议
1	GB 50282—1998	《城市给水工程规划规范》	远期修编
2	GB 50013—2006	《室外给水设计规范》	远期修编
3	GB 50318—2000	《城市排水工程规划规范》	远期修编
4	GB 50014—2006（2011版）	《室外排水设计规范》	远期修编
5	CJJ 140—2010	《二次供水工程技术规程》	远期修编
6	GB 50242—2002	《建筑给水排水及采暖工程施工质量验收规范》	远期修编
7	GB 50268—2008	《给水排水管道工程施工及验收规范》	远期修编
8	—	《绿色建筑给排水设计规范》	新编

序号	标准名称	标准编号	备注
1	GB 50282—1998	《城市给水工程规划规范》	国家标准
2	GB 50013—2006	《室外给水设计规范》	国家标准
3	CJJ 92—2002	《城市供水管网漏损控制及评定标准》	行业标准
4	CJJ1 59—2011	《城镇供水管网漏水探测技术规程》	行业标准
5	CJJ 32—2011	《含藻水给水处理设计规范》	行业标准
6	CJJ 40—2011	《高浊度水给水设计规范》	行业标准
7	GB/T 50109—2006	《工业用水软化除盐设计规范》	国家标准
8	GB/T 50331—2002	《城市居民生活用水量标准》	国家标准
9	CJJ 58—2009	《城镇供水厂运行、维护及安全技术规程》	行业标准
10	CJJ 101—2004	《埋地聚乙烯给水管道工程技术规程》	行业标准
11	GB 50318—2000	《城市排水工程规划规范》	国家标准
12	GB 50014—2006（2014 版）	《室外排水设计规范》	国家标准
13	GB 50288—99	《灌溉与排水工程设计规范》	国家标准
14	CJJ 60—2011	《城镇污水处理厂运行、维护及安全技术规程》	行业标准
15	GB 50334—2002	《城市污水处理厂工程质量验收规范》	国家标准
16	CJJ 6—2009	《城镇排水管道维护安全技术规程》	行业标准
17	CJJ 68—2007	《城镇排水管渠与泵站维护技术规程》	行业标准
18	CJJ 143—2010	《埋地塑料排水管道工程技术规程》	行业标准
19	GB 50015—2003（2009 年版）	《建筑给水排水设计规范》	国家标准
20	GB 50336—2002	《建筑中水设计规范》	国家标准
21	GB 50016—2014	《建筑设计防火规范》	国家标准
22	GB 50045—1995（2005 年版）	《高层民用建筑设计防火规范》	国家标准
23	GB 50084—2001（2005 年版）	《自动喷水灭火系统设计规范》	国家标准
24	CJJ 110—2006	《管道直饮水系统技术规程》	行业标准
25	GB 50400—2006	《建筑与小区雨水利用工程技术规范》	国家标准
26	DGJ 32/TJ 113—2011	《雨水利用工程技术规程》	地方标准
27	GB 50261—2005	《自动喷水灭火系统施工及验收规范》	国家标准
28	GB 50364—2005	《民用建筑太阳能热水系统应用技术规范》	国家标准
29	GB/T 50604—2010	《民用建筑太阳能热水系统评价标准》	国家标准
30	DGJ 32/J 08—2008	《建筑太阳能热水系统设计、安装与验收规范》	地方标准
31	GB 50555—2010	《民用建筑节水设计标准》	国家标准
32	CJJ 140—2010	《二次供水工程技术规程》	行业标准
33	CJJ/T 98—2003	《建筑给水聚乙烯类管道工程技术规程》	行业标准
34	GB/T 50349—2005	《建筑给水聚丙烯管道工程技术规范》	国家标准
35	CJJ/T 154—2011	《建筑给水金属管道工程技术规程》	行业标准
36	CJJ/T 155—2011	《建筑给水复合管道工程技术规程》	行业标准

序号	标准名称	标准编号	备注
37	苏 JG/T 025—2007	《建筑给水内衬不锈钢复合钢管管道工程技术规程》	地方标准
38	CJJ/T 29—2010	《建筑排水塑料管道工程技术规程》	行业标准
39	CJJ 127—2009	《建筑排水金属管道工程技术规程》	行业标准
40	CJJ/T 165—2011	《建筑排水复合管道工程技术规程》	行业标准
41	GB 50242—2002	《建筑给水排水及采暖工程施工质量验收规范》	国家标准
42	GB 50261—2005	《自动喷水灭火系统施工及验收规范》	国家标准
43	GB 50335—2002	《污水再生利用工程设计规范》	国家标准
44	GB/T 50102—2003	《工业循环水冷却设计规范》	国家标准
45	GB 50050—2007	《工业循环冷却水处理设计规范》	国家标准
46	GB 50684—2011	《化学工业污水处理与回用设计规范》	国家标准
47	GB 50136—2011	《电镀废水治理设计规范》	国家标准
48	GB 50265—2010	《泵站设计规范》	国家标准
49	GB 50332—2002	《给水排水工程管道结构设计规范》	国家标准
50	GB 50268—2008	《给水排水管道工程施工及验收规范》	国家标准
51	GB 50069—2002	《给水排水工程构筑物结构设计规范》	国家标准
52	GB 50141—2008	《给水排水构筑物工程施工及验收规范》	国家标准
53	GB/T 50085—2007	《喷灌工程技术规范》	国家标准
54	GB/T 50363—2006	《节水灌溉工程技术规范》	国家标准
55	GB/T 50485—2009	《微灌工程技术规范》	国家标准

3.6　江苏省绿色建筑电气设计相关技术与标准

3.6.1　江苏省绿色建筑电气设计技术现状

1. 电力负荷及供配电

建筑能耗是人类消耗能源的重要形式，电能作为最清洁的能源形式在绿色建筑的发展中具有不可替代性。每次人类生产力的进步都伴随着电能消耗的增长，科学技术的发展为能源的高效利用提供了保证。当今的软启动、变频调速、电子整流等高效能用电设备无不伴随着谐波对电力系统的污染、电磁辐射危害对环境的影响。

电能的高压输送、微电控制将是未来建筑用能的基本电气状态，供配电系统的设计从过往满足电力需求而开始认识到电磁环境、电力源污染和电能质量应该是评价电气设备、电力系统的一个重要指针。

江苏省在 2005 年确定住宅电力供应每户不得小于 8kW，公共商业配置容量不得低于 $120W/m^2$，并颁布了《居住区供配电设施建设标准》等配套地方标准，在推动高标准、高效率利用电能的同时也关注到电磁辐射、电能质量等对环境的影响。

2. 照明及控制

照明技术的进步都是以光源的节能高效为代表，尤以 LED 光源的技术进步推动了照明光源真正迈入绿色高效节能的照明时代。绿色照明已经不完全是传统意义的节能，尤其在舒适、环境等方面体现了现代文明对照明的追求。光导照明、光纤照明使零能耗照明成为现实。

绿色照明应该是无环境毒害、无射线辐射、节能节材、长寿命且可回收的高效照明系统。随着人们对照明高舒适度的要求，照明控制正在从本地控制、红外光声控、远程控制向智能照明控制转化。互联网、智能照明技术的发展为照明控制的智能化拓展了运用空间，智能照明控制技术将成为绿色照明的主流控制系统。

江苏省在 2010 年颁布的《公共建筑节能设计标准》中对照明用能指标提出了实行国家标准的最高要求"目标值"，为绿色照明的推广明确了目标。在大型办公建筑、公共建筑中推广使用智能照明控制系统。

3. 太阳能光伏

近年来小型发电技术和智能电网技术的进步为分布式发电在建筑领域的运用创造了条件。分布式发电是指将各种分散存在的能源（包括太阳能、小型风能、生物能等）进行发电的技术，它集成了多种能源输入、多种产品输出、多种能源转化，是化学、热力学、电动力学等非同性复杂应用系统，其优点是能利用就地能源发电、配电和用电，减少输电损耗；灵活的分区配网供电，在大电网发生故障时可以保证对重要负荷的供电，促进了电网更加安全高效运行。我国近年来颁布的《可再生能源法》、《可再生能源中长期发展规划》等政策法规，都明确将分布式发电供能技术列入重点发展与支持领域，分布式电源将成为未来大型电网的有力补充和有效支撑，是未来绿色建筑能源应用与配送的发展趋势之一。

4. 能源管理系统

随着信息系统与建筑控制系统的发展，建筑智能系统、能源监控系统的信息不仅集成在建筑物自身平台上，而且是可以按地区、类型、使用环境等条件下的信息进行整合比较、计算分析，制定出的营运管理策略不仅指导营运管理，更重要的是为建筑的负荷容量、能耗分析以及资源的合理利用与分配提出了更科学、合理、准确的数据性。这种建筑智能化"云集成"是绿色建筑科学运行的重要支撑。

3.6.2 江苏省绿色建筑电气设计相关标准现状

自 1998 年江苏省在全国率先制定地方标准《建筑智能化系统工程设计标准》DB 32/181—1998；2005 年首推《居住区供配电设施建设标准》DGJ 32/J 11—2005 等一批电气专业专项地方标准中在节能环保方面都提出了与我省经济发展相适应的要求。这些标准的实施为我省实施绿色建筑电气奠定了基础。

目前绿色节能建筑设计标准体系可分为通用性和专项性两类标准。建筑电气专业在绿色建筑标准中，根据实施操作性可按照居住和公共建筑两大类执行。

在现行的江苏省建筑设计通用标准中有关建筑电气专业的节能要求都有明确的条款。其中《公共建筑节能设计标准》DGJ 32/J 96—2010、《江苏省绿色建筑评价标准》DGJ 32/TJ 76—2009、《江苏省节能住宅小区评估方法》DGJ 32/TJ 01—2003、《江苏省住宅设计标准》DGJ 32/J 26—2006 在采用新技术、新工艺、新材料、新设备和利用再生资源等方面提出了符合江苏经济发展的具体做法。

我省在已颁布的建筑节能与绿色建筑电气的专项标准、规程和规定主要有《公共建筑能耗监测系统技术规程》DGJ 32/TJ 111—2010、《太阳能光伏与建筑一体化应用技术规程》DGJ 32/J 87—2009、《城市道路照明技术规范》DGJ 32/TC 06—2011、《江苏省新建公共建筑能耗监测系统文件编制深度规定》(2011年版);《居住区供配电设施建设标准》DGJ 32/J 11—2005。

居住类建筑电气有关节能绿建内容的标准有:《江苏省住宅设计标准》DGJ 32/J 26—2006、《江苏省节能住宅小区评估方法》DGJ 32/TJ 01—2003、《居住区供配电设施建设标准》DGJ 32/J 11—2005 等。

公共建筑类建筑电气有关节能绿建内容的标准有:《公共建筑节能设计标准》DGJ 32/J 96—2010、《公共建筑能耗监测系统技术规程》DGJ 32/TJ 111—2010。

建筑电气相关节能规定的标准有《太阳能光伏与建筑一体化应用技术规程》DGJ 32/J 87—2009、《城市道路照明技术规范》DGJ 32/TC 06—2011、《江苏省新建公共建筑能耗监测系统文件编制深度规定》(2011年版)。

表3-10给出了江苏省电气专业主要应用的绿建标准。

江苏省电气专业主要应用的绿建标准 表 3-10

标准名称	标准编号	主要内容	相关介绍	备注
《太阳能光伏与建筑一体化应用技术规程》	DGJ 32/J87—2009	1. 总则;2. 术语;3. 光伏系统设计;4. 光伏建筑设计;5. 光伏系统安装;6. 环保、卫生、安全、消防;7. 工程质量验收;8. 运行管理与维护	本标准适用于新建、扩建和改建的工业与民用建筑光伏系统工程,以及在既有工业与民用建筑上安装或改造已安装的光伏系统工程的设计、施工、验收和运行维护。光伏系统工程设计应纳入建筑规划与建筑设计,建筑与光伏系统同步施工,同步验收	地方标准
《江苏省智能住宅小区评估方法》	DGJ 32/TJ 02—2003	1. 总则;2. 术语;3. 基本规定;4. 安全防范系统;5. 设备监控与管理系统;6. 通信网络系统;7. 评定程序	本评估方法适用于我省城镇新建、扩建、改建的智能住宅小区的评估	地方标准
《城市道路照明技术规范》	DGJ 32/TC 06—2011	1. 总则;2. 术语;3. 架空线路;4. 地下电缆线路;5. 变配电设备;6. 道路照明控制;7. 路灯安装;8. 安全保护;9. 运行维护;10. 照明	本规范适用于江苏省城市道路照明工程设计、施工、维护和管理。城市道路照明设计、施工、维护和管理应遵循安全可靠、技术先进、经济合理、节能环保的原则,积极采用成熟可靠的新技术、新材料、新设备、新光源	地方标准
《公共建筑能耗监测系统技术规程》	DGJ 32/TJ 111—2010	1. 总则;2. 术语;3. 基本规定;4. 系统设计;5. 施工与调试;6. 系统检测;7. 系统验收;8. 系统运行维护	本规范适用于江苏省新建国家机关办公建筑和大型公共建筑能耗监测系统的设计、施工、验收和运行维护。改扩建及既有建筑可参照执行	地方标准

标准名称	标准编号	主要内容	相关介绍	备注
《建筑智能化系统工程设计规程》	DGJ 32/D 01—2003	1. 总则；2. 术语；3. 建筑设备自动化；4. 火灾自动报警与消防联动控制；5. 安全技术防范系统；6. 通信网络系统；7. 综合布线系统；8. 办公自动化系统；9. 系统集成；10. 电源与防雷接地；11. 住宅小区智能化	本标准所指的建筑智能化系统工程，是指新建或已建成的建筑物、建筑群或住宅小区中，构建的建筑设备自动化系统、火灾自动报警与消防联动控制系统、安全技术防范系统、通信网络系统、综合布线系统、办公自动化系统以及系统集	地方标准
《居住区供配电设施建设标准》	DGJ 32/J 11—2005	1. 总则；2. 名词术语；3. 供配电设计；4. 设备选型；5. 施工与验收；6. 附录	该标准适用于江苏省内新建居住区及住宅建筑的供配电设施建设，改建、扩建的居住区供配电设施建设应参照本标准	地方标准
《智能建筑设计标准》	GB/T 50314—2006	1. 总则；2. 术语；3. 设计要素；4. 办公建筑；5. 商业建筑；6. 文化建筑；7. 媒体建筑；8. 体育建筑；9. 医院建筑；10. 学校建筑；11. 交通建筑；12. 住宅建筑；13. 通用工业建筑	智能建筑工程设计，应贯彻国家关于节能、环保等方针政策，应做到技术先进、经济合理、实用可靠。智能建筑的智能化系统设计，应以增强建筑物的科技功能和提升建筑物的应用价值为目标，以建筑物的功能类别、管理需求及建设投资为依据，具有可扩性、开放性和灵活性	国家标准
《建筑照明设计标准》	GB 50034—2004	1. 总则；2. 术语；3. 一般规定；4. 照明数量和质量；5. 照明标准值；6. 照明节能；7. 照明配电及控制；8. 照明管理与监督	本标准适用于新建、改建和扩建的居住、公共和工业建筑的照明设计。主要规定了居住、公共和工业建筑的照明标准值、照明质量和照明功率密度	国家标准
《民用建筑能耗数据采集标准》	JGJ/T 154—2007	1. 总则；2. 术语；3. 民用建筑能耗数据采集对象与指标；4. 民用建筑能耗数据采集样本量和样本的确定方法；5. 样本建筑的能耗数据采集方法；6. 民用建筑能耗数据报表生成与报送方法；7. 民用建筑能耗数据发布	本标准适用于我国城镇民用建筑使用过程中各类能源消耗量数据的采集和报送	行业标准

标准名称	标准编号	主要内容	相关介绍	备注
《民用建筑电气设计规范》	JGJ 16—2008	1. 总则；2. 术语、符号、代号；3. 供电系统；4. 配变电所；5. 继电保护及电气测量；6. 自备电源；7. 低压配电；8. 配电线路布线系统；9. 常用设备电气装置；10. 电气照明；11. 民用建筑物防雷；12. 接地和特殊场所的安全保护；13. 火灾报警系统；14. 安全技术防范系统；15. 有线电视和卫星电视接收系统；16. 广播、扩声与会议系统；17. 呼应信号及公共显示；18. 建筑设备监控系统；19. 计算机网络系统；20. 通信网络系统；21. 有综合布线系统；22. 电磁兼容与电磁环境卫生；23. 电子信息设备机房；24. 锅炉房热工检测与控制	本规范适用于城镇新建、改建和扩建的民用建筑的电气设计。民用建筑电气设计应体现以人为本，对电磁污染、声污染及光污染采取综合治理，达到环境保护相关标准的要求，确保人居环境安全。设计应采用成熟、有效的节能措施，降低电能消耗	行业标准
《民用建筑太阳能光伏系统应用技术规范》	JGJ 203—2010	1. 总则；2. 术语；3. 太阳能光伏系统设计；4. 规划、建筑和结构设计；5. 太阳能光伏系统安装；6. 工程验收	本规范适用于新建、改建和扩建的民用建筑光伏系统工程，以及在既有民用建筑上安装或改造已安装的光伏系统工程的设计、安装和验收	行业标准
《城市道路照明设计标准》	CJJ 45—2006	1. 总则；2. 术语；3. 照明标准；4. 光源、灯具及其附属装置选择；5. 照明方式和设计要求；6. 照明供电和控制；7. 节能标准和措施	本标准适用于新建、扩建和改建的城市道路及与道路相连的特殊场所的照明设计，不适用于隧道照明的设计。道路照明的设计应按照安全可靠、技术先进、经济合理、节能环保、维修方便的原则进行	行业标准
《公共建筑节能设计标准》	DGJ 32/J 96—2010	1. 总则；2. 术语；3. 建筑与建筑热工设计；4. 采暖、通风与空调的节能设计；5. 电气节能设计；6. 给水节能设计；7. 可再生能源设计；8. 用能计量；9. 检测与控制	本标准适用于新建、改建和扩建的公共建筑节能设计。按本标准进行的建筑节能设计，在保证相同的室内环境参数条件下，与未采取节能措施前相比，甲类公共建筑全年采暖、通风、空气调节和照明的总能耗应减少65%，乙类公共建筑全年采暖、通风、空气调节和照明的总能耗应减少50%	地方标准

标准名称	标准编号	主要内容	相关介绍	备注
《江苏省节能住宅小区评估方法》	DGJ 32/TJ 01—2003	1. 总则；2. 术语符号；3. 基本规定；4. 建筑单体；5. 绿化；6. 能源供应及设备；7. 给排水；8. 公共设施管理；9. 评定程序	本评估方法适用于全省新建、扩建、改造的节能住宅小区的评定。节能住宅小区的建设应积极采用新技术、新工艺、新材料、新设备和可再生资源，提高人居环境质量，体现社会发展和环境效益的统一。节能住宅小区采取自愿申报的原则	地方标准
《江苏省绿色建筑评价标准》	DGJ 32/TJ 76—2009	1. 总则；2. 术语；3. 基本规定；4. 住宅建筑；5. 公共建筑	本标准用于评价江苏省新建和改、扩建住宅建筑和公共建筑（办公建筑、商场建筑和旅馆建筑）。评价绿色建筑时，应统筹考虑建筑全寿命周期内，节能、节地、节水、节材、保护环境、满足建筑功能之间的辩证关系。评价绿色建筑时，应依据因地制宜的原则，结合建筑所在地域的气候、资源、自然环境、经济、文化等特点进行评价	地方标准
《江苏省住宅设计标准》	DGJ 32/J 26—2006	1. 总则；2. 术语；3. 套型面积标准；4. 使用标准；5. 环境标准；6. 节能标准；7. 设施标准；8. 消防标准；9. 结构标准；10. 设备标准；11. 住宅设计面积计算；12. 经济适用住宅基本标准	本标准适用于我省城市、建制镇新建的住宅设计。底部为商业场所、上部为住宅的商住楼，其住宅部分应遵照执行。本标准不适用于酒店、商务、租赁式公寓及大层高隐形跃层公寓	地方标准
《公共建筑节能设计标准》	GB 50189—2005	1. 总则；2. 术语；3. 室内环境节能设计计算参数；4. 建筑与建筑热工设计；5. 采暖、通风和空气调节节能设计等	本标准适用于新建、改建和扩建的公共建筑节能设计。按本标准进行的建筑节能设计，在保证相同的室内环境参数条件下，与未采取节能措施前相比，全年采暖、通风、空气调节和照明的总能耗应减少50％。公共建筑的照明节能设计应符合国家现行标准《建筑照明设计标准》GB 50034—2004 的有关规定	国家标准
《民用建筑绿色设计规范》	JGJ/T 229—2010	1. 总则；2. 术语；3. 基本规定；4. 绿色设计策划；5. 场地与室外环境；6. 建筑设计与室内环境；7. 建筑材料；8. 给水排水；9. 暖通空调；10. 建筑电气	本标准适用于新建、改建和扩建的民用建筑的绿色设计。绿色设计应统筹考虑建筑全寿命周期内，满足建筑功能和节能、节地、节水、节材、保护环境之间的辩证关系，体现经济效益、社会效益和环境效益的统一；应降低建筑行为对自然环境的影响，遵循健康、简约、高效的设计理念，实现人、建筑与自然和谐共生	行业标准

标准名称	标准编号	主要内容	相关介绍	备注
《绿色建筑评价标准》	GB/T 50378—2014	总则；术语；基本规定；节地与室外环境；节能与能源利用；节水与水资源利用；节材与材料资源利用；室内环境质量；施工管理；运营管理；提高与创新	本标准适用于绿色民用建筑的评价。绿色建筑评价应遵循因地制宜的原则，结合建筑所在地域的气候、环境、资源、经济及文化等特点，对建筑全寿命周期内节能、节地、节水、节材、保护环境等性能进行综合评价。绿色建筑的评价除应符合本标准的规定外，尚应符合国家现行有关标准的规定	国家标准
《公共建筑节能改造技术规范》	JGJ 176—2009	1. 总则；2. 术语；3. 节能诊断；4. 节能改造判断原则与方法；5. 外围护结构热工性能改造；6. 采暖通风空调与生活热水供应系统改造；7. 供配电与照明系统改造；8. 监测与控制系统改造；9. 可再生能源利用；10. 节能改造综合评估	本规范适用于各类公共建筑的外围护结构、用能设备及系统等方面的节能改造。公共建筑节能改造应在保证室内热舒适度环境的基础上，提高建筑的能源利用率，降低能源消耗	行业标准

3.6.3 绿色建筑电气技术标准发展趋势及建议

绿色建筑电气的标准不同于其他技术规范与标准，不仅要在技术参数、方法和应用领域内研究，还要运用 LCA 生命周期评价方法和思维方式，对绿色建筑中电气产品的原料取得、生产方式及应用范围的适应性进行综合评价，并对建筑整体运营中能源的合理分配、能耗的监控分析都应有倡导和控制。

近年来建筑电气行业在推动光伏发电、光导照明、LED 光源等绿色能源、产品运用的同时，已开始在资源的合理利用，倡导"以铝节铜"；多种能源的综合应用，"分布式电网"的建设；绿色建筑能耗监控数据的应用，"云集成"系统的应用等领域进行了探索。

《加强分布式能源在建筑领域的应用研究》中指出，电能作为最清洁的能源形式在绿色建筑的发展中具有不可替代性。近年来小型发电技术和智能电网技术的进步为分布式发电在建筑领域的运用创造了条件。分布式发电是指将各种分散存在的能源（包括太阳能、小型风能、生物能等）进行发电的技术，它集成了多种能源输入、多种产品输出、多种能源转化，是化学、热力学、电动力学等非同性复杂应用系统，其优点是能利用就地能源发电、配电和用电，减少输电损耗；灵活的分区配网供电，在大电网发生故障时可以保证对重要负荷的供电，促进了电网更加安全高效运行。我国近年来颁布的《可再生能源法》、《可再生能源中长期发展规划》等政策法规，都明确将分布式发电供能技术列入重点发展与支持领域，分布式电源将成为未来大型电网的有力补充和有效支撑，是未来绿色建筑能源应用与配送的发展趋势之一。

《充分利用信息化、智能化平台为绿色建筑管理运行提供保障》认为：随着信息系统与建筑控制系统的发展，建筑智能系统、能源监控系统的信息不仅集成在建筑物自身平台上，而且可以按地区、类型、使用环境等条件下的信息进行整合比较、计算分析，制定出的营运管理策略不仅指导营运管理，更重要的是为建筑的负荷容量、能耗分析以及资源的合理利用与分配提出了更科学、合理、准确的数据性。这种建筑智能化"云集成"是绿色建筑科学运行的重要支撑。

江苏省绿色建筑技术中有关建筑电气的内容基本满足了我省绿色建筑工作开展的需要，新建建筑的标准体系已经初步形成，其中电气专业的新技术、新材料、新工艺的应用为绿色建筑工作奠定了基础，在已编制的绿色建筑标准及节能标准中电气专业的相关条款及指标设置具有前瞻性。

建议尽快编制《光导日光照明系统与建筑一体化应用技术规程》。

光导日光照明系统是太阳光能三大应用之一（太阳能光伏、太阳能光热和太阳日光照明）。

光导日光照明系统技术在 2003 年被美国门窗幕墙分级协会 NFRC 增补为新的采光产品门类，并被定义为：通过利用导光管将天然光从屋顶传导至室内吊顶区域的采光装置。2007 年美国建筑标准协会 CSI 将其列为新增产品目录。

国内的光导日光照明系统应用始于 2008 年北京奥运会，我省在 2010 年实行的《公共建筑节能设计标准》DGJ 32/J 96—2010 中已明确倡导具备条件的场所应优先采用光导照明系统充分利用自然光，对光导照明的节能量也量化了指标，为推动光导照明在再生能源领域的应用创造了条件。

在建筑各部位上的光导日光照明系统的设计、安装应符合建筑围护、建筑热工、结构安全和电气安全等建筑功能的要求。

在既有建筑上增设或改造导光管日光照明系统，必须进行建筑结构安全的复核。因此，有必要制定相应的应用规范、导则。

建议尽快编制《居住区汽车充电设施建筑一体化技术规程》。

根据《国务院办公厅关于加快新能源汽车推广应用的指导意见》、《国务院关于印发节能与新能源汽车产业发展规划（2012～2020 年）的通知》可以预见未来电动汽车的发展空间广阔。目前电动汽车充电桩已经是制约电动汽车发展的主要因素，尤以居住区内充电桩建设为紧迫。现有居住区内的供配电系统设计规范没有考虑到这一容量大、数量多、安全要求高的电力设施，建议在住宅设计规范及车库设计规范中尽快制定相应的技术规则，为电动汽车的推广与发展做好基础工作。

第4章 江苏省绿色建筑发展实施路径

4.1 江苏省绿色建筑发展历程

绿色建筑倡导建筑全寿命周期内最大限度地节约资源和能源，江苏绿色建筑的实践与江苏省委、省政府提出的"绿色江苏建设"、"生态省建设"、"节约型城乡建设"等目标相一致。发展绿色建筑，可以缓解江苏资源能源供应紧张局面，是加强节能减排、应对气候变化、建设生态文明的重大举措，也有利于推进全省住宅产业化、提高建筑居住舒适度、改善人居环境、提高人民群众的幸福感。

江苏省一直把发展绿色建筑事业作为建设领域的重要任务，充分发挥"节约型城乡建设"具备的政策优势，分类型建立动态评价体系，引导政策和财政创新，形成一批完整的推进机制。目前，全省不仅建立健全了一系列配套政策，明确了绿色建筑的发展目标、扶持政策和保障措施，切实指导绿色建筑工作开展，还通过资金扶持、技术支撑、产品研发、知识培训、广泛宣传、交流合作等途径，全面推动全省绿色建筑发展。

从强制性推进新建建筑节能、因地制宜推广可再生能源的建筑应用、有序推进绿色建筑、提倡节约型城乡建设到进行低碳生态城区的探索，江苏绿色人居的实践渐次深入，内容日益丰富，认识不断深化，体现了江苏人在建设事业转型升级上的执着追求。

2012年以来，国家相继出台了"十二五"建筑节能专项规划、关于加快推动我国绿色建筑发展的实施意见等重要政策文件；颁布了建筑太阳能热水系统运行管理规程、地源热泵系统运行管理技术规程等技术规范；启动了既有建筑绿色化改造关键技术研究与示范、绿色建筑规划设计关键技术体系研究与集成示范等国家科技支撑计划项目，绿色建筑管理方针政策不断完善、技术水平不断提高、普及程度日益提升。2013年，随着国办发1号文《绿色建筑行动方案》的发布，标志着我国绿色建筑真正进入了全面推进时期。

近年来，江苏省通过积极的科研探索和实践经验积累，对于绿色建筑的认识经历了从模糊到逐渐清晰的过程，并将绿色建筑简单的表象化理解，通过理性化的手段分析，逐步形成一套可操作、易复制的绿色建筑设计评价方法。2007年至今，江苏省建筑业的工作重点从单一的建筑节能逐渐转变为全面的建筑"绿色化"，从单体的绿色建筑示范又逐步转变为区域的绿色建筑集成示范。江苏省作为全国绿色建筑起步较早的地区，7年间获得绿色建筑评价标识项目数量累计超过500个，总量位居全国第一（约为全国1/4），总建筑面积达6000多万平方米。在规模不断扩大的同时，江苏省积极开展政策、法规、标准、技术等多方面的研究，形成了江苏省绿色建筑发展推进机制、江苏省绿色建筑应用技术、江苏省绿色建筑标准体系、江苏省民用建筑绿色设计规范等一批全国领先的科技成果。2013年6月，江苏省政府办公厅印发了江苏省绿色建筑行动实施方案，明确提出我省将全面推广绿色建筑。

4.2　江苏省绿色建筑推进模式

江苏省作为东部经济发达省份，紧紧抓住城镇化快速发展的机遇，在深入推进建筑节能，大力发展绿色建筑，推动生态城市建设，致力提高城镇化质量，取得了突出成绩，走出了一条绿色生态的城镇化建设之路。目前，江苏节能建筑规模全国最大、星级绿色建筑数量全国最多、国家级可再生能源建筑应用示范项目数量全国最多、绿色生态城区和智慧城市覆盖区域全国最广。

江苏在发展绿色建筑的实践中，强化行政推动、政策扶持、制度保障、技术支撑，突出抓好省级建筑节能与绿色建筑示范区和保障性住房两大重点领域，夯实基础工作，在一系列举措的强力推进下，绿色建筑发展走在了全国的前列，截至 2014 年底，江苏省共获得 566 个绿色建筑标识，约为全国绿色建筑标识总量的 1/4，绿色建筑面积达到 6000 万 m^2。2013 年获得住房和城乡建设部"绿色建筑实践奖"。

绿色建筑是对传统建筑价值观和技术工艺的创新和发展，使得建筑在规划、设计、建造、运营等理念和方法上产生质变，引领整个建筑行业的技术系统的创新和发展。绿色建筑的发展、绿色技术的开发应用，创造了高效低耗、健康舒适、生态平衡的建筑环境，体现了能源资源节约、生态环境保护、以人为本的生态文明理念。绿色技术作为绿色建筑的重要部分，具有强烈的气候特征和地域特性，同一种技术在不同的气候区产生的效果相距甚远。一栋成功的绿色建筑一定不是盲目照搬国外或其他地区先进技术，也不是绿色技术的简单堆砌，而是通过对项目自身条件、气候条件、自然资源条件、周边环境条件等综合分析，因地制宜地选择相应的技术体系。

绿色建筑涉及面非常广阔，技术内容丰富，是一个较为复杂的系统工程，需要全面、深入、细致的研究、设计和实施。2007 年至今，江苏省绿色建筑发展经历了 6 个年头，通过积极的研究探索和实践经验积累，对于绿色建筑的认识经历了从单项技术运用向综合技术集成应用，从建筑单体向区域融合发展的转变过程。随着对绿色建筑概念的深入理解和绿色建筑技术的不断推广应用，江苏绿色建筑从试点示范步入普及推广阶段。

4.3　江苏省绿色建筑典型案例

4.3.1　江苏省绿色建筑与生态智慧城区展示中心

江苏省绿色建筑与生态智慧城区展示中心项目位于南京河西新城建筑节能与绿色建筑示范区内，由南京市河西新城区国有资产经营控股（集团）有限责任公司建设。项目用地面积约 1.97 万 m^2，总建筑面积 6441m^2，建筑高度 10.71m，主体建筑一层，局部夹层，采用钢结构体系，大部分空间为展厅区域，部分空间为办公用房。

项目从总体规划布局到单体建筑设计都努力降低对于能源的需求，采用因地制宜、与自然和谐共生的绿色建筑技术，贯彻"自然融合、展示性、可推广"的设计理念，旨在将展馆建设成为资源节约、环境友好、空间灵活，同时可快速建造、快速拆除的低碳绿色建筑范本。2013年获三星级绿色建筑设计标识。见图4-1、图4-2。

图4-1 建筑俯瞰图

图4-2 雨水回收实景图

4.3.2 昆山市文化艺术中心

昆山市文化艺术中心是集文化交流、会议、展览、休闲、娱乐等多项功能为一体的综合文化建筑，由昆山城市建设投资发展有限公司投资建设。项目由1400座的大剧院和会议中心、影视中心、文化活动中心与展示中心、配套车库所组成。总建筑面积约7.98万 m²，其中地上面积约5.69万 m²，地下建筑面积约2.29万 m²。

项目在建筑形态设计上，选取最能代表昆山文化的昆曲和并蒂莲作为母题。整个建筑的平面形态由昆剧表演艺术中的甩袖形象衍生而成，建筑从一个中心逐渐旋转发散，正如昆曲表演中轻摇手臂翩翩舞动的长袖；而发散出的一簇花瓣的形态恰似盛开的莲花，这又同时呼应了并蒂莲这一母题。2013年获二星级绿色建筑设计标识。见图4-3。图4-4。

图4-3 建筑鸟瞰实景图

图4-4 太阳能光伏板实景图

4.3.3 凤凰谷（武进影艺宫）

凤凰谷（武进影艺宫）项目位于常州武进核心区，江苏武进经济发展集团有限公司建设，是以青少年教育培训、成果展示等为主要功能的公益性建筑，由中心剧场（A区）、青少年宫（B区）、展览馆（C区）三部分组成，造型若展翅欲飞的凤凰，总建筑面积 4.79 万 m²，具有演出、会议、影视放映、青少年艺术培训、行政办公、展览等多项功能。

该项目利用太阳能光伏发电技术，安装多晶硅双玻组件组成的太阳能电池系统，所发的电能全部用于建筑内部用电消耗，年发电量 9 万余度，达到节能的目的；利用中水处理技术，将收集的雨水经净化处理后循环利用，达到节水的目的；利用坡屋顶绿化、外墙垂直绿化技术，增加了城市的"绿肺"功能，达到建筑节能保温和降低噪声的作用。项目于 2013 年 1 月获三星级绿色建筑设计标识，11 月获建设工程鲁班奖，12 月获江苏省绿色建筑创新奖一等奖。见图 4-5、图 4-6。

图 4-5　项目鸟瞰图　　　　　　图 4-6　智能照明控制系统

4.3.4　南京天加中央空调产业制造基地

南京天加空调设备有限公司中央空调产业制造基地位于南京经济技术开发区，项目规划总占地面积 16.81 万 m²，总建筑面积约 23.21 万 m²，厂房建筑面积 5.41 万 m²，总投资 26155 万元。

项目从规划设计开始就注重绿色理念渗透，厂区内绿地随处可见，乔木、灌木、地被植物遍布，能滞留灰尘、消声隔音；厂房所有外窗、舷窗都能开启通风，加上屋顶通风风帽，自然风自由进出；产品测试阶段产生的大量废弃冷水被收集起来，用于夏季降温，项目充分体现环境友好、绿色低碳、以人为本的绿色理念。2012 年获二星级绿色工业建筑设计标识，2013 年获三星级绿色工业建筑运行标识。见图 4-7、图 4-8。

图 4-7　项目全景图

图 4-8　厂房屋面的自然采光天窗和舷窗

4.4　江苏省绿色建筑的保障与激励措施

4.4.1　政策引导

2006 年江苏省政府下发《省委省政府关于加快建设节约型城乡建设意见》，进一步明确全省推进节约型城乡建设工作的目标和要求；2008 年省政府下发《省政府办公厅关于加强建筑节能工作的通知》，要求切实加强建筑节能工作，全面完成节能减排中建筑节能任务，推进资源节约型、环境友好型社会建设；2009 年省政府出台《江苏省建筑节能管理办法》，力求加强对建筑节能的管理，降低建筑使用过程中的能源消耗，提高能源利用效率；2009 年省政府印发《关于推进节约型城乡建设工作意见》，将绿色建筑健康发展作为十项重点工作之一，提出明确的工作目标；2012 年，省财政厅与住房和城乡建设厅联合出台《关于推进全省绿色建筑发展的通知》，进一步明确了绿色建筑的发展目标、扶持政策和保障措施；2013 年，在国家《绿色建筑行动方案》的基础上，出台《江苏省绿色建筑行动实施方案》，对国家已经明确的要求进行了细化，确保绿色建筑行动全面推进，标志着我省绿色建筑进入了全面快速发展时期。

4.4.2　制度保障

江苏省作为全国绿色建筑发展领先省份，是首批开展一二星级绿色建筑评价标识工作的省份。为保证绿色建筑标识评价工作的顺利开展，江苏省成立了"江苏省绿色建筑评价标识管理办公室"和"绿色建筑评价标识专家委员会"，编制了《江苏省绿色建筑评价标准》，印发了《江苏省绿色建筑评价标识实施细则》以及《江苏省绿色建筑评价技术细则》，有效完善了绿色建筑评价制度。

4.4.3　资金激励

累计到 2014 年，江苏省省级财政投入资金 15.7 亿元。对于绿色建筑，按标识星级给予奖励。对获得绿色建筑一、二、三星级设计标识的项目，分别按 15 元/m²、25 元/m²、35 元/m² 的标准给予奖励；对获得绿色建筑运行标识的项目，在设计标识奖励标准基础上增加 10 元/m² 奖励。目前全省 42 个绿建项目获 5427 万元补助资金。对于区域示范，按实施绿色建筑面积进行补贴。建筑节能和绿色建筑示范区给予不低于 1000 万元补贴。目前全省 54 个绿色建筑区域示范项目共获 8.72 亿元补助资金。对于可再生能源建筑应用，按项目面积或节能量给予补贴。根据项目前 3 年的节能效益补贴，给予约 23 元/m²。目前全省 159 个项目共获 19724 万元补助资金。对于既有建筑节能改造，按改造内容给予补贴。外门窗改造、外遮阳节能改造、屋顶机外墙保温节能改造各按 15 元/m² 补助，合计 45 元/m²。对于热泵系统水资源费减免；对污水源热泵系统、地埋管土壤源热泵系统予以免征；对开式地表淡水源热泵系统、符合条件的地下水源热泵系统给予减征或免征；对国家或省级示范项目，可以申请从水资源费中给予补助或奖励。对于在绿色建筑工程建设中具有重大创新、符合国家和我省绿色建筑标准、具有突出示范作用的工程项目以及在建设绿色建筑中做出重要贡献的组织和人员，设立了江苏省绿色建筑创新奖，包括工程奖和创新奖。

4.4.4　技术支撑

1. 培育咨询服务机构和专家队伍

2008 年 9 月江苏省绿色建筑工程技术研究中心正式挂牌成立，是经江苏省建设厅批准成立的从事绿色建筑工程技术研究的专门机构。以绿色建筑技术领域的研发为重点，开展建筑节能技术与装备研发、绿色建筑设计与评估、建筑节能检测与评估、绿色建材与节能结构体系研发、节水与水资源综合利用、建筑环境与可再生能源利用、建筑能源管理等方面的研究。

2011 年 10 月在南京召开"夏热冬冷地区绿色建筑联盟成立大会——暨第一届夏热冬冷地区绿色建筑技术论坛"上，成立夏热冬冷地区绿色建筑委员会联盟。该联盟旨在研究探讨夏热冬冷地区绿色建筑发展面临的共性问题，推动夏热冬冷地区绿色建筑与建筑节能工作的快速发展，加强国内国际相同气候区的有关单位和组织的交流与合作。

此外江苏省还成立了江苏省绿色建筑产业联盟以及中国绿色建筑与节能专业委员会江苏省分会等，为江苏省绿色建筑发展提供坚实的技术支持。

2. 重大课题研究

近年来，江苏省围绕绿色建筑开展了一系列工作，包括发展策略研究、技术支撑、组织建设、标准体系、标识管理等，其中支撑工作主要内容就是进行绿色建筑技术研究。江苏省一直重视绿色建筑技术的研究，并开展了一系列重大课题研究，包括《江苏省绿色建筑应用技术研究》、《江苏省绿色建筑发展推进机制研究》、《江苏省建筑节能和绿色建筑示范区指标体系研究》、《江苏省绿色建筑适宜技术指南》、《绿建重点技术推广目录》、《江苏省绿色建筑标准体系研究》等。

4.4.5　制定标准规范

2009 年省住房和城乡建设厅发布《江苏省绿色建筑评价标准》用于评价江苏省新建和改、扩建住宅建筑和公共建筑，以求贯彻执行节约资源和保护环境的经济政策，推进可持续发展，规范江苏省绿色建筑的评价；2010 年省住房和城乡建设厅印发《江苏省绿色建筑评价标识实施细则》以规范一、二星级绿色建筑评价标识管理，引导绿色建筑健康发展；2011 年省住房和城乡建设厅印发《江苏省绿色建筑评价技术细则》，为科学引导和规范管理绿色建筑评价、评奖与标识工作提供更明确的技术依据，更好地实行《江苏省绿色建筑评价标准》；2014 年江苏省发布了《江苏省绿色建筑设计标准》以推广绿色建筑，指导江苏省民用建筑的绿色设计。

4.5 江苏省绿色建筑取得的成就

近年来，江苏省以强化新建建筑节能全过程监管为核心，加快推进可再生能源建筑规模化应用，努力促进绿色建筑发展和绿色生态城区建设，各项工作取得了长足进步。

目前江苏节能建筑规模全国最大、星级绿色建筑数量全国最多、国家级可再生能源建筑一体化示范项目数量全国最多、绿色生态城区和智慧城市覆盖区域最广。江苏省现拥有三星级绿色建筑 102 个共 649 万 m²，二星级绿色建筑 256 个共 2519 万 m²，一星级绿色建筑 208 个共 2887 万 m²。绿色建筑设计标识共 545 个，其中一二三星级各 199、251、95 个；运营标识共 21 个，其中一二三星级各 9、5、7 个。见图 4-9～图 4-11。

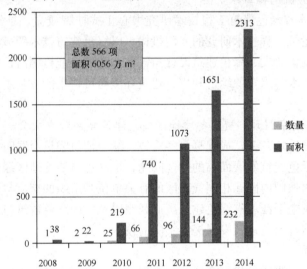

图 4-9 江苏省 2008～2014 年完成的绿色建筑数量及面积

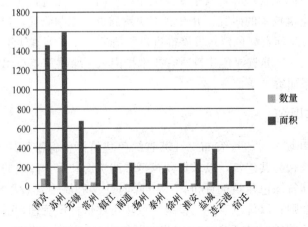

图 4-10 截至 2014 年底江苏省各城市绿色建筑发展情况

2010 年和 2011 年，"江苏省可再生能源在建筑中的应用"、"江苏节约型城乡建设实践项目"分别荣获年度"中国人居环境范例奖"；2012 年，"江苏省可再生能源在建筑中的应用"再获"迪拜国际改善居住环境全球百佳范例奖"；2013 年，在第九届国际绿色建筑与建筑节能大会上，江苏省获得"城市科学奖（绿色建筑实践)"，江苏省建筑节能协会荣获"2012 年度先进集体"称号，江苏省住房和城乡建设厅荣获"'十一五'全国绿色建筑评价标识组织管理先进集体"称号。

第5章 江苏省绿色建筑标准体系的构建

5.1 标准体系建设的目标和原则

5.1.1 标准体系建设的目标

江苏省绿色建筑标准化的发展主要表现在下列几方面：

（1）绿色建筑的建设具有明显的阶段性，为了保证在整个寿命期内顺利进行，需要覆盖全寿命期的标准。没有标准，绿色建筑建设工程质量和安全就无法谈起，除此之外，在绿色建筑建设的工程中还要考虑经济需要，如何做到既能保证安全和质量，又不浪费投资，只有健全适合绿色建筑全寿命周期内各阶段需要的标准，工程质量、安全、经济要求才能得到保障。在标准体系中，考虑到全省的资源条件，通过平衡需要和可能，制定适合的标准。还要通过优选的办法，在兼顾质量、安全，经济的前提下合理统一功能参数和技术指标，使绿色建筑建设各阶段的经济性、合理性得到保证。因此，需要覆盖绿色建筑建设全寿命周期内的标准体系。

（2）绿色建筑建设的专业划分越来越细，需要能够适应各个专业建设的专业领域的标准。在我省绿色建筑标准体系中，充分考虑到绿色建筑建设的专业化趋势，在专业划分上分为八个小组：规划、建筑、结构与材料、暖通、给水排水、检测、建筑电气、施工与验收，覆盖绿色建筑建设涉及的各个专业领域。因此，需要适应绿色建筑建设专业化趋势的标准体系。

（3）绿色建筑的建设满足可持续发展要求，如何做到"四节一环保"，已成为制约绿色建筑发展的重要难题。绿色建筑标准体系在这方面可以起到极为重要的作用：首先，可以运用标准体系的法制地位，按照现行经济和技术政策制定约束性的条款，限制短缺物质资源的开发利用，鼓励和指导采用替代材料；二是根据科学技术的发展情况，鼓励在绿色建筑的建设过程中使用每一时期的最佳工艺和设计、施工方法，指导采用新材料和挖掘材料功能潜力；三是以先进可靠的设计理论和择优方法，统一材料设计指标和结构功能参数，在保障使用和安全的前提下，降低材料和能源消耗，最大限度地做到"四节一环保"。

因此，建立绿色建筑标准体系的目标是：在建筑的全寿命周期内，在满足适用、高效的前提下，最大程度地发挥标准对绿色建筑工作的推动与技术保障作用。

绿色建筑标准体系的研究是通过广泛地调研，对我省在推进绿色建筑发展方面存在的问题进行分析、总结，确定绿色建筑发展战略和实现路径，通过梳理已有的各类相关标准，在参考借鉴国内外先进经验的基础上，提出绿色建筑标准体系框架。着手对江苏省在推进绿色建筑方面的地方标准进行科学规划，不断地完善地方标准，形成统一、配套、合理的标准体系，为我省绿色建筑提供技术支撑。

通过研究标准体系，可以为绿色建筑工作提供重要的技术保障，是引导相关设计单位、施工单位及各类建设主体按照相应的标准从事有关的建设活动、开展绿色建筑评价和建设的标尺和依据。其次，研究标准体系可以加大各类建设主体推动绿色建筑工作的力度，为全面推进绿色建筑工作提供从设计、施工、产品，到验收、管理等全过程的标准框架体系。第三，标准体系的研究提高了各工程标准制订、修订的规范性，将成为规范市场秩序、加强市场监管力度、促进政府职能转变的有效手段。

5.1.2 标准体系的构建原则

标准体系的建立是综合的系统工程，涉及绿色建筑领域内的各个专业的基本原理和基本技术规定。技术标准体系应按目标明确、全面成套、层次分明、划分明确、使用方便的原则编制，以系统分析的方法，形成一个科学的、开放的有机整体。绿色建筑标准体系应做到层次清楚、分类明确、构成合理，相关标准具有高度的配套性与协调性，在标准体系建立过程中，应充分考虑到标准体系的全面性、层次性、唯一性和实用性。

（1）全面性

符合国家可持续发展战略的完善的绿色建筑标准体系，应当覆盖有关绿色建筑的各领域，应能涵盖所有涉及绿色建筑"四节"、"一环保"的活动、产品、环节、技术等，即涉及绿色建筑的任一技术、活动都能够在标准体系中找到相应位置。从建筑的全寿命周期看，绿色建筑涉及规划设计、施工、验收、检测评价、使用维护和运行管理等方面。从专业技术的范畴看，应该包括规划、建筑、结构与材料、暖通、给水排水、检测评估、建筑电气、建筑施工、运行管理技术等。从建筑类型上看，应包括居住建筑和公共建筑两大类。这些因素相互交织在一起，相互关联，相互影响，需要建立科学的标准框架体系，完整、全面地反映建筑节能的全貌。

（2）层次性

绿色建筑建造不同于传统建筑建造活动，其具有新的理念和系统的技术，同时它的推进是在不同层次上完成的。

首先要明确新建建筑要达到的绿色建筑的目标，在现阶段以绿色建筑等级为典型代表。这个总体目标是针对建筑的整体而言的，在这个总目标下，针对建筑的整体特性衍生出的建筑物为对象在全寿命过程中的相应技术要求，以及各种技术集成与整合的要求。

具体技术是绿色建筑发展的支撑和基石。在建设节约型社会的需求下，建筑、结构与材料、暖通、给水排水、检测评估、建筑电气、建筑施工等领域的各种新技术不断涌现，技术发展步伐显著加快，丰富多样。

因此，绿色建筑自然分为目标和技术两个大的层次。目标包含了有关绿色建筑的任务、技术的集成使用、技术的细化整合，称之为综合性层次。技术包含了达到绿色建筑标准的具体元素。由于技术层次包含内容广泛，也存在着一些综合性的技术，如绿色建筑中，建筑节能部分的外墙外保温门窗的一般性技术规程，仍有必要再提炼出一个新的层次，即对建筑物组成部分划分的层次，称为通用性层次。

（3）唯一性

标准体系的层次应当明确，任何标准在标准体系中所处的层次地位应当具有确定性与唯一性。在标准体系的构建过程中，应当注意对所有同一层次的并列关系和上下层次之间给出严格的定义，避免出现互相交叉的情况，也即避免某一具体的标准在定位的时候出现可定位在多处的情况，应当使其定位具有唯一性。

（4）实用性

绿色建筑标准体系是工程建设标准体系的重要构成。它的建立是能源科学利用和建筑科学管理的需要。通过标准体系的建立，统筹部署各专业、各学科和建筑物的建设及使用环节，为达到绿色建筑的目标而需提出的技术及管理要求。标准体系的建立应当方便地服务于有关绿色建筑工作的各个职能部门、相关科研技术人员。标准体系应当有利于明确绿色建筑技术及相关产品的研究开发方向，并及时纳入标准，服务于相关科研技术人员。标准体系应当能够优化指导涉及绿色建筑领域的技术法规及技术标准、规范的必要基础工作，便于指导今后一定时期内标准制订、修订立项以及标准的科学管理，服务于相关绿色建筑的工作职能部门。

5.1.3 绿色建筑标准体系构建方针

总体方针：结合绿色建筑技术前沿，按照以绿色建筑评价和设计为核心，以绿色建筑设计、绿色施工、绿色建筑检测及各类绿色建筑评价为骨架，以现行各专业标准条款绿色化为主要内容，以新编涵盖全寿命周期各专业标准为补充的思路，形成了以绿色建筑设计和绿色建筑施工为核心的近期和远期修编新编计划，为各专业分体系的构建完善提供了基本依据，成为今后研究该领域技术应用的重要参考，也使全省范围内的绿色建筑体系构建更加完善，为绿色建筑建设科学管理）和建造提供技术保障和支持。

1. 建立和完善以绿色建筑设计与评价为核心的标准体系

结合目前的实际进展，持续总结既有工作中发现的实际问题，并及时汇集，予以修正，其中包括对现行《绿色建筑评价标准》的修订，对诸如办公建筑、医院、学校、工业等其他建筑类型的绿色建筑评价标注的编制与完善，尽快完善绿色建筑标准体系，保证绿色建筑发展所需。

2. 相继出台制定相关绿色建筑各专业技术标准

技术标准是评价体系的重要组成部分，应及时组织研究并编制，与相应类别的绿色建筑评价标准共同完善绿色建筑标准体系。技术导则应借鉴国外先进绿色理念技术，体现前瞻性和指导性。同时根据江苏省自身情况，强调以全生命周期为维度，完善每个分类别的建筑设计技术标准，着重地域性和创造性，同时面对越来越多的建筑改造需求，制定绿色建筑改造设计导则。

3. 建立以全生命周期为基准的绿色建筑标准体系

以全生命周期为基准的绿色建筑标准体系包括下列 4 个方面的标准：

（1）建筑规划与设计

具体工程项目将实现的"绿色"目标，不是由设计标准确定的，而是根据现行国家《绿色建筑评价标准》在建筑策划阶段确定的。绿色建筑设计方面的标准应为绿色建筑设计的方法性标准以及根据不同绿色要素设定的专用标准，如节地与室外环境专用标准、节能与能源利用专用标准、节水与水资源利用专用标准、节材与材料资源利用专用标准、环境保护专用标准、室内环境质量专用标准等，同时体现地域性以及创新设计的内容。

（2）建筑施工与管理

建筑绿色施工与质量验收方面的标准不仅仅是指"绿色建筑"的施工与质量验收标准，还应包括所有建筑基于资源节约和环境保护要求的施工与质量验收标准，并应包括绿色施工管理和绿色施工技术两个方面的标准。其中绿色施工管理方面的标准应是对绿色施工中组织管理、规划管理、实施管理、评价管理和人员安全与健康管理各个方面做出相应的要求。绿色施工技术方面的标准应主要针对施工策划、材料采购、现场施工、工程验收等施工过程对施工管理、环境保护、节水、节地、节材、节能及资源有效利用相关技术和措施的规定。

（3）建筑运营与维护

绿色建筑运行管理方面的标准应包括绿色建筑（指按绿色建筑标准建造的建筑运行管理）和建筑绿色运行管理两个层面的标准，既包括绿色居住建筑、办公建筑、商业建筑、旅馆建筑、体育建筑、医疗建筑、交通建筑、教育建筑等方面的运行管理标准，也包括建筑物检修、检查、维护及上下水、照明、燃气、采暖、空调等方面的运行管理标准。

（4）建筑拆除与再利用

作为建筑全生命周期的最后一个阶段，对于既有建筑的绿色改造和建筑材料的回收及再利用是绿建体系的重要组成部分。特别是我省工业遗留建筑众多，如何因地制宜的、以四节一环保的标准进行改造，需要出台相关标准加以规范。

（5）地域性/创新设计

对于地域性设计的内容通过标准加以控制，秉承继承历史、融入城市、融入地域人文环境的原则，规划层面上要从江苏省自身的气候地理条件出发，结合当地人文资源，设计层面注重地方性建筑材料的运用、地方性建筑热湿环境、通风环境的处理，是基于本土性的节地节水节能节材的措施；鼓励创新设计，打破传统思维，从源头的设计层面即指向绿色建筑标准和目标，力求绿色技术与建筑设计的完美结合。

4. 完善科学的绿色建筑评价工作方法

在不断提高绿色建筑设计水平的同时，绿色建筑的评价同样重要，应以评价导则与评价标准为基础，及时通过对实践的总结，对相关省市的调研，对国外绿建先进评价体系的研究，建立科学、有序、合理的绿色建筑评价工作方法，有效推进绿色建筑的有序发展。

5. 按照"规划先行、技术适度、因地制宜"推进我省绿色建筑发展

面对全球能源危机和日趋严重的环境污染，在发展低碳经济、力推建筑节能的大背景下，绿色建筑将成为未来建筑的趋势和目标，具有广阔的发展前景。在当前的社会背景和现有的技术水平下，我们提出"适时、适技、适地"三原则。

（1）规划先行原则——理念先行引领绿色建筑发展

绿色建筑代表了世界建筑未来的发展方向，推广和发展绿色建筑有赖于绿色理念深入人心，需要全社会观念与意识的提高，要向全社会宣传普及绿色建筑的理念和基本知识，提高民众的接受度。绿色建筑不等同于高科技、高成本建筑，不是高技术的堆砌物，通过合理的规划布局和建筑设计，并不需要增加过多的成本，就可以从源头上有效实现绿色建筑的目标。

（2）技术适度原则——适宜技术推动绿色建筑发展

绿色建筑技术研究在国外开展得较早，已有大批的成熟技术，在积极引进、消化、吸收国外先进适用绿色建筑技术的基础上，更重要的是选择与创造适宜本土的绿色建筑技术，走本土化绿色之路。大量建筑在建造过程中要结合本地实际情况，选择最适宜的技术与产品并合理地集成在建筑上，尤其是自然通风和天然照明技术要得到强化应用。适宜的、可推广的且成本恰当的技术与产品才是绿色建筑技术与产品的重点。

（3）因地制宜原则——地域创新提升绿色建筑发展

基于我省情况，从实际的地理、气候状况出发，结合传统经验、材料和工艺，因地制宜地选择适用的技术和产品，是绿色建筑发展的本土化策略。绿色建筑在融入自然生态环境的同时，还要体现出地区的民俗文化特点。生态的、与自然和谐共存的建筑的核心不再是简单的节能、环保，而是更深层次的对自然的尊重和对人性的关怀。

5.2 标准体系建立的基本方法与基本结构

5.2.1 体系定位

一般来说，广义的建筑业是指建筑产品全过程及参与该过程的各个产业和各类活动，包括了实体化的宏观建筑产品和相关的服务和知识产权。实体化建筑产品的建成包括了建设规划、勘察、设计、建筑构配件生产、施工及安装，建成环境的运营、维护及管理，也包括相关的技术、管理、商务、法律咨询和中介服务、教育科研培训等。

在建立江苏省绿色建筑标准体系中，暂未考虑建筑构配件生产以及相关的服务和知识产权。绿色建筑标准体系的全面性要从时间、专业分工、目标三维图上全面建立。但时间、专业分工和目标又是相辅相成，同时对绿色建筑产生作用的。因此，绿色建筑标准体系就是要合理科学地处理好时间、专业分工和目标的关系，从而形成绿色建筑标准体系的三维图如图 5-1。

它包括以下三个维度：

1. 专业维度（Professional Dimension）

为了从设计、施工、检测的角度实现绿色建筑的目标，还应该从各个专业的维度进行标准体系的划分，即在各个专业上完成对目标维度的分解，从规划、建筑、结构与材料、暖通、给排水、电气、施工、检测评估等各个不同专业进行新标准的编撰，也包括了对各专业现行标准的修编，以期符合绿色建筑的内在要求。这样有便于今后将整个标准体系的标准建设工作依次落实到各个分专业上去完成。见图 5-2。

2. 目标维度（Object Dimension）

目标维度主要反映了绿色建筑的基本特征和属性，即绿色建筑标准体系的设计要达到什么样的目的。绿色建筑应在设计标准上最大限度地节约资源（节能、节地、节水、节材）、保护环境和减少污染，为人们提供健康、适用和高效的使用空间，与自然和谐共生，因此"四节一环保"当然是绿色建筑最重要、最基础的目标。同时，反映绿色建筑基本特征的还包括了室内环境质量和运营管理、全生命周期综合性能以及反映地方特色的目标等内容，标准体系中的所有标准可以根据自己在实现绿色建筑的不同目标要求来确定其在标准体系中的空间定位，如图 5-3 所示。

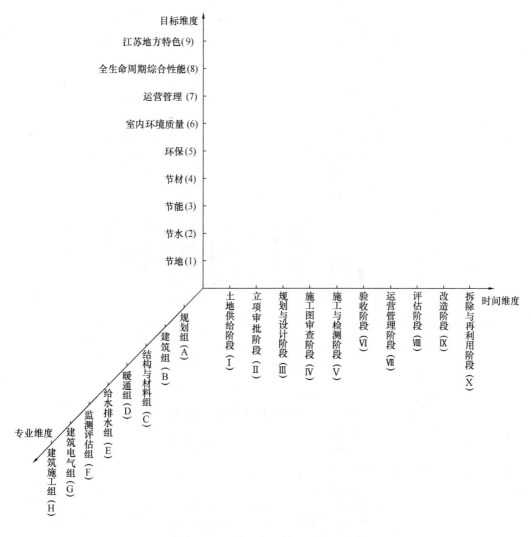

图 5-1　绿色建筑标准体系的体系定位

3. 时间维度（Time Dimension）

由于绿色建筑的评价是建筑全寿命周期内，统筹衡量"四节一环保"与满足建筑功能之间的辩证关系，而原有的各类设计规范大多集中于设计阶段，对其他阶段的覆盖较少，因此时间维度是包括了项目决策、投资建设、验收评价、运行维护四个过程，具体又可划分为土地供应阶段、立项审批阶段、规划设计阶段、施工图审查阶段、施工与检测阶段、验收阶段、运营管理阶段、改造阶段、评估阶段、拆除与再利用阶段等 10 个不同阶段，见图 5-4。

5.2.2　层次划分

综合性层次（O 层次）以建筑物小区或建筑单体的建筑系统组成部分为目标对象，按规划、建筑、结构与材料、暖通、给水排水、检测、建筑电气、施工与验收、运行管理等专业划分的技术标准，该层次的标准提出符合国家和地方政策法规要求的绿色建筑的各专

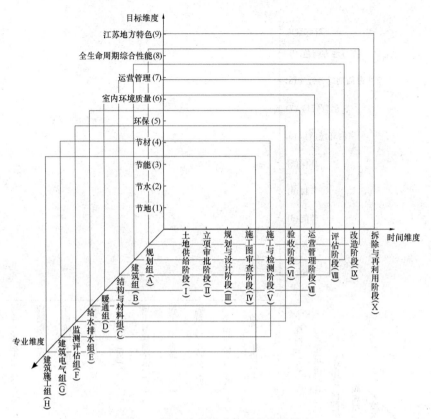

图 5-2　绿色建筑标准体系的专业维度

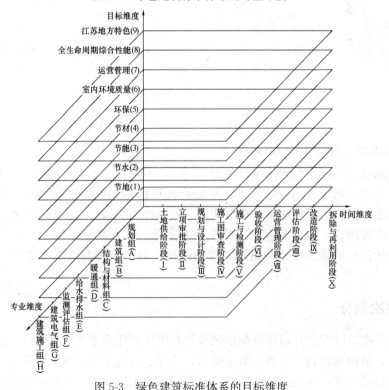

图 5-3　绿色建筑标准体系的目标维度

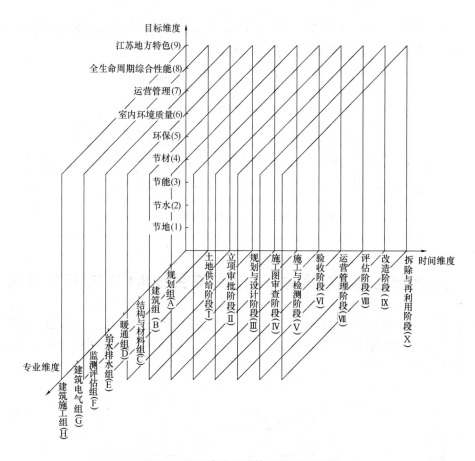

图 5-4　绿色建筑标准体系的时间维度

业总体目标；通用层次（G 层次）以建筑系统各专业组成部分为对象，按照空间结构划分的技术标准，该层次提出实现这些组成的绿色建筑分专业技术及管理途径；专项层次（S 层次）则是针对（G 层次）的单项技术的标准，提供依靠这些途径实现目标时必需的手段、工具、工艺等，代码 O 表示综合性标准，代码 G 表示通用性标准，代码 S 表示专用性标准。见图 5-5。

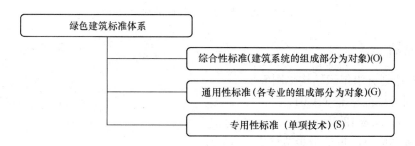

图 5-5　绿色建筑标准体系及层次

　　通过不同空间层次、不同时间段的划分方法，较好地处理了标准体系所涉及的层次关系和时间关系，使标准体系的建立满足全面性、层次性、唯一性和实用性的基本要求。

　　在绿色建筑标准体系综合性（O 层）层次上，其下属的各个阶段分别用 A、B、C 等表示，见图5-6所示。综合性标准以某一类建筑物为对象，是从建筑整体上来把握的各建筑年龄段的标准，而并非针对空间结构的子部分的标准。

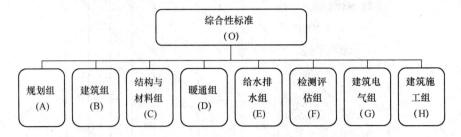

图5-6　绿色建筑标准体系综合性标准（O层）结构图

5.3　江苏省绿色建筑标准体系框图及有关技术标准项目的说明

基于上述分析论述，完成了江苏省绿色建筑标准体系的框架构造。为了进一步明确目前各类具体标准的编制情况，对现有的所有涉及绿色建筑的具体标准进行归位，这些标准的归位情况如图5-7所示。

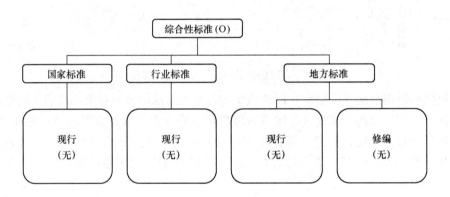

图5-7　综合性绿色建筑标准结构图

5.3.1　规划

规划专业划分组组织结构见图5-8。

1. 规划类规范标准（A-01）

见图5-9～图5-12。

2. 含规划内容的设计类规范标准（A-02）

见图5-13～图5-17。

3. 含规划内容的评价类规范标准（A-03）

见图5-18～图5-20。

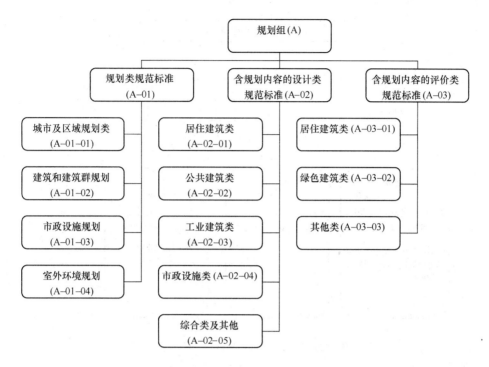

图 5-8　规划专业划分组（A）组织结构图

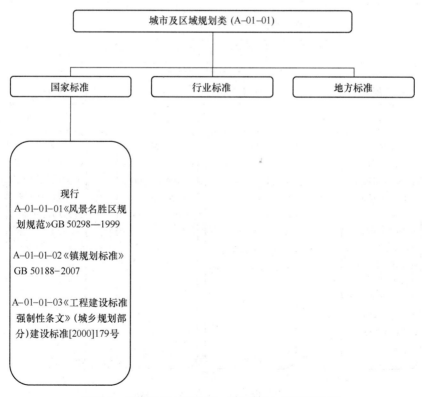

图 5-9　城市及区域规划类（A-01-01）标准结构图

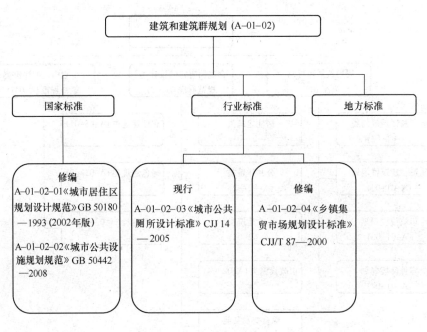

图 5-10　建筑与建筑群规划（A-01-02）标准结构图

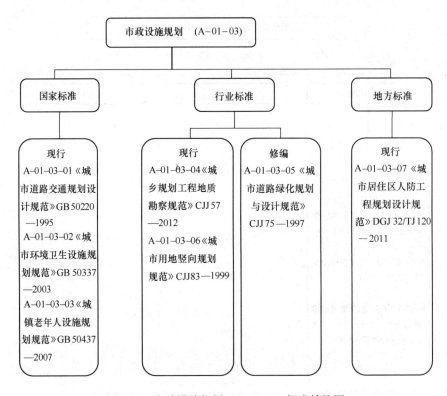

图 5-11　市政设施规划（A-01-03）标准结构图

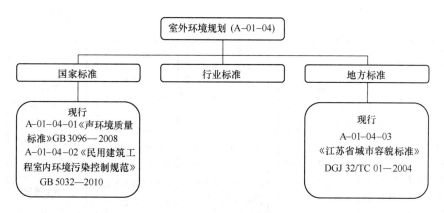

图 5-12　室外环境规划（A-01-04）标准结构图

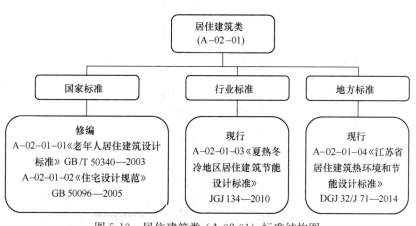

图 5-13　居住建筑类（A-02-01）标准结构图

图 5-14　公共建筑类（A-02-02）标准结构图

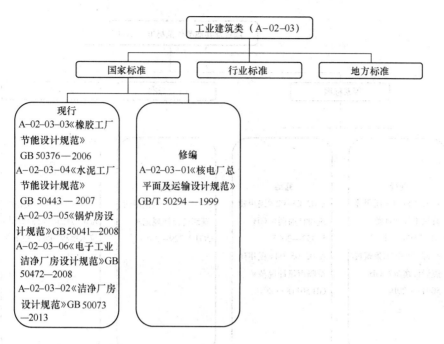

图 5-15　工业建筑类（A-02-03）标准结构图

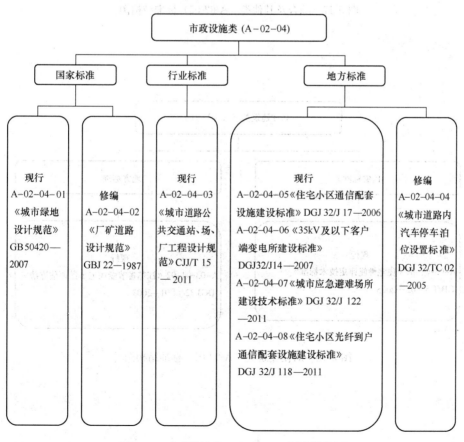

图 5-16　市政设施类（A-02-04）标准结构图

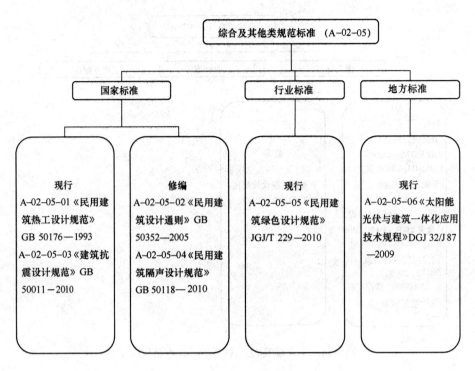

图 5-17 综合及其他类（A-02-05）标准结构图

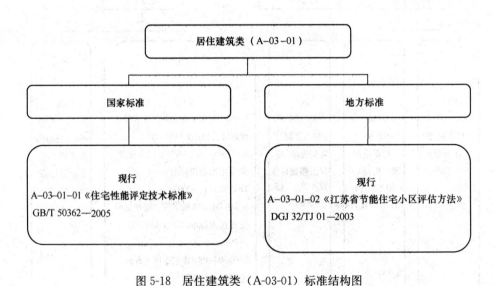

图 5-18 居住建筑类（A-03-01）标准结构图

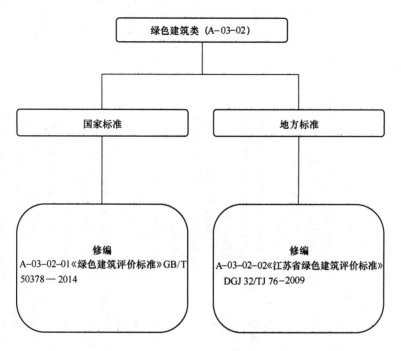

图 5-19　绿色建筑类（A-02-06）标准结构图

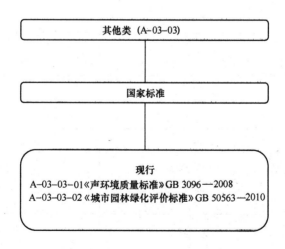

图 5-20　其他类（A-02-07）标准结构图

4. 规划专业相关绿色建筑的具体标准

见表 5-1。

表 5-1

规划专业相关绿色建筑的标准汇总

序号	规范标准名称	标准号	类别	阶段	目标	主要内容	相关介绍	主要问题、修编或新编理由	编制建议	备注
A-01 规划类规范标准										
A-01-01 城市及区域规划类										
A-01-01-01	《风景名胜区规划规范》	GB 50298—1999	A.Ⅱ.1	Ⅱ	1、5	1. 总则；2. 术语；3. 一般规定；4. 专项规划；5. 规划成果与深度规定	为了适应风景名胜区（以下简称风景区）保护、利用、管理、发展的需要，全面发挥风景区的用地布局、功能和作用，提高风景区的规划设计水平和规范化程度，特制定本规范。 本规范适用于国务院和地方各级政府公布的各类风景区的规划	—	现行	国家标准
A-01-01-02	《镇规划标准》	GB 50188—2007	A.Ⅱ.1	Ⅱ	1、5	1. 总则；2. 术语；3. 镇村体系和人口预测；4. 用地分类和计算；5. 规划建设用地标准；6. 居住用地规划；7. 公共设施用地规划；8. 生产设施和仓储用地规划；9. 道路交通规划；10. 公用工程设施规划；11. 防灾减灾规划；12. 环境规划；13. 历史文化保护规划；14. 规划制图	为了科学地编制镇规划，加强规划的编制和组织管理，创造良好的劳动和生活环境，促进城乡经济、社会和环境的协调发展，制定本标准。 本标准适用于国家县级人民政府驻地以外的镇规划，乡规划可按本标准执行	—	现行	国家标准

110

续表

序号	规范标准名称	标准号	类别	阶段	目标	主要内容	相关介绍	主要问题、修编或新编理由	编制建议	备注
A-01-01-03	《工程建设标准强制性条文》（城乡规划部分）	建设标准[2000]179号	A.Ⅱ.1	Ⅱ	1	1. 用地规划；2. 道路交通规划；3. 住宅；4. 公共服务设施和绿化规划；5. 工程规划	本规范包括城乡规划、城市建设、房屋建筑等部分，覆盖工程建设的主要领域。《强制性条文》汇集了工程建设现行国家和行业标准中直接涉及人民生命财产安全、人身健康、环境保护和其他公众利益方面的内容。同时也考虑了提高经济效益和社会效益等方面的要求。列入《强制性条文》的所有条文都必须严格执行	—	现行	国家建设标准
A-01-02 建筑和建筑群										
A-01-02-01	《城市居住区规划设计规范》	GB 50180—1993（2002年版）	A.Ⅱ.1	Ⅱ	1、2、3、4、5、6、7、8	1. 总则；2. 术语、代号；3. 用地与建筑；4. 规划布局与空间环境；5. 住宅；6. 公共服务设施；7. 绿地；8. 道路；9. 竖向；10. 管线综合；11. 综合技术经济指标	为确保居民基本的居住生活环境、经济、合理、有效地利用土地和空间、提高居住区规划设计质量，制定本规范。本规范适用于城市居住区的规划设计	建议增加选址及公共设施配套设备距离设施的量化指标、场地无障碍设计和全生命周期综合性能评价。关联修改规范《住宅建筑规范》GB 50368—2005，《老年人居住建筑设计标准》GB/T 50340—2003	修编	国家标准

序号	规范标准名称	标准号	类别	阶段	目标	主要内容	相关介绍	主要问题、修编或新编理由	编制建议	备注
A-01-02-02	《城市公共设施规划规范》	GB 50442—2008	A.Ⅱ.1	Ⅱ	1	1. 总则；2. 术语；3. 行政办公；4. 商业金融；5. 文化娱乐；6. 体育；7. 医疗卫生；8. 教育科研设计；9. 社会福利	为提高城市公共设施规划的科学性，合理配置和布局城市各项公共设施用地，集约利用城约用地。创建和谐优美的城市环境，制定本规范。本规范适用于设市城市的城市总体规划及大、中城市的城市分区规划编制中的公共设施规划	建议增加场地无障碍设计和部分建筑类型、室外环境观规划、室外环境的景观的要求。关联修改的规范《公共建筑节能设计标准》GB 50189—2005	现行	国家标准
A-01-02-03	《城市公共厕所设计标准》	CJJ 14—2005	A.Ⅱ.1	Ⅱ	1、2、4、5、6、9	1. 总则；2. 术语；3. 设计规定；4. 独立式公共厕所的设计；5. 附属式公共厕所的设计；6. 活动式公共厕所的设计；7. 公共厕所无障碍设施设计	为使城市公共厕所的设计、建设和管理符合城市发展要求，满足城市居民和流动人口需求，制定本标准。本标准适用于城市各种不同类型公共厕所所的设计。公共厕所所的设计除应符合本标准外，尚应符合国家现行有关标准的规定	—	现行	行业标准
A-01-02-04	《乡镇集贸市场规划设计标准》	CJJ/T 87—2000	A.Ⅱ.1	Ⅱ	1、5	1. 总则；2. 术语；3. 乡镇集贸市场类别和规模分级；4. 乡镇集贸市场用地；5. 集贸市场选址和场地布置；6. 集贸市场设施改造型和规划设计；7. 集贸市场附属设施规划设计；8. 集	为了科学地进行乡镇集贸市场的规划设计，提高集贸市场建设的综合效益，促进商品流通、繁荣城乡市场经济，制订本标准。本标准适用于县城以外建制镇和乡的辖区内集贸市场及其附属设施的规划设计	建议增加对室外环境保护的内容和景观设计要求	修编	行业标准

序号	规范标准名称	标准号	类别	阶段	目标	主要内容	相关介绍	主要问题、修编理由或新编理由	编制建议	备注
A-01-03	**市政设施类**									
A-01-03-01	《城市道路交通规划设计规范》	GB 50220—1995	A.Ⅱ.1	Ⅱ	1、7	1. 总则；2. 术语；3. 城市公共交通；4. 自行车交通；5. 步行交通；6. 城市货运交通；7. 城市道路系统；8. 城市交通设施	为了科学、合理地进行城市道路交通规划设计，优化城市用地布局，提高城市的运转效能，提供安全、高效、经济、舒适和低公害的交通条件，制定本规范。本规范适用于城市道路交通规划设计	—	现行	国家标准
A-01-03-02	《城市环境卫生设施规划规范》	GB 50337—2003	A.Ⅱ.1	Ⅱ	1、5	1. 总则；2. 术语；3. 环境卫生公共设施；4. 环境卫生工程设施；5. 其他环境卫生设施	为在城市环境卫生设施规划中贯彻执行国家有关法规和技术政策，提高城市环境卫生设施规划编制质量，满足城市环境卫生设施建设的需要，落实城市卫生设施发展规划，保持与城市发展相协调，制定本规范。本规范适用于各级规划及城市卫生设施专业专项规划	—	现行	国家标准
A-01-03-03	《城镇老年人设施规划规范》	GB 50437—2007	A.Ⅱ.1	Ⅱ	1	1. 总则；2. 术语；3. 分级、规模和内容；4. 布局与选址；5. 场地规划	为适应我国人口结构老龄化，加强老年人设施规划，为老年人提供安全、方便、舒适、卫生的生活环境，满足老年人日益增长的物质与精神文化需要，制定本规范。本规范适用于城镇老年人设施的新建、扩建或改建的规划	—	现行	国家标准

序号	规范标准名称	标准号	类别	阶段	目标	主要内容	相关介绍	主要问题、修编或新编理由	编制建议	备注
A-01-03-04	《城市规划工程地质勘察规范》	CJJ 57—2012	A.Ⅰ.1	Ⅰ	1、2、5、9	1. 总则；2. 术语；3. 基本规定；4. 总体规划勘察；5. 详细规划勘察；6. 工程地质测绘和调查；7. 不良地质作用和地质灾害；8. 场地稳定性和工程建设适宜性评价；9. 勘察报告编制	为在城市规划工程地质勘察中贯彻执行国家的技术经济政策、做到技术先进，经济合理、安全适用，确保质量，制定本规范。本规范适用于各类城市规划的工程地质勘察。城乡规划工程地质勘察除应符合本规范外，尚应符合国家现行有关标准的规定	—	现行	行业标准
A-01-03-05	《城市道路绿化规划与设计规范》	CJJ 75—1997	A.Ⅱ.1	Ⅱ	1、5	1. 总则；4. 道路绿化规划；3. 道路绿化带设计等设计要求	本规范适用于城市绿地道路的规划与设计。本规范适用于城市的主干路、次干路、支路、广场和社会停车场的绿地规划与设计	原规范中 5.3 的停车场绿化设计中未考虑停车场采用植草砖等透水地面的选择，建议增加关联需要修改的规范《城市道路绿化设计规范》CJJ 37—2012,对停车场绿化的要求	修编	行业标准

序号	规范标准名称	标准号	类别	阶段	目标	主要内容	相关介绍	主要问题、修编或新编理由	编制建议	备注
A-01-03-06	《城市用地竖向规划规范》	CJJ 83—1999	A.Ⅱ.1	Ⅱ	1	1. 总则；2. 术语；3. 一般规定；4. 规划地面形式；5. 竖向平面布局；6. 竖向与道路广场；7. 竖向与景观；8. 竖向与排水	为规范城市用地竖向规划基本技术要求，提高城市规划质量和规划管理水平，制定本规范。本规范适用于各类城市的用地竖向规划	—	现行	行业标准
A-01-03-07	《城市地下空间开发利用管理规定》	建设部令第58号	A.Ⅰ.1	Ⅰ	1	1. 总则；2. 城市地下空间的规划；3. 城市地下空间的工程建设；4. 城市地下空间的工程管理；5. 罚则；6. 附则	本规范适用于城市规划区范围内的地下空间的开发利用。编制规划及对城市规划区范围内的地下空间进行开发利用，必须遵守本规定	—	现行	建设部令
A-01-03-08	《城市居住区人防工程设计规划规范》	DGJ 32/TJ 120—2011	A.Ⅱ.1	Ⅱ	1	1. 总则；2. 术语；3. 配建面积标准；4. 功能与布局要求；5. 设施要求	为指导城市居住区人民防空（以下简称人防）工程规划设计，增强居住区防空、防灾能力，结合江苏省城市社会经济发展和人防建设现状，制定本规范	—	现行	省级标准
A-01-04　室内外环境										
A-01-04-01	《声环境质量标准》	GB 3096—2008	A.Ⅱ.1	Ⅱ	5	1. 适用范围；2. 规范性引用文件；3. 术语和定义；4. 声环境功能区分类；5. 声环境噪声限值；6. 环境噪声监测要求；7. 声环境功能区的划分要求；8. 标准的实施要求	本标准规定了城市五类声环境功能区的环境噪声限值及测量方法，本标准适用于声环境质量评价与管理	—	现行	国家标准

续表

序号	规范标准名称	标准号	类别	阶段	目标	主要内容	相关介绍	主要问题或新编理由	编制建议	备注
A-01-04-02	《民用建筑工程室内环境污染控制规范》(2013年版)	GB 50325—2010	A.Ⅱ.1	Ⅱ	1、5、7	1. 总则；2. 术语和符号；3. 材料；4. 工程勘察设计；5. 工程施工；6. 验收等	为了预防和控制民用建筑工程中建筑材料和装修材料产生的室内环境污染，保障公众健康，维护公共利益，做到技术先进，经济合理，制定本规范。本规范适用于新建、扩建和改建的民用建筑工程，不适用于工业建筑工程、仓储性建筑工程、构筑物和有特殊净化卫生要求的室内污染控制，也不适用于民用建筑工程交付使用后，非建筑装修产生的室内环境污染控制。民用建筑工程除应符合本规范规定外，尚应符合国家现行有关标准的规定	—	现行	国家标准
A-01-04-03	《江苏省城市容貌标准》	DGJ 32/TC 01—2004	A.Ⅱ.1	Ⅱ	1、5、7	1. 引言；2. 街景容貌；3. 公共场所与公共设施；4. 广告标志与夜景照明；5. 环境卫生；6. 城市绿化与公共水域	为了加强城市容貌管理，创造整洁、优美的城市环境，提高城市文明水平，促进经济社会全面协调发展，根据国家住房和城乡建设部《城市容貌标准》和江苏省《江苏省城市容和环境卫生管理条例》，制定本标准。本标准的内容包括道路和公共场所的清扫、保洁；生活垃圾的收集、运输和处理等，适用于江苏省内设市市区以及决定使用《江苏省城市容和环境卫生管理条例》的城市的环境卫生作业服务工作。各县、建制镇和其他市容环境卫生管理的区域可参照执行	—	现行	省级标准

A-02 含规划内容的设计类规范标准

A-02-01 居住建筑类规范标准

序号	规范标准名称	标准号	类别	阶段	目标	主要内容	相关介绍	主要问题、修编或新编理由	编制建议	备注
A-02-01-01	《老年人居住建筑设计标准》	GB/T 50340—2003	A.Ⅱ.1	Ⅱ	1、5	1.老年人居住建筑的规模; 2.选址与规划; 3.道路交通; 4.场地与设施; 5.停车场; 6.室外台阶踏步和坡道等的设计要求	为适应我国人口年龄结构老龄化趋势,使今后建造的老年人居住建筑在符合老年人生理和心理两方面的特殊需求。制定本标准。本标准适用于专为老年人设计的居住建筑,包括老年人住宅、老年人公寓及养老院、护理院等相关老年建筑设施的设计。新建普通住宅时,可参照本标准做做潜伏设计,以利于改造	建议增加选址及公共设施距离配套距离的量化指标	修编	国家标准
A-02-01-02	《住宅设计规范》	GB 50096—2011	A.Ⅱ.1	Ⅱ	1、5、9	1.总则; 2.术语; 3.基本规定; 4.技术经济指标计算; 5.套内空间; 6.共用部分; 7.建筑设备	为保障城镇居民的基本住房条件和功能质量,提高城镇住宅设计水平,使住宅设计满足安全、卫生、适用、经济等性能要求。制定本规范。本规范适用于全国城镇新建、改建和扩建住宅除建。住宅设计除应符合本规范外,尚应符合国家现行有关标准的规定	建议增加综合性能评价,如结构、空间对改造的考虑	修编	国家标准

序号	规范标准名称	标准号	类别	阶段	目标	主要内容	相关介绍	主要问题、修编或新编理由	编制建议	备注
A-02-01-03	《夏热冬冷地区居住建筑节能设计标准》	JGJ 134—2010	A．Ⅱ.1	Ⅱ	2	1. 总则；2. 术语；3. 室内热环境设计计算指标；4. 建筑和围护结构热工设计；5. 建筑围护结构热工性能的综合判断；6. 采暖、空调和通风节能设计等	为贯彻国家有关节约能源、保护环境的法规和政策，改善夏热冬冷地区居住建筑热环境，提高采暖和空调的能源利用效率，制定本标准。本标准适用于夏热冬冷地区新建、改建和扩建居住建筑的节能设计。夏热冬冷地区居住建筑的节能设计，除应符合本标准的规定外，尚应符合国家有关标准的规定	—	现行	行业标准
A-02-01-04	《江苏省居住建筑热环境和节能设计标准》	DGJ 32/J 71—2008	A．Ⅱ.1	Ⅱ	2、7	1. 总则；2. 术语、符号；3. 设计指标；4. 建筑热工设计的一般规定；5. 围护结构的节能规定性指标；6. 建筑物的节能综合指标；7. 采暖、空调设计；8. 太阳能利用	为了贯彻国家建筑节能的方针政策，改善建筑物室内热环境，提高省居住建筑采暖、空调降温等方面的能耗。通过建筑物节能设计和采暖与空调降温设计采取有效的技术措施，建筑节能率达到规定的水平，特制定本标准。本标准规定了江苏省范围内居住建筑室内热环境标准、能耗标准及节能设计原则和要求。本标准适用于我省新建、改建和扩建居住建筑及建筑节能设计	—	现行	省级标准

序号	规范标准名称	标准号	类别	阶段	目标	主要内容	相关介绍	主要问题、修编或新编理由	编制建议	备注
A-02-02	**公共建筑类规范标准**									
A-02-02-01	《汽车加油加气站设计与施工规范》	GB 50156—2012	A.Ⅱ.1	Ⅱ	1	1. 总则；2. 术语；3. 符号和缩略语；4. 基本规定；5. 站址选择；6. 站内平面布置；7. 加油工艺及设施；8.LPG加气工艺及设施；9.CNG加气工艺及设施；10.LNG和L-CNG加气工艺及设施；11. 消防设施及给排水；12. 电气；13. 报警和紧急切断系统；14. 采暖通风、建（构）筑物、绿化和工程施工等	为了在汽车加油加气站设计和施工中贯彻国家有关方针政策、统一技术要求，做到安全可靠、技术先进、经济合理，制定本规范。本规范适用于新建、扩建和改建的汽车加油站、加气站和加油加气合建站工程的设计和施工。汽车加油加气站的设计和施工，除应符合本规范外，尚应符合国家现行有关标准的规定	—	现行	国家标准
A-02-02-02	《公共建筑节能设计标准》	GB 50189—2005	A.Ⅱ.1	Ⅱ	1、3	1. 总则；2. 术语；3. 室内环境节能设计计算参数；4. 建筑与建筑热工设计；5. 采暖通风和空气调节节能设计	为贯彻国家法律法规和方针政策、改善公共建筑的室内环境、提高能源利用效率、制定本标准。本标准适用于新建、改建和扩建的公共建筑节能设计	建议增加选址、交通组织及用地指标方面内容。关联修改的规范：各类公共建筑设计标准和规范	修编	国家标准

序号	规范标准名称	标准号	类别	阶段	目标	主要内容	相关介绍	主要问题、修编或新编理由	编制建议	备注
A-02-02-03	《铁路旅客车站建筑设计规范》	GB 50226—2007	A.Ⅱ.1	Ⅱ	1	1. 总则；2. 术语；3. 选址和总平面布置；4. 车站广场；5. 站房设计；6. 站场客运建筑；7. 消防与疏散；8. 建筑设备	为贯彻国家有关的法规和铁路技术政策，统一铁路车站及枢纽设计的技术标准，使铁路车站及枢纽设计符合安全适用、技术先进、经济合理的要求，制定本规范。本规范适用于铁路网中客货列车共线运行，旅客列车设计行车速度等于或小于 160km/h，货物列车设计行车速度等于或小于 120km/h 的Ⅰ、Ⅱ级标准轨距铁路车站及枢纽的设计。本规范中凡与客车速度和铁路等级有直接关系的规定，也适用于其他客货列车共线运行的铁路车站及枢纽设计	—	现行	国家标准
A-02-02-04	《中小学校设计规范》	GB 50099—2011	A.Ⅱ.1	Ⅱ	1	1. 总则；2. 选址和总平面布局；3. 教学及教学辅助用房；4. 行政和生活服务用房；5. 各类用房面积指标、层数、净高和建筑构造；6. 交通与疏散；7. 室内环境；8. 建筑设备	为使中小学校建设满足国家规定的办学标准，适应建筑安全、适用、经济、绿色、美观的需要，制定本规范。本规范适用于城镇和农村中小学校（含非完全小学）的新建、改建和扩建项目的规划和工程设计		现行	国家标准

序号	规范标准名称	标准号	类别	阶段	目标	主要内容	相关介绍	主要问题、修编或新编理由	编制建议	备注
A-02-02-05	《图书馆建筑设计规范》	JGJ 38—1999	A.Ⅱ.1	Ⅱ	1	1. 总则；2. 术语和总平面布置；3. 选址和总平面布置；4. 建筑设计；5. 文献资料防护；6. 消防和疏散；7. 建筑设备以及附录	为适应图书馆事业的发展，使图书馆建筑设计符合使用功能、安全、卫生等方面的基本要求，制定本规范。本规范适用于公共图书馆、高等学校图书馆、科学研究图书馆及各类专门图书馆等的新建、改建和扩建工程的建筑设计	—	现行	建设工程国家标准
A-02-02-06	《托儿所、幼儿园建筑设计规范》	JGJ 39—1987	A.Ⅱ.1	Ⅱ	1	1. 总则；2. 术语；3. 基本规定；4. 场地和总平面；5. 教学用房及教学辅助用房及教学辅助用房；6. 行政办公用房和生活服务用房；7. 主要教学用房及教学辅助用房面积指标和净高；8. 安全、通行与疏散；9. 室内环境；10. 建筑设备	为保证托儿所、幼儿园建筑设计质量，使托儿所、幼儿园建筑符合安全、卫生和使用功能等方面的基本要求，特制定本规范。本规范适用于城镇及工矿区新建、扩建和改建的托儿所、幼儿园建筑设计。乡村的托儿所、幼儿园建筑设计可参照执行	—	现行	行业标准

序号	规范标准名称	标准号	类别	阶段	目标	主要内容	相关介绍	主要问题、修编或新编理由	编制建议	备注
A-02-02-07	《疗养院建筑设计规范》	JGJ 40—1987	A.Ⅱ.1	Ⅱ	1、9	1. 总则；2. 基地和总平面；3. 建筑设计；4. 建筑设备	为保证疗养院建筑设计的质量，使疗养院建筑符合适用、安全、卫生和环境等方面的基本要求，特制定本规范。 本规范适用于综合性慢性疾病疗养院及专科疾病疗养院新建、扩建和改建的设计。其特殊要求部分应按医院建筑设计有关规定执行、休养所所引染性疾病建筑设计可参照执行。传染性疾病建筑设计中传染科有关规定，休养所所引参照执行	—	现行	行业标准
A-02-02-08	《文化馆建筑设计规范》	JGJ 41	A.Ⅱ.1	Ⅱ	1	1. 总则；2. 基地和总平面；3. 建筑设计；4. 防火和疏散；5. 建筑设备等	为保证文化馆建筑设计符合质量、安全、卫生和使用功能等方面的基本要求，特制定本规范。 本规范适用于新建、扩建、改建的文化馆建筑设计。群众艺术馆、文化站等可参照执行	—	现行	行业标准
A-02-02-09	《商店建筑设计规范》	JGJ 48—2014	A.Ⅱ.1	Ⅱ	1	1. 总则；2. 术语；3. 基地和总平面；4. 建筑设计；5. 防火与疏散；6. 室内环境；7. 建筑设备	为保证商店建筑设计符合适用、安全、卫生等基本要求，特制定本规范。 本规范适用于新建、扩建和改建的从事零售业的有店铺的商店建筑设计。不适用于单建或附属商店建筑面积小于100m²的建筑设计的商店（店铺）的建筑设计	建议增加对室外环境的要求	修编	行业标准

序号	规范标准名称	标准号	类别	阶段	目标	主要内容	相关介绍	主要问题、修编或新编理由	编制建议	备注
A-02-02-10	《综合医院建筑设计规范》	JGJ 49—1988	A.Ⅱ.1	Ⅱ	1、9	1. 总则；2. 基地和总平面；3. 建筑设计；4. 防火与疏散；5. 建筑设备	为使综合医院建筑设计符合卫生、安全、使用功能等方面的基本要求，特制定本规范。本规范适用于城镇新建、改建和扩建的综合医院建筑设计，其他专科医院可参照执行	建议增加场地无障碍设计要求	修编	行业标准
A-02-02-11	《饮食建筑设计规范》	JGJ 64—1989	A.Ⅱ.1	Ⅱ	1	1. 总则；2. 基地和总平面；3. 建筑设计；4. 建筑设备	为保证饮食建筑设计的质量、使饮食建筑设计符合适用、安全、卫生等基本要求，特制定本规范。本规范适用于城镇新建、改建或扩建的以下三类饮食建筑设计（包括单建和联建）	—	现行	行业标准
A-02-02-12	《旅馆建筑设计规范》	JGJ 62	A.Ⅱ.1	Ⅱ	1	1. 总则；2. 基地和总平面；3. 建筑设计；4. 防火与疏散；5. 建筑设备	为使旅馆建筑设计符合适用、安全、卫生等基本要求，特制定本规范。本规范适用于新建、改建和扩建的至少设有 20 间出租客房的城镇旅馆建筑设计。有特殊需求的旅馆建筑设计，可参照执行	缺乏场地无障碍设计要求；考虑增加建筑全生命周期的要求	修编	行业标准

续表

序号	规范标准名称	标准号	类别	阶段	目标	主要内容	相关介绍	主要问题或新编理由	编制建议	备注
A-02-02-13	《博物馆建筑设计规范》	JGJ 66—1991	A.Ⅱ.1	Ⅱ	1, 9	1. 总则; 2. 基地和总平面; 3. 建筑设计; 4. 藏品防护; 5. 防火与疏散; 6. 建筑设备	为适应博物馆建设的需要, 保证博物馆建筑设计符合适用、安全、卫生等基本要求, 特制定本规范。 本规范适用于社会历史类和自然历史类博物馆的新建和扩建设计。改建设计及其他类别博物馆设计可参照本规范有关条文执行	缺乏场地无障碍设计要求, 建议考虑增加建筑全生命周期的要求	修编	行业标准
A-02-02-14	《老年人建筑设计规范》	JGJ 122—1999	A.Ⅱ.1	Ⅱ	1	1. 总则; 2. 术语; 3. 基地环境设计; 4. 建筑设计; 5. 建筑设备与室内设施	为适应我国社会人口结构老龄化, 使建筑设计符合老年人体能心态特征对建筑的安全、卫生、适用等基本要求, 制定本规范。 本标准适用于专为老年人设计的居住建筑, 包括老年人住宅、老年人公寓及养老院、护理院、托老所等相关建筑设施的设计。新建普通住宅时, 可参照本标准做潜伏设计, 以利干改造	建议规定老年人建筑在城市新增建筑中应占的比例; 规划应有老年人活动场所; 交通组织根据老年人的特点, 设置简单, 各楼梯应设计需有鲜明的标志等。关联修改的规范《城镇老年人设施规划规范》GB 50437—2007, 《老年人居住建筑设计标准》GB/T 50340—2003	修编	行业标准

124

序号	规范标准名称	标准号	类别	阶段	目标	主要内容	相关介绍	主要问题、修编或新编理由	编制建议	备注
A-02-02-15	《殡仪馆建筑设计规范》	JGJ 124—1999	A.Ⅱ.1	Ⅱ	1、7、9	1. 总则；2. 术语；3. 选址；4. 总平面设计；5. 建筑设计；6. 防护；7. 防火设计；8. 建筑设计	为提高殡仪馆的建筑设计质量，创造良好的殡仪活动条件，符合使用、经济、安全、卫生等要求，制定本规范。本规范适用于我国城镇殡仪馆新建、改建和扩建工程的建筑设计	—	现行	行业标准
A-02-02-16	《汽车库建筑设计规范》	JGJ 100—1998	A.Ⅱ.1	Ⅱ	1	1. 总则；2. 术语；3. 库址和总平面；4. 坡道式汽车库；5. 机械式汽车库；6. 建筑设备	为了适应城市建设发展需要，使汽车库建筑设计符合使用、安全、卫生等基本要求，制定本规范。本规范适用于新建、扩建和改建汽车库建筑设计。汽车库建筑设计应便用方便、技术先进，安全可靠，经济合理并符合城市交通现代化管理和城市环境保护的要求	—	现行	行业标准
A-02-02-17	《交通客运站建筑设计规范》	JGJ/T 60—2012	A.Ⅱ.1	Ⅱ	1	1. 总则；2. 术语；3. 选址与总平面布置；4. 站前广场；5. 站房设计；6. 防火与疏散；7. 室内环境；8. 建筑设备	本规范适用于新建、扩建和改建的港口客运站、汽车客运站的建筑设计，并适用于交通枢纽建筑中的港口客运部分和汽车客运部分	—	现行	行业标准

序号	规范标准名称	标准号	类别	阶段	目标	主要内容	相关介绍	主要问题或新编理由	编制建议	备注
A-02-02-18	《剧场建筑设计规范》	JGJ 57—2000	A.Ⅱ.1	Ⅱ	1	1. 总则；2. 术语；3. 基地和总平面；4. 前厅和休息厅；5. 观众厅；6. 舞台；7. 后台；8. 防火设计；9. 声学；10. 建筑设备	为保证剧场建筑设计满足使用功能、安全、卫生及舞台工艺等方面的基本要求，制定本规范。本规范适用于剧场建筑的新建、改建和扩建设计。不适用于观众厅面积不超过200m²或观众容量不足300座的剧场建筑	—	现行	行业标准
A-02-02-19	《特殊教育学院建筑设计规范》	JGJ 76—2003	A.Ⅱ.1	Ⅱ	1	1. 总则；2. 术语；3. 选址及总平面布置；4. 建筑设计；5. 室外空间；6. 各类用房面积指标、层数、净高和建筑构造；7. 交通与疏散；8. 室内环境与建筑设备	为适应特殊教育教育建设的需要，确保特殊教育学校设计质量，创造有利于补偿残疾儿童青少年生理缺陷，适合其德、智、体等诸方面全面发展的学校环境，制定本规范。本规范适用于城镇新建、扩建和改建的特殊教育学校	—	现行	行业标准
A-02-02-20	《体育建筑设计规范》	JGJ 31—2003	A.Ⅱ.1	Ⅱ	1	1. 总则；2. 术语；3. 基地和总平面；4. 建筑设计通用规定；5. 体育场；6. 体育馆；7. 游泳设施；8. 防火设计；9. 声学设计；10. 建筑设备	为保证体育建筑的设计质量，安全、卫生、技术、经济及体育工艺等方面的基本要求，制定本规范。本规范适用于供比赛和训练用的体育场、体育馆、游泳池和游泳馆的新建、改建和扩建工程设计	—	现行	行业标准

序号	规范标准名称	标准号	类别	阶段	目标	主要内容	相关介绍	主要问题、修编或新编理由	编制建议	备注
A-02-02-21	《宿舍建筑设计规范》	JGJ 36—2005	A.Ⅱ.1	Ⅱ	1	1. 总则; 2. 术语; 3. 基地和总平面; 4. 建筑设计; 5. 室内环境; 6. 建筑设备	为使宿舍建筑设计符合使用、安全、卫生的基本要求、制定本规范。本规范适用于新建、改建和扩建的宿舍建筑设计	—	现行	行业标准
A-02-02-22	《商业建筑设计防火规范》	DGJ 32/J 67—2008	A.Ⅱ.1	Ⅱ	1	1. 总则; 2. 术语; 3. 商业建筑规模分类和耐火等级; 4. 总平面布局和布置; 5. 防火防烟分区; 6. 安全疏散; 7. 建筑构造; 8. 小型商业用房防火设计; 9. 消防给水和灭火设施; 10. 防烟、排烟与采暖通风空气调节; 11. 电气	为了防止和减少火灾的危害, 保护人身和财产的安全, 结合我省商业建筑发展现状, 特制定本规范。本规范适用于全省新建、扩建和改建的商业建筑	建议考虑增加对场地规划的要求。主要是合理的竖向设计。关联修改的规范《商店建筑设计规范》JGJ 48—88等商业建筑设计规范标准	修编	省级标准
A-02-02-23	《公共建筑节能设计规范》	DGJ 32/J 96—2010	A.Ⅱ.1	Ⅱ	1	1. 总则; 2. 术语; 3. 建筑与建筑热工设计; 4. 采暖、通风和空气调节节能设计; 5. 电气节能设计; 6. 建筑节能设计; 7. 可再生能源利用; 8. 用能计量; 9. 检测与控制	为贯彻执行国家节约能源、环境保护的方针政策, 改善公共建筑的室内热环境, 提高采暖、通风、空气调节系统的能源利用效率, 降低建筑能耗, 根据《公共建筑节能设计标准》GB 50189—2005, 并结合江苏省建筑气候和建筑节能的具体情况, 制定本标准。本标准适用于江苏地区新建、改建和扩建的公共建筑节能设计	建议增加合理选址、场地规划以及节能的引导性具体要求	修编	省级标准

A-02-03 工业建筑类规范标准

序号	规范标准名称	标准号	类别	阶段	目标	主要内容	相关介绍	主要问题、修编或新编理由	编制建议	备注
A-02-03-01	《核电厂总平面及运输设计规范》	GB/T 50294－1999	A.Ⅱ.1	Ⅱ	1、5	1. 总则；2. 术语；3. 厂址选择；4. 总体规划；5. 总平面布置；6. 竖向布置；7. 管线综合布置；8. 绿化；9. 运输；10. 主要技术经济指标；11. 技术经济指标计算方法	本规范适用于新建、扩建核电厂的总图运输设计。本规范适用于新建、扩建核电厂的总图运输设计，其他核电厂的核能厂亦可按本规范执行	建议加入对生产安全性要求及减小厂区对周边环境的影响	修编	国家标准
A-02-03-02	《洁净厂房设计规范》	GB 50073－2013	A.Ⅱ.1	Ⅱ	3、5	1. 总则；2. 术语；3. 空气洁净度等级；4. 总体设计；5. 建筑；6. 空气净化；7. 给水排水；8. 工业管道；9. 电气等	洁净厂房设计必须做到技术先进、经济适用，安全可靠，确保质量，并应符合节约能源、劳动卫生和环境保护的要求。本规范适用于新建、扩建和改建洁净厂房的设计。洁净厂房设计除应符合本规范外，尚应符合国家现行有关标准的规定	建议增加全生命周期综合性能评价	修编	国家标准
A-02-03-03	《橡胶工厂节能设计规范》	GB 50376－2006	A.Ⅱ.1	Ⅱ	1、3、5	1. 总则；2. 术语；3. 总图；4. 建筑与建筑热工节能设计；5. 工艺节能设计；6. 电力节能设计；7. 给排水节能设计；8. 采暖通风和空调节能设计；9. 动力与工业管道节能设计；10. 自动控制节能设计	本规范适用于橡胶工厂新建和改扩建工程项目的节能设计	—	现行	国家标准

序号	规范标准名称	标准号	类别	阶段	目标	主要内容	相关介绍	主要问题、修编或新编理由	编制建议	备注
A-02-03-04	《水泥工厂节能设计规范》	GB 50443—2007	A.Ⅱ.1	Ⅱ	1、2、3、7	1.总则；2.术语；3.总图与建筑节能；4.工艺节能；5.电力系统节能；6.矿山工程节能；7.辅助设施节能；8.能源计量	本规范适用于通用水泥工厂的节能设计	—	现行	国家标准
A-02-03-05	《锅炉房设计规范》	GB 50041—2008	A.Ⅱ.1	Ⅱ	3、5	1.总则；2.基本规定；3.燃烧的设施；4.供热热水设备；5.锅炉房的布置；6.锅炉通风；7.除尘和噪声防治；8.锅炉给水设备和水处理；9.燃料和灰渣的贮运；10.热工监测和控制；11.土建、电气、采暖通风和给排水	为使锅炉房设计贯彻执行国家的有关法律、法规和规定，达到节约能源、保护环境、安全生产、技术先进、经济合理和确保质量的要求，制定本规范。本规范适用于以水为介质的蒸汽锅炉房及其室外热力管道设计	—	现行	国家标准
A-02-03-06	《电子工业洁净厂房设计规范》	GB 50472—2008	A.Ⅱ.1	Ⅱ	3、5、6	1.总则；2.术语；3.电子产品生产环境设计要求；4.总体设计；5.工艺设计；6.洁净厂房建筑设计；7.空气净化空调通风设计；8.给排水设计；9.纯水供应；10.气体供应；11.化学品供应；12.电气设计；13.防静电与接地设计；14.噪声控制；15.微震控制	为在电子工业洁净厂房设计中，做到技术先进、经济适用、安全可靠、节约资源，并符合节能降耗、确保质量、符合劳动卫生和环境保护的要求，制定本规范。本规范适用于新建、扩建和改建的电子工业洁净厂房设计	—	现行	国家标准

序号	规范标准名称	标准号	类别	阶段	目标	主要内容	相关介绍	主要问题、修编或新编理由	编制建议	备注
A-02-04 市政设施类规范标准										
A-02-04-01	《城市绿地设计规范》	GB 50420—2007	A.Ⅱ.1	Ⅱ	1	1. 总则；2. 术语；3. 基本规定；4. 竖向设计；5. 种植设计；6. 道路桥梁；7. 园林建筑园林小品；8. 给水排水及电气	为促进城市绿地建设，改善生态和景观，保证城市绿地符合适用、经济、安全、健康、环保、美观、防护等基本要求，确保设计质量，制定本规范。本规范适用于城市绿地设计	—	现行	国家标准
A-02-04-02	《厂矿道路设计规范》	GBJ 22—1987	A.Ⅱ.1	Ⅱ	1、7	1. 总则；2. 路线；3. 路基；4. 路面；5. 桥涵；6. 路线交叉；7. 沿线设施及其他工程	为使厂矿道路设计贯彻执行国家的有关方针政策，从全局出发，按厂矿企业总体规划，统筹兼顾，合理布置，并做到技术先进，经济合理，安全适用，确保质量，特制定本规范。本规范适用于新建、改建和扩建的电子工业洁净厂房设计	建议对人行路面增加透水路面的引导性要求	修编	国家工程建设标准
A-02-04-03	《城市道路公共交通站、场、厂工程设计规程》	CJJ/T 15—2011	A.Ⅱ.1	Ⅱ	1、7	1. 总则；2. 车站；3. 停车场；4. 保养场；5. 修理厂；6. 调度中心	本规程适用于新建、扩建和改建城市道路公共交通的站、场、厂的工程设计	建议增加场地无障碍设计要求	修编	行业标准

序号	规范标准名称	标准号	类别	阶段	目标	主要内容	相关介绍	主要问题、修编或新编理由	编制建议	备注
A-02-04-04	《城市道路内汽车停车泊位设置标准》	DGJ 32/TC 02 —2005	A.Ⅱ.1	Ⅱ	1, 7	1. 总则；2. 术语；3. 规划选址；4. 泊位布局；5. 辅助设施	为科学、合理设置城市道路内汽车停车泊位，使路内停车泊位的设置规划、设置和使用符合道路交通组织要求，符合国家和省有关法律、法规、规章，制定本标准。本标准适用于城市道路内汽车停车泊位的规划、设置和管理	作为停车泊位的设置标准，考虑已经比较详细，建议对双排停车泊位中间设置绿化带提出要求，并鼓励泊位使用透水砖铺地	修编	省级标准
A-02-04-05	《住宅小区通信配套设施建设标准》	DGJ 32/J 17 —2006	A.Ⅱ.1	Ⅱ	1	1. 总则；2. 术语；3. 一般规定；4. 公共交接间设置；5. 住宅小区通信管道设置；6. 住宅小区室内配线管网设置；7. 住宅小区配线设置；8. 住宅小区公用电话设施设置	为了规范江苏省内住宅小区通信配套设施建设，提高通信建设水平，确保用户通信需求得到实现，特制定本标准。本标准适用于江苏省内城镇新建住宅通信配套设施及住宅楼内建的通信配套设施建设。城镇改、扩建的住宅建筑及其他居民用建筑的通信配套设施建设，可参照执行	—	现行	省级标准
A-02-04-06	《35kV及以下客户端变电所建设标准》	DGJ 32/J 14 —2007	A.Ⅱ.1	Ⅱ	1	1 总则；2. 术语；3. 电气设计；4. 无功补偿装置；5. 电能质量和谐波管理；6. 电气设备选择；7. 电能计量装置；8. 负荷管理终端装置；9. 继电保护、二次回路及自动装置；10. 变电所的布置；11. 电缆敷设；12. 通信和远动；13. 防雷和接地；14. 土建；15. 施工及验收	为促进客户端变电所的建设与社会经济发展、国家能源发展战略相协调，结合我省各地区经济发展现状和配电网现状，本着安全、经济、实用、适度超前的原则，特制定本标准。本标准规定了10kV、20kV、35kV客户端变电所建设的基本原则和技术要求	—	现行	省级标准

序号	规范标准名称	标准号	类别	阶段	目标	主要内容	相关介绍	主要问题、修编或新编理由	编制建议	备注
A-02-04-07	《城市应急避难场所建设技术标准》	DGJ 32/J 122—2011	A.Ⅱ.1	Ⅱ	1	1 总则；2. 术语；3. 应急避难场所；4. 场地型应急避难场所；5. 建筑型应急避难场所；6. 应急转换	为满足城市防灾减灾的需要，规范城市应急避难场所建设，制定本标准。本标准中城市应急避难场所分为场地型和场所型两类	—	现行	省级标准
A-02-04-08	《住宅小区光纤到户通信配套设施建设标准》	DGJ 32/J 118—2011	A.Ⅱ.1	Ⅱ	6、7	1 总则；2. 术语；3. 基本规定；4. 公共交接间设置；5. 住宅小区通信管道设置；6. 住宅小区室内配线管网设置；7. 住宅小区配线光缆及入户线光缆设置	为规范江苏省内住宅小区基础通信配套设施建设，适应社会信息化发展需要，实现光纤直接通达用户家庭，减少对不可再生资源的消耗，确保用户可获得更加优质的通信服务的权益。特制定本标准。本标准适用于江苏省内城镇新建住宅小区配套的通信楼及设施建设。城镇改、扩建的通信配套设施建设，其他民用建筑的通信配套设施建设，可参照执行	—	现行	省级标准

A-02-05 综合及其他类规范标准

序号	规范标准名称	标准号	类别	阶段	目标	主要内容	相关介绍	主要问题、修编或新编理由	编制建议	备注
A-02-05-01	《民用建筑热工设计规范》	GB 50176—1993	A.Ⅱ.1	Ⅱ	3、4	1. 总则；2. 室外计算参数；3. 建筑热工设计要求；4. 围护结构保温设计；5. 围护结构隔热设计；6. 采暖建筑围护结构防潮设计	为使民用建筑热工设计与地区气候相适应，保证室内基本的热环境要求，符合国家节约能源的方针，提高投资效益，制定本规范。本规范适用于新建、扩建和改建的民用建筑热工设计。本规范不适用于地下建筑、室内温湿度有特殊要求和特殊用途的建筑，以及简易房屋的临时性建筑	—	现行	国家标准

132

序号	规范标准名称	标准号	类别	阶段	目标	主要内容	相关介绍	主要问题、修编或新编理由	编制建议	备注
A-02-05-02	《民用建筑设计通则》	GB 50352—2005	A.Ⅱ.1	Ⅱ	3、4	1. 总则；2. 术语；3. 基本规定；4. 城市规划对建筑的限定；5. 场地设计；6. 建筑物设计；7. 室内环境；8. 建筑设备	为使民用建筑符合适用、经济、安全、卫生和环保等基本要求，制定本通则。本通则适用于新建、改建和扩建的民用建筑设计	建议增加对室外环境的要求。关联标准：各类民用建筑设计规范标准	修编	国家标准
A-02-05-03	《建筑抗震设计规范》	GB 50011—2010	A.Ⅱ.1	Ⅱ	3、4	1. 总则；2. 术语和符号；3. 抗震设计的基本要求；4. 场地、地基和基础；5. 地震作用和结构抗震验算；6. 多层和高层钢筋混凝土房屋；7. 多层砌体房屋和底部框架砌体房屋；8. 多层和高层钢结构房屋；9. 单层工业厂房；10. 大跨空旷房屋；11. 土、木、石结构房屋；12. 隔震和消能减震设计；13. 非结构构件；14. 地下建筑结构及附件等	为贯彻执行《中华人民共和国建筑法》和《中华人民共和国防震减灾法》并实行以预防为主的方针，使建筑经抗震设防后，减轻建筑的地震破坏，避免人员伤亡，减少经济损失，制定本规范。本规范适用于抗震设防烈度为6、7、8、和9度地区建筑工程的抗震设计以及隔震、消能减震性能化设计。建筑的抗震性能化设计，可采用本规范规定的基本方法。抗震设防烈度大于9度地区的建筑及行业有特殊要求的工业建筑，七抗震设计。建筑的抗震设计，除应符合本规范要求外，尚应符合国家现行有关标准的规定	—	现行	国家标准
A-02-05-04	《民用建筑隔声设计规范》	GB 50118—2010	A.Ⅱ.1	Ⅱ	3、4	1. 总则；2. 术语和符号；3. 总平面防噪声设计；4. 住宅建筑；5. 学校建筑；6. 医院建筑；7. 旅馆建筑；8. 办公建筑；9. 商业建筑；10. 室内噪声级测量方法	为了减少民用建筑受噪声的影响，保证民用建筑室内有良好的声环境，制定本规范。本规范适用于全国城镇新建、扩建和改建的住宅、学校、医院及旅馆等四类建筑中主要用房的隔声减噪设计	对室外环境的规划设计要求提的太笼统。建议对建筑布局的隔声方式、景观设计做一定要求	修编	国家标准

序号	规范标准名称	标准号	类别	阶段	目标	主要内容	相关介绍	主要问题、修编理由或新编理由	编制建议	备注
A-02-05-05	《民用建筑绿色设计规范》	JGJ/T 229 —2010	A.Ⅱ.1	Ⅱ	3、4	1. 总则；2. 术语；3. 基本规定；4. 绿色设计规划；5. 场地与室外环境；6. 建筑设计与室内环境；7. 建筑材料；8. 给水排水；9. 暖通空调；10. 建筑电气	为贯彻执行节约资源和保护环境的国家技术经济政策，推进建筑行业的可持续发展，规范民用建筑的绿色设计，制定本规范。本规范适用于新建、改建和扩建民用建筑的绿色设计	—	现行	行业标准
A-02-05-06	《太阳能光伏与建筑一体化应用技术规程》	DGJ 32/J 87 —2009	A.Ⅱ.1	Ⅱ	4、5	1. 总则；2. 术语；3. 光伏系统设计；4. 光伏建筑设计；5. 光伏系统安装；6. 环保、卫生、安全、消防；7. 工程质量验收；8. 运营管理与维护	为规范太阳能光伏系统在建筑中的应用，促进太阳能光伏系统与建筑一体化的推广，制定本规程。本规范适用于新建、改建、扩建的工业与民用建筑光伏系统工程，以及在既有工业与民用建筑上安装或改造已安装的光伏系统工程的设计、施工、验收和运行维护	—	现行	省级标准

A-03 含规划内容的评价类规范标准

A-03-01 居住建筑类

| A-03-01-01 | 《住宅性能评定技术标准》 | GB/T 50362 —2005 | A.Ⅴ.1 | Ⅴ | 1、9 | 1. 总则；2. 术语；3. 住宅性能认定的申请和评定；4. 适用性能的评定；5. 环境性能的评定；6. 经济性能的评定；7. 安全性能的评定；8. 耐久性能的评定等 | 为了提高住宅性能，促进住宅产业现代化，保障消费者的权益，统一住宅性能评定方法，制定本标准。本标准适用于住宅建筑的性能评定，为住宅建筑的验收、为住宅建筑的性能评定标准 | — | 现行 | 国家标准 |

序号	规范标准名称	标准号	类别	阶段	目标	主要内容	相关介绍	主要问题、修编或新编理由	编制建议	备注
A-03-01-02	《江苏省节能住宅小区评估方法》	DGJ 32/TJ 01—2003	A.V.1	V	1、3、10	1. 总则；2. 术语符号；3. 基本规定；4. 建筑单体；5. 绿化；6. 能源供应及设备；7. 给排水；8. 公共设施管理；9. 评定程序	为规范房地产市场，统一节能住宅小区标准，改善和提高居住环境质量，推进城市住宅建设的可持续，健康发展，保障消费者的合法权益，特制定本评估方法。本评估方法适用于全省新建、扩建、改造的节能住宅小区的评估	—	现行	省级标准
A-03-02 绿色建筑类										
A-03-02-01	《绿色建筑评价标准》	GB/T 50378—2014	A.V.1	V	3、4、6、7	1. 总则；2. 术语；3. 基本规定；4. 节地与室外环境；5. 节能与能源利用；6. 节水与水资源利用；7. 节材与材料资源利用；8. 室内环境质量；9. 施工管理；10. 运营管理；11. 提高与创新	为贯彻执行节约资源和保护环境的国家技术经济政策，推进可持续发展，规范绿色建筑的评价，制定本标准。本标准适用于绿色民用建筑的评价。绿色建筑评价应遵循因地制宜的原则，结合建筑所在地域的气候、环境、资源、经济及文化等特点，对建筑全寿命周期内节能、节地、节水、节材、保护环境等性能进行综合评价。绿色建筑的评价除应符合本标准外，尚应符合国家现行有关标准的规定	修编	建议增加对软件模拟边界，绿色建筑施工等方面的要求	国家标准

序号	规范标准名称	标准号	类别	阶段	目标	主要内容	相关介绍	主要问题、修编或新编理由	编制建议	备注
A-03-02-02	《江苏省绿色建筑评价标准》	DGJ 32/TJ 76—2009	A.Ⅴ.1	Ⅴ	3、4、6、7	1. 总则；2. 术语；3. 基本规定；4. 住宅建筑；5. 公共建筑；6. 规范用词说明；7. 条文说明	为贯彻执行节约资源和保护环境的国家技术经济政策，推进可持续发展，规范绿色建筑的评价，制定本标准。本标准用于评价住宅建筑和公共建筑中的办公建筑、商业建筑和旅馆建筑	修编	建议增加江苏地域特色的评价条款	地方规范
A-03-03	**其他类**									
A-03-03-01	《声环境质量标准》	GB 3096—2008	A.Ⅴ.5	Ⅴ	5	1. 适用范围；2. 规范性引用文件；3. 术语和定义；4. 声环境功能区分类；5. 环境噪声限值；6. 环境噪声监测要求；7. 声环境功能区的划分要求；8. 标准的实施要求	本规范适用于声环境质量评价和管理	—	现行	国家标准
A-03-03-02	《城市园林绿化评价标准》	GB 50563—2010	A.Ⅴ.5	Ⅴ	1、5	1. 总则；2. 术语；3. 基本规定；4. 评价内容与计算方法和等级评价	建立一套科学评价城市园林绿化水平，正确引导城市园林绿化健康发展，全国统一适用的国家标准，是本标准的编制目的。本标准针对国务院确定的设市城市制订	—	现行	国家标准

5.3.2 建筑

规划专业划分组组织结构见图 5-21。

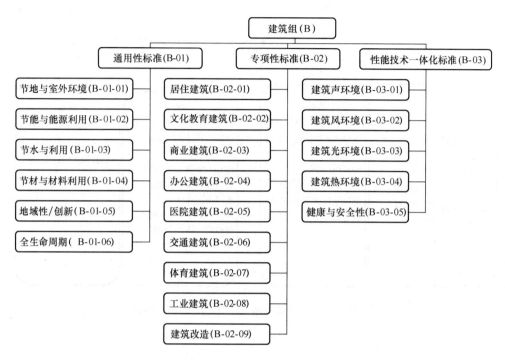

图 5-21　规划专业划分组（B）组织结构图

1. 通用性标准（B-01）

见图 5-22～图 5-27。

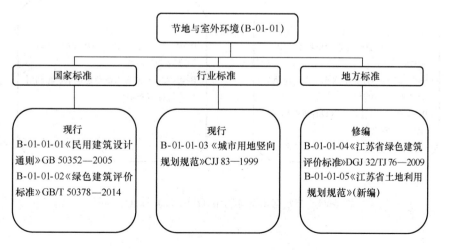

图 5-22　节地与室外环境（B-01-01）标准结构图

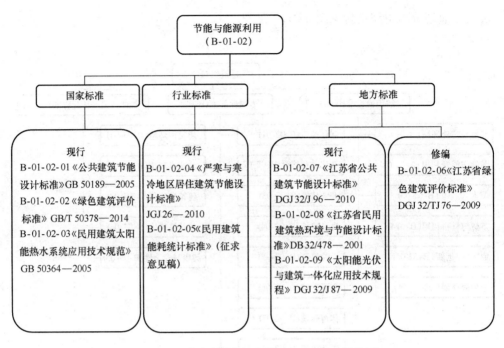

图 5-23　节能与能源利用（B-01-02）标准结构图

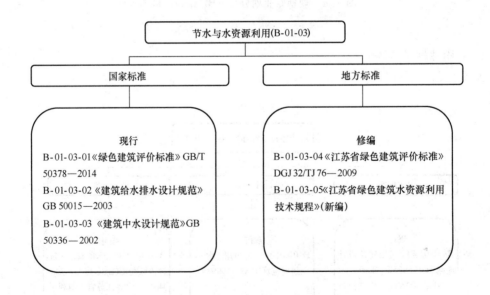

图 5-24　节水与水资源利用（B-01-03）标准结构图

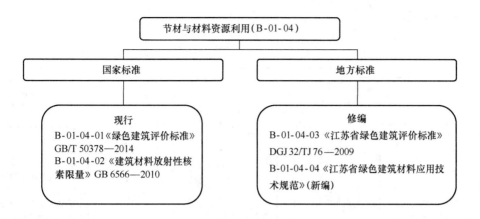

图 5-25　节材与材料资源利用（B-01-04）标准结构图

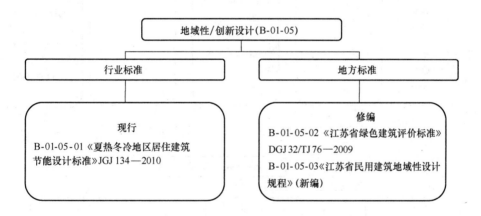

图 5-26　地域性/创新设计（B-01-05）标准结构图

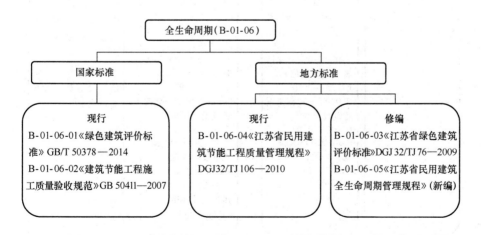

图 5-27　全生命周期（B-01-06）标准结构图

2. 专项性标准（B-02）

见图5-28～图5-36。

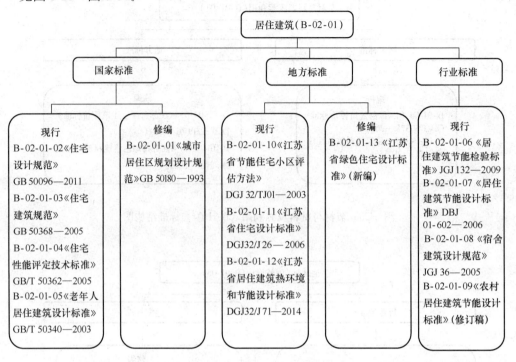

图5-28 居住建筑（B-02-01）标准结构图

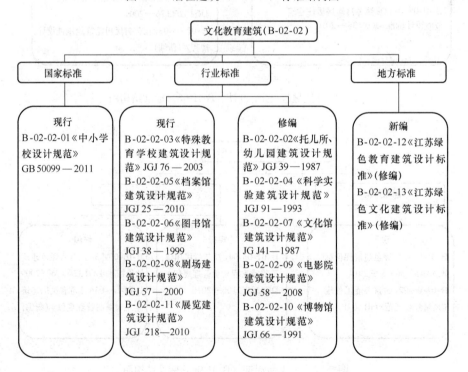

图5-29 文化教育建筑（B-02-02）标准结构图

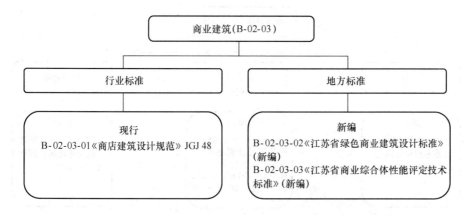

图 5-30 商业建筑（B-02-03）标准结构图

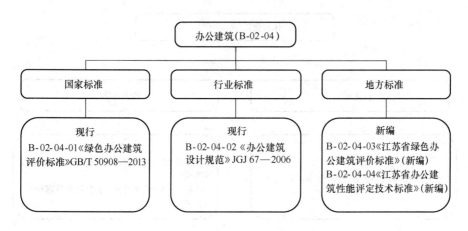

图 5-31 办公建筑（B-02-04）标准结构图

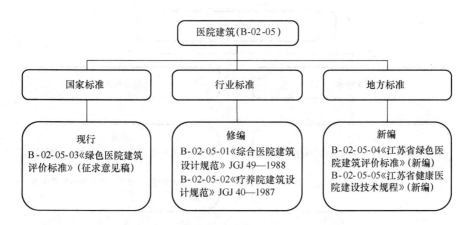

图 5-32 医院建筑（B-02-05）标准结构图

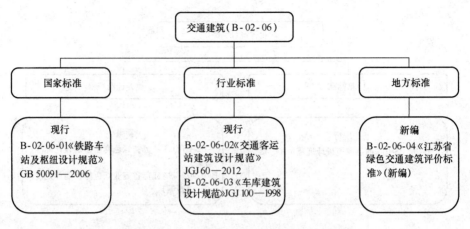

图 5-33 交通建筑（B-02-06）标准结构图

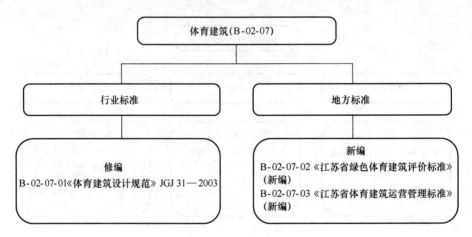

图 5-34 体育建筑（B-02-07）标准结构图

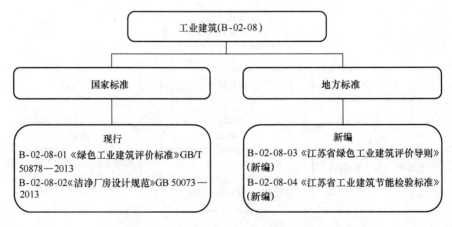

图 5-35 工业建筑（B-02-08）标准结构图

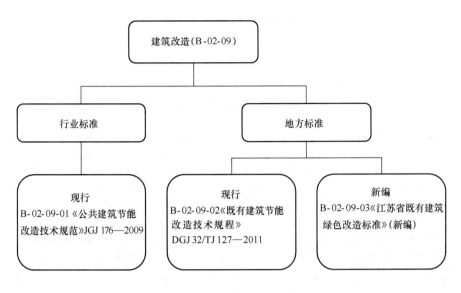

图 5-36　建筑改造（B-02-09）标准结构图

3. 性能技术一体化标准（B-03）

见图 5-37～图 5-41。

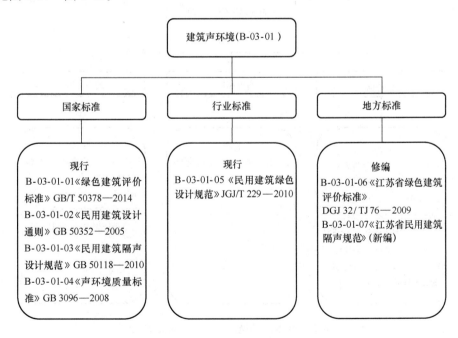

图 5-37　建筑声环境（B-03-01）标准结构图

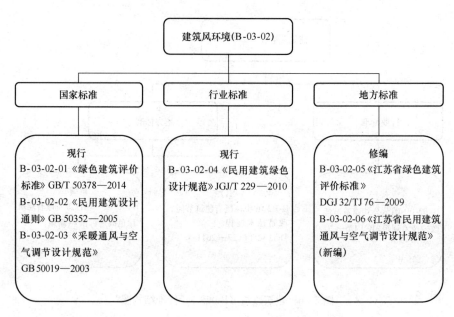

图 5-38　建筑风环境（B-03-02）标准结构图

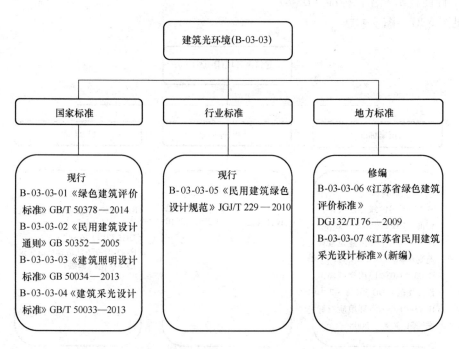

图 5-39　建筑光环境（B-03-03）标准结构图

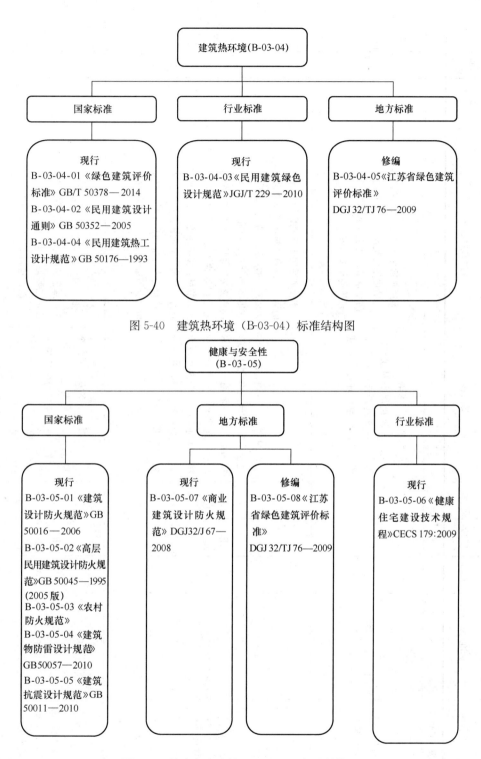

图 5-40　建筑热环境（B-03-04）标准结构图

图 5-41　健康与安全性（B-03-05）标准结构图

4. 建筑专业相关绿色建筑的具体标准

见表 5-2。

表 5-2

建筑专业相关绿色建筑的标准汇总

序号	标准名称	标准号	类别	阶段	目标	主要内容	相关介绍	主要问题、修编或新编理由	编制建议	备注
节地与室外环境（B-01-01）										
B-01-01-01	《民用建筑设计通则》	GB 50352—2005	B	Ⅱ	1	1. 总则；2. 术语；3. 基本规定；4. 城市规划对建筑的限定；5. 场地设计；6. 建筑物设计；7. 室内环境；8. 建筑设备	本通则适用于新建、改建和扩建的民用建筑设计。其中 4、5 两个章节涉及土地利用与室外环境的相关内容	—	现行	国家标准
B-01-01-02	《绿色建筑评价标准》	GB/T 50378—2014	B	Ⅱ、Ⅳ、Ⅴ	1、8	1. 总则；2. 术语；3. 基本规定；4. 节地与室外环境；5. 节能与能源利用；6. 节水与水资源利用；7. 节材与材料资源利用；8. 室内环境质量；9. 施工管理；10. 运营管理；11. 提高与创新	本标准适用于绿色民用建筑的评价。绿色建筑评价应遵循因地制宜的原则，结合建筑所在地域的气候、环境、资源、经济及文化等特点，对建筑全寿命周期内节地、节能、节水、节材、保护环境等性能进行综合评价。绿色建筑的评价除符合本标准的规定外，尚应符合国家现行有关标准的规定	—	现行	国家标准
B-01-01-03	《绿色超高层建筑评价技术细则》	试行	B	Ⅱ、Ⅳ、Ⅴ	1、2、3、4、5、6、7、8、9	1. 总则；2. 术语；3. 基本规定；4. 节地与室外环境；5. 节能与能源利用；6. 节水与水资源利用；7. 节材与材料资源利用；8. 室内环境质量；9. 运营管理	本细则适用于高度 100m 以上的绿色高层公共建筑的评价，主要面向新建超高层建筑，改建面向建超高层建筑可参照使用	—	现行	国家标准细则

序号	标准名称	标准号	类别	阶段	目标	主要内容	相关介绍	主要问题、修编或新编理由	编制建议	备注
B-01-01-04	《城市用地竖向规划规范》	CJJ 83—1999	B	Ⅱ、Ⅳ	1	1. 总则；2. 术语；3. 一般规定；4. 规划地面形式；5. 竖向与平面布局；6. 竖向与城市景观；7. 竖向与道路广场；8. 竖向与排水；9. 土石方与防护工程	本规范适用于各类城市的用地竖向规划	—	现行行业标准	
B-01-01-05	《江苏省绿色建筑评价标准》	DGJ 32/TJ 76—2009	B	Ⅱ、Ⅳ、Ⅴ	1、8、10	1. 总则；2. 术语；3. 基本规定；4. 住宅建筑；5. 公共建筑	本标准适用于评价江苏省新建和改、扩建住宅建筑和办公建筑。其中住宅建筑和公共建筑分别规定了节地与室外环境内容	4-4.1 住宅建筑节地与室外环境、5-5.1 公共建筑节地与室外环境章节增加了节地措施的量化指标	修编地方标准	
B-01-01-06	《江苏省土地利用规划规范》	新编	B	Ⅱ	1、10	建议编制内容：1. 总则；2. 术语；3. 用地规划；4. 住宅建筑、公共服务设施和绿化规划；5. 工程规划	本标准适用于评价江苏省新建和改、扩建住宅建筑和公共建筑	依据《绿色建筑设计标准》、《民用建筑设计通则》以及《城市用地竖向规划规程》。根据江苏省自身情况，编制《江苏省土地利用规划规范》	新编地方标准	

147

序号	标准名称	标准号	类别	阶段	目标	主要内容	相关介绍	主要问题、修编理由或新编理由	编制建议	备注
节能与能源利用（B-01-02）										
B-01-02-01	《公共建筑节能设计标准》	GB 50189—2005	B	Ⅱ	3	1. 总则；2. 术语；3. 室内环境节能设计计算参数；4. 建筑与建筑热工设计；5. 采暖、通风和空调节能设计等	本标准适用于新建、改建和扩建的公共建筑节能设计	—	现行	国家标准
B-01-02-02	《绿色建筑评价标准》	GB/T 50378—2014	B	Ⅱ、Ⅴ	3	1. 总则；2. 术语；3. 基本规定；4. 节地与室外环境；5. 节能与能源利用；6. 节水与水资源利用；7. 节材与材料资源利用；8. 室内环境质量；9. 施工管理；10. 运营管理；11. 提高与创新	本标准适用于绿色民用建筑的评价。绿色建筑评价应遵循因地制宜的原则，结合建筑所在地域的气候、环境、资源、经济及文化等特点，对建筑全寿命周期内节地、节能、节水、节材、保护环境等性能进行综合评价。绿色建筑的评价除应符合本标准的规定外，尚应符合国家现行有关标准的规定	—	现行	国家标准
B-01-02-03	《民用建筑太阳能热水系统应用技术规范》	GB 50364—2005	B	Ⅱ	3	1. 总则；2. 术语；3. 基本规定；4. 太阳能热水系统设计；5. 规划和建筑设计；6. 太阳能热水系统安装；7. 太阳能热水系统验收	本规范适用于城镇中使用太阳能热水系统的新建、扩建和改造的民用建筑，以及改造既有建筑上已安装的太阳能热水系统和在既有建筑上增设太阳能热水系统	—	现行	国家标准

续表

序号	标准名称	标准号	类别	阶段	目标	主要内容	相关介绍	主要问题、修编或新编理由	编制建议	备注
B-01-02-04	《严寒和寒冷地区居住建筑节能设计标准》	JGJ 26—2010	B	II	3	1. 建筑物耗热量省标和采暖煤耗量指标；2. 建筑热工设计；3. 采暖设计	贯彻节约能源的政策，扭转我国累冷地区居住建筑采暖能耗大、热环境质量差的状况，在建筑设计和采暖设计中采用有效的技术措施，将采暖能耗控制在规定水平	—	现行	行业标准
B-01-02-05	《民用建筑能耗统计标准》	征求意见稿	B	V	3	1. 总则；2. 术语；3. 建筑能耗统计对象和指标；4. 建筑能耗统计样本的确定方法；5. 样本建筑的能耗原始数据采集方法；6. 建筑能耗统计报表生成方法；7. 建筑能耗数据发布	本标准适用于我国城镇民用建筑使用过程中各类能源消耗量的统计	—	现行	征求意见稿
B-01-02-06	《江苏省绿色建筑评价标准》	DGJ 32/TJ 76—2009	B	II、V	3、10	1. 总则；2. 术语；3. 基本规定；4. 住宅建筑；5. 公共建筑	本标准适用于评价江苏省新建和改、扩建住宅建筑和办公建筑，其中住宅建筑和公共建筑分别规定了节能与能源利用的内容	4-4.2 住宅建筑节能与能源利用，5-5.2 公共建筑节能与能源利用章节增加太阳能利用的相关技术	修编	地方标准
B-01-02-07	《公共建筑节能设计标准》	DGJ 32/J 96—2010	B	II	3、10	1. 总则；2. 术语；3 建筑及建筑热工设计；4. 采暖、空调与通风节能设计；5. 电气节能设计；6. 给水节能设计；7. 可再生能源利用；8. 用能计量；9. 检测与控制	本标准适用于江苏地区新建、改建和扩建的公共建筑节能设计	—	现行	地方标准

序号	标准名称	标准号	类别	阶段	目标	主要内容	相关介绍	主要问题、修编或新编理由	编制建议	备注
B-01-02-08	《江苏省民用建筑热环境与节能设计标准》	DB 32/478—2001	B	Ⅱ	3、10	1. 总则；2. 术语符号；3. 室内热环境设计标准；4. 建筑节能设计的一般规定；5. 围护结构规定热工指标及计算；6. 建筑能耗规定指标及计算；7. 采暖空调设计；8. 太阳能利用	本标准适用我省新建、扩建和改建的居住建筑的节能设计。其他民用建筑和公共建筑的节能设计亦可参照执行	—	现行	地方标准
B-01-02-09	《太阳能光伏与建筑一体化应用技术规程》	DGJ 32/J 87—2009	B	Ⅱ	3、10	1. 总则；2. 术语；3. 光伏系统设计；4. 光伏建筑设计；5. 太阳能光伏系统安装；6. 环保、卫生、安全、消防；7. 工程验收、施工；8. 运行管理与维护	本规范适用于新建、改建和扩建的工业与民用建筑光伏系统工程，以及在既有建筑上安装或改造已安装有光伏系统工程的设计、施工、验收和运行维护	—	现行	地方标准

节水与水资源利用（B-01-03）

序号	标准名称	标准号	类别	阶段	目标	主要内容	相关介绍	主要问题、修编或新编理由	编制建议	备注
B-01-03-01	《绿色建筑评价标准》	GB/T 50378—2014	B	Ⅱ、Ⅴ	2	1. 总则；2. 术语；3. 基本规定；4. 节地与室外环境；5. 节能与能源利用；6. 节水与水资源利用；7. 节材与材料资源利用；8. 室内环境质量；9. 施工管理；10. 运营管理；11. 提高与创新	本标准适用于绿色民用建筑的评价。绿色建筑评价应遵循因地制宜的原则，结合建筑所在地域的气候、环境、资源、经济及文化等特点，对建筑全寿命期内节地、节能、节水、节材、保护环境等性能进行综合评价。绿色建筑的评价除应符合本标准的规定外，尚应符合国家现行有关标准的规定	—	现行	国家标准

序号	标准名称	标准号	类别	阶段	目标	主要内容	相关介绍	主要问题、修编或新编理由	编制建议	备注
B-01-03-02	《建筑给水排水设计规范》	GB 50015—2003	B	Ⅱ	2	1. 总则；2. 术语；3. 给水；4. 排水；5. 热水及饮水供应；6. 附录	适用于居住小区、公共建筑区，亦适用于工业建筑生活给水排水利厂房屋面雨水排水设计		现行	国家标准
B-01-03-03	《建筑中水设计规范》	GB 50336—2002	B	Ⅱ	2	1. 总则；2. 术语符号；3. 中水水源；4. 中水水质标准；5. 中水系统；6. 处理工艺及设施；7. 中水处理站；8. 安全防护和监（检）测控制等	本规范适用于各类民用建筑和建筑小区的新建、改建和扩建的中水工程设计。工业建筑中生活污水、废水再生利用的中水工程设计，可参照本规范执行		现行	国家标准
B-01-03-04	《江苏省绿色建筑评价标准》	DGJ 32/TJ 76—2009	B	Ⅱ、Ⅲ	2、10	1. 总则；2. 术语；3. 基本规定；4. 住宅建筑；5. 公共建筑	本标准适用于评价江苏省新建和改、扩建住宅建筑和公共建筑。其中住宅建筑和办公建筑分别规定了节水与水资源利用的相关内容	节水与水资源利用章节增加对雨水收集、中水利用、污水回收利用的相关内容	修编	地方标准
B-01-03-05	《江苏省绿色建筑水资源利用技术规程》	新编	B	Ⅱ	2、10	建议编制内容：1. 住宅建筑；2. 公共建筑。建议包含雨水收集利用、建筑中水利用、污水回收利用的内容	本标准适用于评价江苏省新建和改、扩建住宅建筑和公共建筑	结合江苏省自身情况、制定适于本省的雨水利用、中水系统、污水回收利用的内容	新编	地方标准

序号	标准名称	标准号	类别	阶段	目标	主要内容	相关介绍	主要问题、修编或新编理由	编制建议	备注
节材与材料资源利用 (B-01-04)										
B-01-04-01	《绿色建筑评价标准》	GB/T 50378—2014	B	Ⅱ、Ⅴ	4	1. 总则；2. 术语；3. 基本规定；4. 节地与室外环境；5. 节能与能源利用；6. 节水与水资源利用；7. 节材与材料资源利用；8. 室内环境质量；9. 施工管理；10. 运营管理；11. 提高与创新	本标准适用于绿色建筑评价的评价。绿色建筑评价应遵循因地制宜的原则，结合建筑所在地域的气候、环境、资源、经济及文化等特点，对建筑全寿命周期内节地、节能、节水、节材、保护环境和减少污染，为人们提供健康、适用和高效的使用空间，最大限度地实现人与自然和谐共生的高质量建筑进行综合评价。绿色建筑的评价，尚应符合本标准现行有关标准的规定	—	现行	国家标准
B-01-04-02	《建筑材料放射性核素限量》	GB 6566—2010	B	Ⅱ	4	本标准规定了建筑材料中天然放射性核素镭226、钍232和钾40放射性比活度的限量和试验方法	本标准适用于建造各类建筑物所使用的无机非金属建筑材料，包括修筑的建筑材料	—	现行	国家标准
B-01-04-03	《江苏省绿色建筑评价标准》	DGJ 32/TJ 76—2009	B	Ⅱ、Ⅴ	4、10	1. 总则；2. 术语；3. 基本规定；4. 住宅建筑；5. 公共建筑	本标准用于评价江苏省新建和改、扩建住宅和办公建筑，其中住宅建筑和公共建筑分别规定了节材与材料资源利用的内容	"节材与材料章节"资源利用增加基干能源节约和环境友好原则的材料应用技术，增加材料使用的量化指标	修编	地方标准
B-01-04-04	《江苏省绿色建筑材料应用技术规范》	新编	B	Ⅱ	4、10	建议编制内容：1. 建筑材料可持续性；2. 本土化；3. 可循环内容；4. 土建一体化的相关内容	本标准用于江苏省新建和改、扩建住宅和公共建筑，因地制宜使用建筑材料	结合江苏省省自身情况，因地制宜使用建筑材料	新编	地方标准

序号	标准名称	标准号	类别	阶段	目标	主要内容	相关介绍	主要问题、修编或新编理由	编制建议	备注
地域性/创新设计（B-01-05）										
B-01-05-01	《夏热冬冷地区居住建筑节能设计标准》	JGJ 134—2010	B	Ⅱ	10	1. 总则；2. 术语；3. 室内热环境设计计算指标；4. 建筑和围护结构热工设计；5. 建筑围护结构热工性能的综合判断；6. 采暖、空调和通风节能设计等	本标准适用于夏热冬冷地区新建、改建和扩建居住建筑的建筑节能设计	—	现行	行业标准
B-01-05-02	《江苏省绿色建筑评价标准》	DGJ 32/TJ 76—2009	B	Ⅱ、Ⅴ	10	1. 总则；2. 术语；3. 基本规定；4. 住宅建筑；5. 公共建筑	本标准适用于评价江苏省新建和改、扩建住宅建筑和公共建筑	建议在规划阶段和单体设计阶段增加地域性设计内容	修编	地方标准
B-01-05-03	《江苏省民用建筑地域性设计规程》	新编	B	Ⅱ	10	建议分为住宅建筑和公共建筑两类，结合江苏省内情况，规范"四节一环保"的设计内容	本标准适用于评价江苏省新建和改、扩建住宅建筑和公共建筑	结合江苏省省情，从气候、风、玫瑰地质地形地设计地域规划、结合当地文化、人文进行设计	新编	地方标准
全生命周期（B-01-06）										
B-01-06-01	《绿色建筑评价标准》	GB/T 50378—2014	B	Ⅱ、Ⅴ	9	1. 总则；2. 术语；3. 基本规定；4. 节地与室外环境；5. 节能与能源利用；6. 节水与水资源利用；7. 节材与材料资源利用；8. 室内环境质量；9. 施工管理；10. 运营管理；11. 提高与创新	本标准适用于绿色民用建筑的评价。绿色建筑评价应遵循因地制宜的原则，结合建筑所在地域的气候、环境、资源、经济及文化等特点，对建筑全寿命周期内节地、节能、节水、节材、保护环境等性能进行综合评价。绿色建筑的评价除应符合本标准的规定外，尚应符合国家现行有关标准的规定	—	现行	国家标准

续表

序号	标准名称	标准号	类别	阶段	目标	主要内容	相关介绍	主要问题、修编或新编理由	编制建议	备注
B-01-06-02	《建筑节能施工质量验收规范》	GB 50411—2007	B	Ⅲ	9	1. 总则; 2. 术语; 3. 基本规定; 4. 围护结构节能工程; 5. 建筑节能工程现场检验; 6. 建筑节能分部工程质量验收; 7. 附录	本规范适用于新建、改建和扩建的民用建筑工程中墙体、幕墙、门窗、屋面、地面、采暖、通风与空调、空调与采暖系统的冷热源及管网等建筑节能工程施工质量的验收	—	现行	国家标准
B-01-06-03	《江苏省绿色建筑评价标准》	DGJ 32/TJ 76—2009	B	Ⅱ、Ⅴ	9、10	1. 总则; 2. 术语; 3. 基本规定; 4. 住宅建筑; 5. 公共建筑	本标准适用于评价江苏省新建和改扩建、扩建的住宅建筑和办公建筑。其中住宅建筑和办公建筑分别规定了运营管理的内容	建议增加"全生命周期"章节，从规划设计、施工验收、运行维护至拆除改造、规范其行为	修编	地方标准
B-01-06-04	《江苏省民用建筑节能工程质量管理规程》	DGJ 32/TJ 106—2010	B	Ⅲ	9、10	1. 总则; 2. 术语; 3. 基本规定; 4. 屋面保温; 5. 外墙外保温; 6. 外门窗及玻璃; 7. 地面保温; 8. 现场热工性能检测和节能施工工程验收	本规程适用于江苏省范围内的新建、扩建、改建等民用建筑围护结构的节能质量控制和验收	—	现行	地方标准
B-01-06-05	《江苏省民用建筑全生命周期管理规程》	新编	B	Ⅰ、Ⅱ、Ⅲ、Ⅳ、Ⅴ、Ⅵ	9、10	建议以设计的时间轴为章节结构，规定各个阶段的绿色设计/管理规定	本标准适用于评价江苏省新建和改扩建、扩建住宅建筑和公共建筑	借鉴国外绿建评价标准，引入"全生命周期"概念	新编	地方标准

居住建筑（B-02-01）

序号	标准名称	标准号	类别	阶段	目标	主要内容	相关介绍	主要问题、修编或新编理由	编制建议	备注
B-02-01-01	《城市居住区规划设计规范》	GB 50180—1993	B	Ⅱ	1	1. 总则；2. 术语；3. 用地与建筑；4. 规划布局与空间环境；5. 住宅；6. 公共服务设施；7. 绿地；8. 道路；9. 竖向；10. 管线综合；11. 综合技术经济指标	本规范适用于城市居住区的规划设计。其中 3、4 两章规定了土地利用和室外环境相关内容	规范滞后，建议修编，增加节地内容措施	修编	国家标准
B-02-01-02	《住宅设计规范》	GB 50096—2011	B	Ⅱ	2、3、4、7	1. 总则；2. 术语；3. 基本规定；4. 技术经济指标计算；5. 套内空间；6. 共用部分；7. 室内环境；8. 建筑设备；9. 共用部分；10. 节能；11. 建筑设备	本规范适用于全国城市新建、扩建的住宅设计。住宅设计除应符合本规范外，尚应符合国家现行有关标准的规定	—	现行	国家标准
B-02-01-03	《住宅建筑规范》	GB 50368—2005	B	Ⅱ	3、7	1. 总则；2. 术语；3. 基本规定；4. 外部环境；5. 建筑；6. 结构；7. 室内环境；8. 设备；9. 防火与疏散；10. 节能；11. 使用与维护	本规范适用于城镇住宅的建设、使用和维护。第 10 章为节能部分	—	现行	国家标准
B-02-01-04	《住宅性能评定技术标准》	GB/T 50362—2005	B	Ⅱ、Ⅴ	3、7	1. 总则；2. 术语；3. 住宅性能认定的申请和评定；4. 适用性能的评定；5. 环境性能的评定；6. 经济性能的评定；7. 安全性能的评定和耐久性能的评定及附录	本标准适用于城镇新建和改建住宅性能评审和认定	—	现行	国家标准

序号	标准名称	标准号	类别	阶段	目标	主要内容	相关介绍	主要问题、修编或新编理由	编制建议	备注
B-02-01-05	《老年人居住建筑设计标准》	GB/T 50340—2003	B	II	3	1. 总则；2. 术语；3. 基地与规划设计；4. 室内设计；5. 建筑设备；6. 室内环境	本标准适用于专为老年人设计的居住建筑，包括老年人住宅、老年人公寓及养老院、护理院、托老所等相关建筑设施的设计。其中5、6两章涉及绿色老年住宅的相关内容	—	现行	国家标准
B-02-01-06	《居住建筑节能检验标准》	JGJ/T 132—2009	B	II、V	3	1. 总则；2. 术语；3. 一般规定；4. 检测方法；5. 检验规则	本标准适用于严寒地区设置集中采暖的居住建筑及节能技术措施的建筑节能效果检验	—	现行	行业标准
B-02-01-07	《居住建筑节能设计标准》	DBJ 01—602—2006	B	II	3	1. 总则；2. 术语；3. 室内热环境设计计算指标；4. 建筑热工设计；5. 采暖、通风和空气调节节能设计；6. 附录	本标准适用于全国新建、改建和扩建居住建筑的建筑节能设计	—	现行	行业标准
B-02-01-08	《宿舍建筑设计规范》	JGJ 36—2005	B	II	3	1. 总则；2. 术语；3. 基地和总平面；4. 室内环境；5. 建筑设计；6. 建筑设备	适用于新建、改建和扩建的宿舍建筑设计。其中5、6两章涉及绿色宿舍建筑的相关内容	—	现行	行业标准
B-02-01-09	《农村居住建筑节能设计标准》	修订稿	B	II	3、10	1. 总则；2. 术语；3. 建筑气候分区与室内环境设计参数；4. 建筑和建筑热工节能设计；5. 采暖与通风节能设计；6. 生活热水炊事照明节能设计	适用于农村居住建筑的节能设计	—	现行	行业标准
B-02-01-10	《江苏省节能住宅小区评估方法》	DGJ 32/TJ 01—2003	B	II、V	3、10	1. 总则；2. 术语符号；3. 基本规定；4. 建筑单体；5. 绿化；6. 能源供应及设备；7. 给排水；8. 公共设施管理；9. 评定程序	本评估方法适用于全省新建、扩建、改造的节能住宅小区的评定	—	现行	地方标准

序号	标准名称	标准号	类别	阶段	目标	主要内容	相关介绍	主要问题、修编或新编理由	编制建议	备注
B-02-01-11	《江苏省住宅设计标准》	DGJ 32/J 26—2006	B	Ⅱ	3、10	1. 总则；2. 术语基本规定；3. 使用标准；4. 环境标准；5. 节能标准；6. 设施标准；7. 消防标准；8. 结构标准；9. 设备标准；10. 技术经济指标计算；11. 保障性住房基本标准	本标准适用于我省城市、建制镇新建、改建和扩建的住宅设计。其中第5章为节能标准章节	—	现行	地方标准
B-02-01-12	《江苏省居住建筑热环境和节能设计标准》	DGJ 32/J 71—2014	B	Ⅱ	3、10	1. 总则；2. 术语和符号；3. 设计指标；4. 建筑热工设计的一般规定；5. 围护结构的规定性指标；6. 建筑物的节能综合指标；7. 供暖、通风和空气调节的节能设计；8. 生活热水供应等	为了贯彻国家建筑节能的方针政策，改善建筑物室内热环境，提高建筑物室内热环境，提高建筑物的使用效率，空调降温等方面能耗的使用效率，建筑设计和供暖与空调降温设计采取有效的技术措施。通过建筑设计和供暖与空调降温设计采取有效的技术措施，使江苏省居住建筑节能率达到65%的水平。标准中规定了江苏省居住建筑室内热环境标准、能耗标准及节能设计原则。主要内容包括：总则、术语符号、设计指标、建筑热工设计、围护结构的规定性指标、建筑物的节能综合指标、供暖、通风和空气调节的节能设计、生活热水供应等。适用于江苏省新建、扩建和改建的居住建筑的节能设计	—	现行	地方标准

157

序号	标准名称	标准号	类别	阶段	目标	主要内容	相关介绍	主要问题、修编或新编理由	编制建议	备注
B-02-01-13	《江苏省绿色住宅设计标准》	新编	B	Ⅱ	1~10	建议编制内容：1. 节能；2. 节地；3. 节水；4. 节材；5. 室内质量；6. 地域性设计；7. 全生命周期管理	本标准适用于我省新建、扩建和改建的绿色居住建筑设计	依据上述标准，从江苏本省出发，强调地域性设计和全生命周期管理	新编	地方标准
文化教育建筑 (B-02-02)										
B-02-02-01	《中小学校设计规范》	GB 50099—2011	B	Ⅱ	1~7	1. 总则；2. 术语；3. 基本规定；4. 场地和总平面；5. 教学用房及教学辅助用房；6. 行政办公用房和生活服务用房；7. 主要教学用房及教学辅助用房；8. 面积指标和净高；9. 安全、通行与疏散；10. 室内环境；11. 建筑设备	本规范适用于城镇和农村中小学校（含非完全小学）的新建、改建和扩建项目的规划和工程设计。其中室内环境及绿色建筑设备章节涉及绿色学校建筑相关内容	—	现行	国家标准
B-02-02-02	《托儿所、幼儿园建筑设计规范》	JGJ 39—1987	B	Ⅱ	1~7	1. 总则；2. 基地和总平面；3. 建筑设计；4. 建筑设备	本规范适用于城镇及工矿区新建、扩建和改建的托儿所、幼儿园建筑设计	规范滞后，建议修编。其中建筑设计、建筑设备章节增加绿色建筑设计规范	修编	行业标准
B-02-02-03	《特殊教育学校建筑设计规范》	JGJ 76—2003	B	Ⅱ	1~7	1. 总则；2. 术语；3. 选址及总平面布置；4. 建筑设计；5. 室外空间；6. 各类用房面积指标、层数、净高和建筑构造；7. 交通与疏散；8. 建筑设备	本规范适用于特殊教育学校新建、扩建和改建的特殊教育建筑设计。其中室内环境和建筑设备章节涉及及绿色学校建筑相关内容	—	现行	行业标准

序号	标准名称	标准号	类别	阶段	目标	主要内容	相关介绍	主要问题、修编或新编理由	编制建议	备注
B-02-02-04	《科学实验建筑设计规范》	JGJ 91—1993	B	Ⅱ	1~7	1. 总则；2. 术语；3. 基地选择和总平面设计；4. 建筑设计；5. 安全与防护；6. 采暖通风空气调节和制冷；7. 气体管道；8. 建筑设备；9. 电气	本规范适用于自然科学研究机构、工业企业、大专院校等以通用实验室为主的新建、改建和扩建科学实验建筑设计	规范滞后，建议修编。其中建筑设计、建筑设备章节增加绿色建筑设计规范	修编	行业标准
B-02-02-05	《档案馆建筑设计规范》	JGJ 25—2010	B	Ⅱ	1~7	1. 总则；2. 术语；3. 基地和总平面设计；4. 建筑设计；5. 档案防护；6. 防火设计；7. 建筑设备	本规范适用于新建、改建、扩建的档案馆建筑设计。其中建筑设计和建筑设备章节涉及绿色建筑相关内容	—	现行	行业标准
B-02-02-06	《图书馆建筑设计规范》	JGJ 38—1999	B	Ⅱ	1~7	1. 总则；2. 术语；3. 选址和总平面布置；4. 建筑设计；5. 文献资料防护；6. 消防和疏散；7. 建筑设备以及附录	本规范适用于公共图书馆、科学研究图书馆及各类专门图书馆等的新建、改建和扩建工程等的建筑设计。其中建筑设备章节涉及绿色建筑相关内容	—	现行	行业标准
B-02-02-07	《文化馆建筑设计规范》	JGJ 41—1987	B	Ⅱ	1~7	1. 总则；2. 基地和总平面；3. 建筑设计；4. 防火和疏散；5. 建筑设备	本规范适用于新建、扩建、改建的文化馆建筑设计	规范滞后，建议修编。其中建筑设计、建筑设备章节增加绿色建筑设计规范	修编	行业标准

序号	标准名称	标准号	类别	阶段	目标	主要内容	相关介绍	主要问题、修编或新编理由	编制建议	备注
B-02-02-08	《剧场建筑设计规范》	JGJ 57—2000	B	II	1~7	1. 总则; 2. 术语; 3. 基地和总平面; 4. 前厅和休息厅; 5. 观众厅; 6. 舞台; 7. 后台; 8. 防火设计; 9. 声学; 10. 建筑设备	本规范适用于剧场建筑的新建、改建和扩建设计。规范滞后，建议修编。其中声学、建筑设备章节涉及绿色建筑设计内容	—	现行	行业标准
B-02-02-09	电影院建筑设计规范	JGJ 58—2008	B	II	1~7	1. 总则; 2. 术语; 3. 基地和总平面; 4. 建筑设计; 5. 声学设计; 6. 防火设计; 7. 建筑设备	本规范适用于放映35mm的变形宽银幕、遮幅宽银幕及普通银幕三种画幅制式电影和数字影片的新建、改建、扩建电影院建筑。当电影院有多种用途或功能时，应按其主要用途确定建筑设计除应符合本规范外，尚应符合国家现行有关标准的规定	规范滞后，建议修编。其中声学设计、建筑设备章节增加绿色建筑设计规范	修编	行业标准
B-02-02-10	《博物馆建筑设计规范》	JGJ 66—1991	B	II	1~7	1. 总则; 2. 基地和总平面; 3. 建筑设计; 4. 藏品防护; 5. 防火; 6. 建筑设备	本规范适用于社会历史类和自然历史类博物馆的新建和扩建设计、改建、设计及其他类别博物馆设计可参照本规范有关条文执行	规范滞后，建议修编。其中藏品防护、建筑设备章节增加建筑设计规范	修编	行业标准
B-02-02-11	《展览建筑设计规范》	JGJ 218—2010	B	II	1~7	1. 总则; 2. 术语; 3. 场地设计; 4. 建筑设计; 5. 防火设计; 6. 室内环境; 7. 建筑设备	本规范适用于新建、改建和扩建的展览建筑的设计。其中室内环境、建筑设备章节涉及绿色建筑设计内容	—	现行	行业标准

序号	标准名称	标准号	类别	阶段	目标	主要内容	相关介绍	主要问题、修编或新编理由	编制建议	备注
B-02-02-12	《江苏绿色教育建筑设计标准》	新编	B	Ⅱ	1~10	建议编制内容： 1. 节能；2. 节地；3. 节水；4. 节材；5. 室内质量；6. 地域性设计；7. 全生命周期管理	本规范适用我省新建、改建和扩建的绿色教育建筑的设计	我省缺少对于教育建筑的绿色设计标准	新编	地方标准
B-02-02-13	《江苏绿色文化建筑设计标准》	新编	B	Ⅱ	1~10	建议编制内容： 1. 节能；2. 节地；3. 节水；4. 节材；5. 室内质量；6. 地域性设计；7. 全生命周期管理	本规范适用我省新建、改建和扩建的绿色文化建筑的设计	我省缺少对于文化建筑的绿色设计标准。作为公共建筑的一个大类，其绿色标准尚需制定	新编	地方标准
商业建筑 (B-02-03)										
B-02-03-01	《商店建筑设计规范》	JGJ 48—2014	B	Ⅱ	3	1. 总则；2. 术语；3. 基地和总平面；4. 建筑设计；5. 防火与疏散；6. 室内环境；7. 建筑设备	本规范适用于从事零售业的有店铺的商店建筑的新建、扩建和改建设计。其中建筑设计、建筑设备各章节涉及绿色建筑设计内容	—	现行	行业标准
B-02-03-02	《江苏省绿色商业建筑设计标准》	新编	B	Ⅱ	1~7，10	建议编制内容： 1. 节能；2. 节地；3. 节水；4. 节材；5. 室内质量；6. 地域性设计；7. 全生命周期管理	本规范适用于我省新建、改建和扩建的绿色商业建筑的设计	我省缺少对于商业建筑的绿色设计标准，它的制定是对我省绿色建体系的一个补充	新编	地方标准

序号	标准名称	标准号	类别	阶段	目标	主要内容	相关介绍	主要问题、修编或新编理由	编制建议	备注
B-02-03-03	《江苏省商业综合体性能评定技术标准》	新编	B	II、V	1~7、10	建议编制内容：1. 总则；2. 术语；3. 建筑性能认定的申请和评定；4. 适用性能的评定；5. 环境性能的评定；6. 经济性能和耐久性能的评定及附录；7. 安全性能的评定	本标准适用于我省城镇新建和改建商业建筑的性能评审和认定	近年，商业建筑量增大，需制定节能评价标准、规范建设行为	新编	地方标准
办公建筑（B-02-04）										
B-02-04-01	《绿色办公建筑评价标准》	GB/T 50908—2013	B	II、V	1~7	1. 总则；2. 术语；3. 基本规定；4. 节地与室外环境；5. 节能与能源利用；6. 节水与水资源利用；7. 节材与材料资源利用；8. 室内环境质量；9. 运营管理；10. 评价方法与分级	本标准适用于我国新建、扩建与改建的各类政府办公建筑、商用办公建筑、科研办公建筑、综合办公建筑以及功能相近的其他公共建筑的绿色评价	—	现行	国家标准
B-02-04-02	《办公建筑设计规范》	JGJ 67—2006	B	II	1~4	1. 总则；2. 基地和总平面；3. 建筑设计；4. 建筑设备	本规范适用于全国城镇的新建、改建、扩建的机关、团体、企事业单位的新建的办公建筑设计。其中建筑设计、建筑设备章节涉及绿色建筑设计内容	—	现行	行业标准
B-02-04-03	《江苏省绿色办公建筑评价标准》	新编	B	II、V	1~7、10	建议编制内容：1. 节能；2. 节地；3. 节水；4. 节材；5. 室内质量；6. 地域性设计；7. 全生命周期管理	本规范适用我省新建、改建和扩建的绿色商业建筑的设计	依据《绿建办公标准》，制定适合我省情况的《绿建办公标准》，强调地域性设计、全生命周期管理	新编	地方标准

序号	标准名称	标准号	类别	阶段	目标	主要内容	相关介绍	主要问题、修编或新编理由	编制建议	备注
B-02-04-04	《江苏省办公建筑建能性能评定技术标准》	新编	B	Ⅱ、Ⅴ	1~7,10	建议编制内容：1. 总则；2. 术语；3. 建筑性能认定的申请和评定；4. 适用性能的评定；5. 环境性能的评定；6. 经济性能的评定；7. 安全性能的评定和耐久性能的评定及附录	本标准适用于我省城镇新建和改建办公建筑的性能评审和认定	近年，办公建筑量增大，需制定节能评价标准，规范建设建行为	新编	地方标准
医院建筑（B-02-05）										
B-02-05-03	《绿色医院建筑评价标准》	征求意见稿	B	Ⅱ、Ⅴ	1~7	1. 总则；2. 术语；3. 基本规定；4. 规划；5. 建筑；6. 设备及系统；7. 环境与环境保护；8. 运行管理	本标准适用于评价医院新建、改扩建过程中的建筑基础设施	—	现行	国家标准
B-02-05-01	《综合医院建筑设计规范》	JGJ 49—1988	B	Ⅱ	1~4	1. 总则；2. 基地和总平面；3. 建筑设计；4. 防火与疏散；5. 建筑设备	本规范适用于城镇新建、改扩建的综合医院建筑设计	规范滞后，建议修编。建筑设计、建筑设备章节增加绿色医院设计内容	修编	行业标准
B-02-05-02	《疗养院建筑设计规范》	JGJ 40—1987	B	Ⅱ	1~4	1. 总则；2. 基地和总平面；3. 建筑设计；4. 建筑设备	本规范适用于综合性及专科疾病疗养院及慢性病疗养院新建、扩建和改建的设计	规范滞后，建议修编。建筑设计、建筑设备章节增加绿色疗养院设计内容	修编	行业标准

序号	标准名称	标准号	类别	阶段	目标	主要内容	相关介绍	主要问题、修编或新编理由	编制建议	备注
B-02-05-04	《江苏省绿色医院建筑评价标准》	新编	B	Ⅱ、Ⅴ	1~10	建议编制内容：1.节能；2.节地；3.节水；4.节材；5.室内质量；6.地域性设计；7.全生命周期管理	本规范适用我省新建、改建和扩建的绿色商业建筑的设计	依据《绿建医院标准》制定合我省情况的《绿建医院标准》，强调地域性设计、全生命周期管理	新编	地方标准
B-02-05-05	《江苏省健康医院建设技术规程》	新编	B	Ⅱ、Ⅴ	7、9、10	建议编制内容：1.总则；2.术语和定义；3.医院环境的健康性；4.社会环境的健康性；5.工程验收	本规程适用于城镇健康医院的开发建设和工程验收，以及医院健康性能的检测与评估	基于我省情况，从健康性角度对医院建筑的设计和评价	新编	地方标准

交通建筑〔B-02-06〕

序号	标准名称	标准号	类别	阶段	目标	主要内容	相关介绍	主要问题、修编或新编理由	编制建议	备注
B-02-06-01	《铁路车站及枢组设计规范》	GB 50091—2006	B	Ⅱ	3	1.总则；2.设计的基本规定；3.车站；4.会让站；5.越行站；6.中间站；7.区段站；8.编组站；9.驼峰；10.客运站；11.客运设备和客车整备所；12.货运站、货场和货运设备；13.工业站、港湾站；14.枢纽；15.站线轨道	本标准适用于铁路网中货列车线运行	—	现行	国家标准
B-02-06-02	《交通客运站建筑设计规范》	JGJ 60—2012	B	Ⅱ	3	1.总则；2.术语；3.站址和总平面；4.站前广场；5.站房设计；6.停车场；7.防火设计；8.建筑设备	本规范适用于新建、改建、扩建的汽车客运设施的建筑设计。其中建筑设备章节涉及绿色建筑内容	—	现行	行业标准

序号	标准名称	标准号	类别	阶段	目标	主要内容	相关介绍	主要问题、修编或新编理由	编制建议	备注
B-02-06-03	《车库建筑设计规范》	JGJ 100—98	B	Ⅱ	3	1. 总则; 2. 术语; 3. 库址和总平面; 4. 坡道式汽车库; 5. 机械式汽车库; 6. 建筑设备	本规范适用于新建、扩建和改建汽车车库设计。其中建筑设备章节涉及绿色建筑内容	—	现行	行业标准
B-02-06-04	《江苏省绿色交通建筑评价标准》	新编	B	Ⅱ、Ⅴ	3、10	建议编制内容: 1. 节能; 2. 节地; 3. 节水; 4. 节材; 5. 室内质量; 6. 地域性设计; 7. 全生命周期管理	本规范适用于我省新建、改建和扩建的绿色交通建筑的设计	我省缺少对于交通建筑的绿色建筑设计标准	新编	地方标准

体育建筑（B-02-07）

序号	标准名称	标准号	类别	阶段	目标	主要内容	相关介绍	主要问题、修编或新编理由	编制建议	备注
B-02-07-01	《体育建筑设计规范》	JGJ 31—2003	B	Ⅱ	3	1. 总则; 2. 术语; 3. 基地和总平面; 4. 建筑设计通用规定; 5. 体育场; 6. 体育馆; 7. 游泳设施; 8. 防火设计; 9. 声学设计; 10. 建筑设备	本规范适用于供比赛和训练用的体育场、体育馆、游泳池和游泳馆的新建、改建和扩建工程设计	—	现行	行业标准
B-02-07-02	《江苏省绿色体育建筑评价标准》	新编	B	Ⅱ、Ⅴ	1~10	建议编制内容: 1. 节能; 2. 节地; 3. 节水; 4. 节材; 5. 室内质量; 6. 地域性设计; 7. 全生命周期管理	本规范适用于我省新建、改建和扩建的绿色体育建筑的设计	我省缺少对于体育建筑的绿色设计标准，它的制定是对我省绿建体系的一个补充	新编	地方标准
B-02-07-03	《江苏省体育建筑运营管理导则》	新编	B	Ⅳ	9、10	—	本规范适用于我省新建、改建和扩建的绿色体育建筑的设计和评价	绿色设计注重节能的设计，结合我省体育建筑比赛时的节能运营情况，制定此类导则	新编	地方标准

序号	标准名称	标准号	类别	阶段	目标	主要内容	相关介绍	主要问题、修编或新编理由	编制或编制建议	备注
工业建筑（B-02-08）										
B-02-08-01	《洁净厂房设计规范》	GB 50073—2013	B	Ⅱ	3、7	1. 总则；2. 术语；3. 空气洁净度等级；4. 总体设计；5. 建筑；6. 空气净化；7. 给水排水；8. 工业管道；9. 电气	本规范适用于新建、扩建和改建洁净厂房的设计。洁净厂房设计除应符合本规范外，尚应符合国家现行有关标准的规定	—	现行	国家标准
B-02-08-02	《江苏省工业建筑节能检验标准》	新编	B	Ⅴ	3、10	建议编制内容：1. 总则；2. 术语符号；3. 基本规定；4. 建筑单体；5. 绿色；6. 能源供应及设备；7. 给排水；8. 公共设施管理；9. 评定程序	本规范适用我省新建、改建和扩建的绿色工业建筑节能评估	工业建筑是能源消耗的重要建筑类型，依据我省情况，从全生命周期的角度评估节能状况	新编	地方标准
建筑改造（B-02-09）										
B-02-09-01	《公共建筑节能改造技术规范》	JGJ 176—2009	B	Ⅵ	3	1. 总则；2. 术语；3. 节能诊断；4. 节能改造判定原则与方法；5. 外围护结构热工性能改造；6. 采暖通风空调及生活热水供应系统改造；7. 供配电与照明系统改造；8. 监测与控制系统改造；9. 可再生能源利用；10. 节能改造综合评估	本规范适用于各类公共建筑的外围护结构、用能设备及系统方面的节能改造	—	现行	行业标准
B-02-09-02	《既有建筑节能改造技术规程》	DGJ 32/TJ 127—2011	B	Ⅵ	3、10	1. 总则；2. 术语；3. 基本规定；4. 外围护结构节能改造；5. 采暖通风空调及生活热水系统节能改造；6. 供配电与照明系统节能改造；7. 可再生能源利用；8. 综合评估	本规程适用于各类既有民用建筑的外维护结构、用能设备及系统等方面的节能改造		现行	地方标准

序号	标准名称	标准号	类别	阶段	目标	主要内容	相关介绍	主要问题、修编或新编理由	编制建议	备注
B-02-09-03	《江苏省既有建筑绿色改造标准》	新编	B	VI	3、10	建议编制内容：1. 节能；2. 节地；3. 节水；4. 节材；5. 室内质量；6. 地域性设计；7. 全生命周期管理	本规范适用我省新建、改建和扩建的绿色既有改造建筑的设计和评价	依据上述标准制定、强调地域性设计、全生命周期管理	新编	地方标准
建筑声环境（B-03-01）										
B-03-01-01	《绿色建筑评价标准》	GB/T 50378—2014	B	Ⅱ、Ⅴ	7	1. 总则；2. 术语；3. 基本规定；4. 节地与室外环境；5. 节能与能源利用；6. 节水与水资源利用；7. 节材与材料资源利用；8. 室内环境质量；9. 施工管理；10. 运营管理；11. 提高与创新	本标准适用于绿色民用建筑的评价。绿色建筑评价应遵循因地制宜的原则，结合建筑所在地域的气候、环境、资源、经济及文化等特点，对建筑全寿命周期内的节地、节能、节水、节材、保护环境等性能进行综合评价。绿色建筑的评价除应符合本标准的规定外，尚应符合国家现行有关标准的规定	—	现行	国家标准
B-03-01-02	《民用建筑设计通则》	GB 50352—2005	B	Ⅱ	2	1. 总则；2. 术语；3. 基本规定；4. 城市规划对建筑的限定；5. 场地；6. 建筑物设计；7. 室内环境；8. 建筑设备	本通则适用于新建、改建和扩建的民用建筑设计。其中7.1采光节能及光环境内容	—	现行	国家标准

序号	标准名称	标准号	类别	阶段	目标	主要内容	相关介绍	主要问题、修编或新编理由	编制建议	备注
B-03-01-03	《建筑照明设计标准》	GB 50034—2013	B	Ⅱ	7	1. 总则；2. 术语；3. 基本规定；4. 照明数量和质量；5. 照明标准值；6. 照明节能；7. 照明配电及控制	本标准适用于新建、改建和扩建以及装饰的居住、公共和工业建筑的照明设计。建筑照明设计除应符合本标准的规定外，尚应符合国家现行有关标准的规定	—	现行	国家标准
B-03-01-04	《建筑采光设计标准》	GB/T 50033—2013	B	Ⅱ	7	1. 总则；2. 术语和符号；3. 基本规定；4. 采光标准值；5. 采光质量；6. 采光计算和采光节能灯	本标准适用于利用天然采光的民用建筑和工业建筑的新建、改建和扩建工程的采光设计。建筑采光设计除符合本标准外，尚应符合国家现行有关标准的规定	—	现行	国家标准
B-03-01-05	《民用建筑绿色设计规范》	JGJ/T 229—2010	B	Ⅱ	7	1. 总则；2. 术语；3. 基本规定；4. 绿色设计策划；5. 场地与室外环境；6. 建筑设计与室内环境；7. 建筑材料；8. 给水排水；9. 暖通空调；10. 建筑电气	本规范使用与新建、改建和扩建民用建筑的绿色设计。其中6.3 日照环境和天然光章节规定了相关内容	—	现行	行业标准
B-03-01-06	《江苏省绿色建筑评价标准》	DGJ 32/TJ 76—2009	B	Ⅱ、Ⅴ	7、10	1. 总则；2. 术语；3. 基本规定；4. 住宅建筑；5. 公共建筑	本标准适用于评价江苏省新建和改、扩建住宅建筑和公共建筑。其中住宅建筑和办公建筑的室内环境质量分别具了建筑的内容	室内环境章节增加光环境的量化指标	修编	地方标准

续表

序号	标准名称	标准号	类别	阶段	目标	主要内容	相关介绍	主要问题、修编或新编理由	编制建议	备注
B-03-01-07	《江苏省民用建筑采光设计标准》	新编	B	Ⅱ	7、10	建议从自然采光和人工采光两方面规范江苏省新建民用建筑的采光标准，强调本土化，具体量化指标	本标准用于评价江苏省新建、改、扩建住宅建筑和公共建筑	依据《建筑采光设计标准》和江苏绿建标准，制定此标准，是我省对绿建体系的一个补充	新编	地方标准

建筑风环境（B-03-02）

序号	标准名称	标准号	类别	阶段	目标	主要内容	相关介绍	主要问题、修编或新编理由	编制建议	备注
B-03-02-01	《绿色建筑评价标准》	GB/T 50378—2014	B	Ⅱ、Ⅴ	7	1.总则；2.术语；3.基本规定；4.节地与室外环境；5.节能与能源利用；6.节水与水资源利用；7.节材与材料资源利用；8.室内环境质量；9.施工管理；10.运营管理；11.提高与创新	本标准适用于绿色民用建筑的评价。绿色建筑评价应遵循因地制宜的原则，结合建筑所在地域的气候、环境、资源、经济及文化等特点，对建筑全寿命周期内节地、节能、节水、节材、保护环境等性能进行综合评价。绿色建筑的评价除应符合本标准外，尚应符合国家现行有关标准的规定	—	现行	国家标准
B-03-02-02	《民用建筑设计通则》	GB 50352—2005	B	Ⅱ	2	1.总则；2.术语；3.基本规定；4.城市规划对建筑的限定；5.场地设计；6.建筑物设计；7.室内环境；8.建筑设备	本通则适用于新建、改建和扩建的民用建筑设计。其中7.2通风章节涉及风及风环境内容	—	现行	国家标准
B-03-02-03	《采暖通风与空气调节设计规范》	GB 50019—2003	B	Ⅱ	7	1.总则；2.术语；3.室内外计算参数；4.采暖；5.通风；6.空气调节；7.空气调节冷热源；8.监测与控制；9.消声与隔震	本规范适用于新建和改、扩建的民用建筑和工业建筑的采暖通风与空气调节设计	—	现行	国家标准

169

序号	标准名称	标准号	类别	阶段	目标	主要内容	相关介绍	主要问题、修编或新编理由	编制建议	备注
B-03-02-04	《民用建筑绿色设计规范》	JGJ/T 229—2010	B	Ⅱ	7	1. 总则; 2. 术语; 3. 基本规定; 4. 绿色室内环境; 5. 场地与室外环境; 6. 建筑设计与室内环境; 7. 建筑材料; 8. 给水排水; 9. 暖通空调; 10. 建筑电气	本规范使用与新建、改建和扩建民用建筑的绿色设计。其中6.4自然通风章节规定了相关内容	—	现行	行业标准
B-03-02-05	《江苏省绿色建筑评价标准》	DGJ 32/TJ 76—2009	B	Ⅱ、Ⅴ	7、10	1. 总则; 2. 术语; 3. 基本规定; 4. 住宅建筑; 5. 公共建筑	本标准用于评价江苏省新建和改、扩建住宅建筑和办公建筑。其中住宅建筑和办公建筑的室内环境质量分别规定了建筑风环境的内容	室内环境章节增加风环境的量化指标	修编	地方标准
B-03-02-06	《江苏省民用建筑通风与空气调节设计规范》	新编	B	Ⅱ	7、10	建议编制内容: 1. 总则; 2. 术语; 3. 室内外计算参数; 4. 采暖; 5. 通风; 6. 空气调节; 7. 空调冷热源; 8. 监测与控制; 9. 消声与隔震	本标准用于评价江苏省新建和改、扩建住宅建筑和公共建筑	依据国标《采暖通风与空气调节设计规范》和《绿色建筑评价标准》,结合我省情况,制定此标准	新编	地方标准

建筑光环境 (B-03-03)

序号	标准名称	标准号	类别	阶段	目标	主要内容	相关介绍	主要问题、修编或新编理由	编制建议	备注
B-03-03-01	《绿色建筑评价标准》	GB/T 50378—2014	B	Ⅱ、Ⅴ	7	1. 总则; 2. 术语; 3. 基本规定; 4. 节地与室外环境; 5. 节能与能源利用; 6. 节水与水资源利用; 7. 节材与材料资源利用; 8. 室内环境质量; 9. 施工管理; 10. 运营管理; 11. 提高与创新	本标准适用于绿色民用建筑的评价。绿色建筑评价应遵循因地制宜的原则,结合建筑所在地域的气候、环境、资源、经济及文化等特点,对建筑全寿命周期内节地、节能、节水、节材、保护环境等性能进行综合评价。绿色建筑的评价除应符合本标准的规定外,尚应符合国家现行有关标准的规定	—	现行	国家标准

续表

序号	标准名称	标准号	类别	阶段	目标	主要内容	相关介绍	主要问题、修编或新编理由	编制建议	备注
B-03-03-02	《民用建筑设计通则》	GB 50352—2005	B	Ⅱ	2	1.总则；2.术语；3.基本规定；4.城市规划对建筑的限定；5.场地设计；6.建筑物设计；7.室内环境及环境设计；8.建筑设备	本通则适用于新建、改建和扩建的民用建筑设计。其中7.1采光章节涉及采光及环境内容	—	现行	国家标准
B-03-03-03	《建筑照明设计标准》	GB 50034—2013	B	Ⅱ	7	1.总则；2.术语；3.基本规定；4.照明数量和质量；5.照明标准值；6.照明节能；7.照明配电及控制	本标准适用于新建、改建和扩建以及装饰的居住、公共和工业建筑的照明设计。除应符合本标准的规定外，尚应符合国家现行有关标准的规定	—	现行	国家标准
B-03-03-04	《建筑采光设计标准》	GB/T 50033—2013	B	Ⅱ	7	1.总则；2.术语和符号；3.基本规定；4.采光标准值；5.采光质量；6.采光计算和采光节能灯	本标准适用于利用天然采光的民用建筑和工业工程的新建、改建和扩建工程的采光设计。建筑采光设计除应符合本标准外，尚应符合国家现行有关标准的规定	—	现行	国家标准
B-03-03-05	《民用建筑绿色设计规范》	JGJ/T 229—2010	B	Ⅱ	7	1.总则；2.术语；3.基本规定；4.绿色设计策划；5.场地与室外环境；6.建筑设计与室内环境；7.建筑材料；8.给水排水；9.暖通空调；10.建筑电气	本规范使用与新建、改建和扩建民用建筑的绿色设计。其中6.3日照和天然采光章节了相关内容	—	现行	行业标准

序号	标准名称	标准号	类别	阶段	目标	主要内容	相关介绍	主要问题、修编或新编理由	编制建议	备注
B-03-03-06	《江苏省绿色建筑评价标准》	DGJ 32/TJ 76—2009	B	Ⅱ、Ⅴ	7、10	1.总则；2.术语；3.基本规定；4.住宅建筑；5.公共建筑	本标准适用于评价江苏省新建和改扩、扩建住宅建筑和办公建筑。其中住宅建筑和办公建筑的室内环境质量分别规定了建筑光环境的内容	室内环境章节增加光环境的量化指标	修编	地方标准
B-03-03-07	《江苏省民用建筑采光设计标准》	新编	B	Ⅱ	7、10	建议从自然采光和人工采光两方面规范江苏省民用建筑采光标准，强调本土化	本标准适用于评价江苏省新建和改扩、扩建住宅建筑和公共建筑	依据《建筑采光设计标准》制定此标准江苏建标，是我省对绿建体系的一个补充	新编	地方标准
建筑热环境 (B-03-04)										
B-03-04-01	《绿色建筑评价标准》	GB/T 50378—2014	B	Ⅱ、Ⅴ	3、7	1.总则；2.术语；3.基本规定；4.节地与室外环境；5.节能与能源利用；6.节水与水资源利用；7.节材与材料资源利用；8.室内环境质量；9.施工管理；10.运营管理；11.提高与创新	本标准适用于绿色民用建筑的评价。绿色建筑评价应遵循因地制宜的原则，结合建筑所在地域的气候、环境、资源、经济及文化等特点，对建筑全寿命周期内节地、节能、节水、节材、保护环境等性能进行综合评价。绿色建筑的评价除应符合本标准的规定外，尚应符合国家现行有关标准的规定	—	现行	国家标准
B-03-04-02	《民用建筑设计通则》	GB 50352—2005	B	Ⅱ	2	1.总则；2.术语；3.基本规定；4.城市规划对建筑的限定；5.场地设计；6.建筑物设计；7.室内环境；8.建筑设备	本通则适用于新建、改建和扩建的民用建筑设计。其中7.3保温、7.4防热章节涉及热环境内容	—	现行	国家标准

序号	标准名称	标准号	类别	阶段	目标	主要内容	相关介绍	主要问题、修编或新编理由	编制建议	备注
B-03-04-03	《民用建筑绿色设计规范》	JGJ/T 229—2010	B	II	3、7	1.总则;2.术语;3.基本规定;4.绿色设计策划;5.场地与室外环境;6.建筑材料;7.建筑设计与室内环境;8.给水排水;9.暖通空调;10.建筑电气	本规范使用与新建、改建和扩建民用建筑的绿色设计。其中6.5围护结构章节规定了相关内容	—	现行	行业标准
B-03-04-04	《民用建筑热工设计规范》	GB 50176—1993	B	II	3、7、10	1.总则;2.术语;3.建筑热工设计要求;4.室外计算参数;5.围护结构保温设计;围护结构隔热设计;围护结构防潮设计	本规范适用于新建、扩建和改建的民用建筑热工设计	—	现行	国家标准
B-03-04-05	《江苏省绿色建筑评价标准》	DCJ 32/TJ 76—2009	B	II、V	3、7、10	1.总则;2.术语;3.基本规定;4.住宅建筑;5.公共建筑	本标准适用于评价江苏省新建和改、扩建住宅建筑和公共建筑。其中住宅建筑和办公建筑的室内环境质量分别规定了建筑热工设计的内容	增加室内环境章节采暖空调的节能量化指标	修编	地方标准

健康与安全性 (B-03-05)

序号	标准名称	标准号	类别	阶段	目标	主要内容	相关介绍	主要问题、修编或新编理由	编制建议	备注
B-03-05-01	《建筑设计防火规范》	GB 50016—2014	B	II	4、7	1.总则;2.术语;3.厂房(仓库)、甲、乙、丙类液体、气体储罐(区)与可燃材料堆场;5.民用建筑;6.消防车道;7.建筑构造;8.消防设施;9.防烟与排烟;10.采暖、通风和空气调节;11.电气;12.城市交通隧道等	本规范适用于新建、扩建和改建的建筑	—	现行	国家标准

序号	标准名称	标准号	类别	阶段	目标	主要内容	相关介绍	主要问题、修编或新编理由	编制建议	备注
B-03-05-02	《高层民用建筑设计防火规范》	GB 50045—1995（2005 版）	B	Ⅱ	4、7	1. 总则；2. 术语；3. 建筑分类和耐火等级；4. 总平面布局和平面布置；5. 防火、防烟分区和建筑构造；6. 安全疏散和消防电梯；7. 消防给水和灭火设备；8. 防烟、排烟和通风、空气调节；9. 电气	本规范适用于新建、扩建和改建的高层建筑及其裙房	—	现行	国家标准
B-03-05-03	《农村防火规范》	GB 50039—2010	B	Ⅱ	4、7	1. 总则；2. 术语；3. 规划布局；4. 建筑物；5. 消防设施；6. 火灾危险源控制	本规范适用于下列范围：1. 农村消防规划；2. 农村新建、扩建和改建建筑的防火设计；3. 农村既有建筑的防火改造；4. 农村消防安全管理。除本规范规定外，农村的厂房、长棚、公共建筑和建筑高度超过15m 的居住建筑的防火设计应执行现行国家标准《建筑设计防火规范》GB 50016 等的规定	规范滞后，建议修编	修编	国家标准
B-03-05-04	《建筑物防雷设计规范》	GB 50057—2010	B	Ⅱ	4、7	1. 总则；2. 术语；3. 建筑物的防雷分类；4. 建筑物的防雷措施；5. 防雷装置；6. 防雷击电磁脉冲	本规范适用于新建、扩建、改建建（构）筑物的防雷设计	—	现行	国家标准

续表

序号	标准名称	标准号	类别	阶段	目标	主要内容	相关介绍	主要问题、修编或新编理由	编制或修编建议	备注
B-03-05-05	《建筑抗震设计规范》	GB 50011—2010	B	II	4、7	总则；术语；基本规定；场地，地基和基础；地震作用和结构抗震验算；多层和高层钢筋混凝土房屋；多层砌体房屋和底部框架结构房屋；多层工业厂房；空旷房屋和大跨屋盖建筑；隔震和消能减震设计；非结构构件；地下建筑	本规范适用于抗震设防烈度为6、7、8和9度地区建筑工程的抗震设计以及隔震、消能减震设计	—	现行	国家标准
B-03-05-06	《健康住宅建设技术规程》	CECS 179：2009	B	II	4、7	1.总则；2.术语和定义；3.居住环境的健康性；4.社会环境的健康性；5.工程验收	本规程适用于城镇健康住宅的开发建设和工程验收，以及住宅健康性能的检测与评估	—	现行	行业标准
B-03-05-07	《商业建筑设计防火规范》	DGJ 32/J 67—2008	B	II	4、7	1.总则；2.术语；3.商业建筑规模分类和耐火等级；4.总平面布局和平面布置；5.安全疏散；6.建筑构造；7.建筑防火设计；8.小型商业用房防火设计；9.消防给水和灭火设备；10.防烟、排烟与采暖通风、空气调节；11.电气	本规范使用与江苏省新建、扩建和改建的商业建筑	—	现行	地方标准
B-03-05-08	《江苏省绿色建筑评价标准》	DGJ 32/TJ 76—2009	B	II、V	4、7	1.总则；2.术语；3.基本规定；4.住宅建筑；5.公共建筑	本标准用于评价江苏省新建和改、扩建住宅建筑和公共建筑	室内环境章节增加以健康性为标准的内容	修编	地方标准

5.3.3 结构与材料

材料与结构组标准结构见图 5-42。

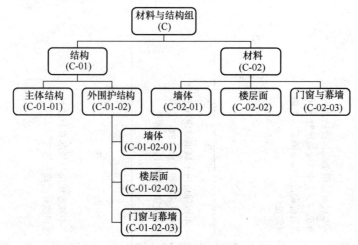

图 5-42 材料与结构组（C）标准结构图

1. 主体结构规范标准

见图 5-43。

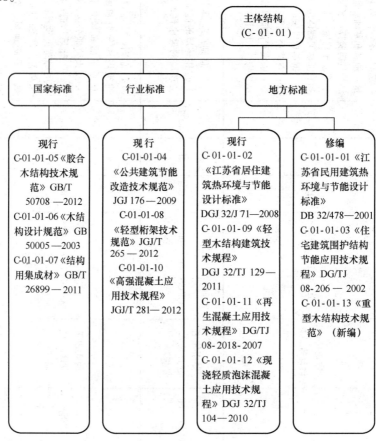

图 5-43 主体结构（C-01-01）标准结构图

2. 外围护结构规范标准

见图 5-44～图 5-48。

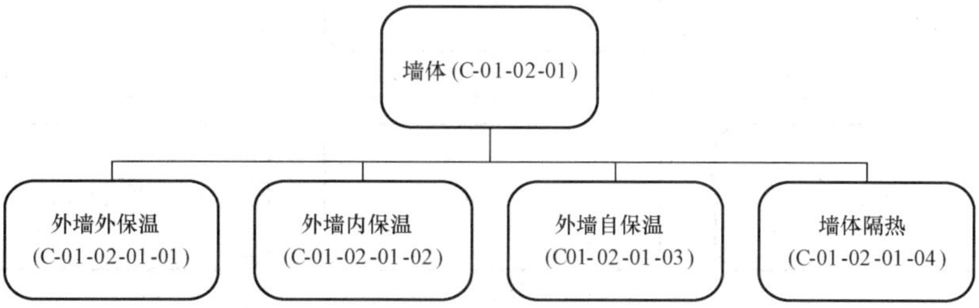

图 5-44　墙体（C-01-02-01）标准结构图

图 5-45　外墙外保温（C-01-02-01-01）标准结构图

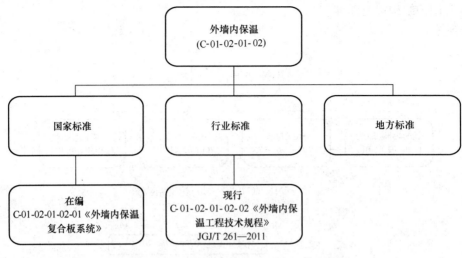

图 5-46　外墙内保温（C-01-02-01-02）标准结构图

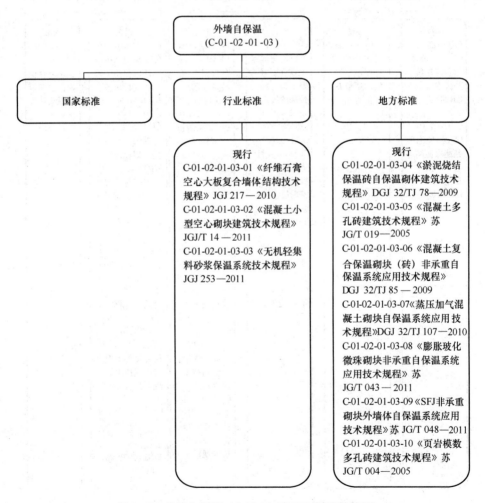

图 5-47　外墙自保温（C-01-02-01-03）标准结构图

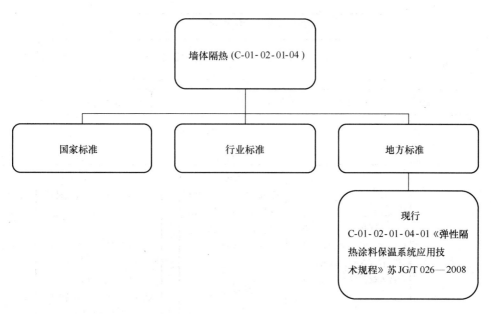

图 5-48 墙体隔热（C-01-02-01-04）标准结构图

3. 楼层面规范标准

见图 5-49、图 5-50。

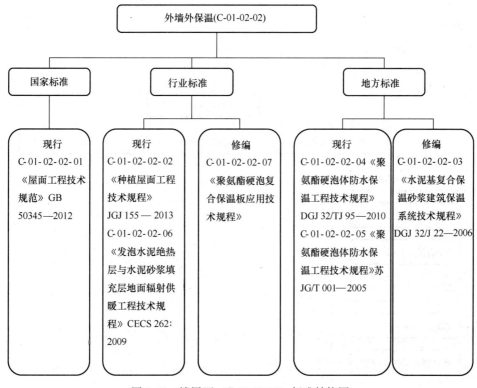

图 5-49 楼层面（C-01-02-02）标准结构图

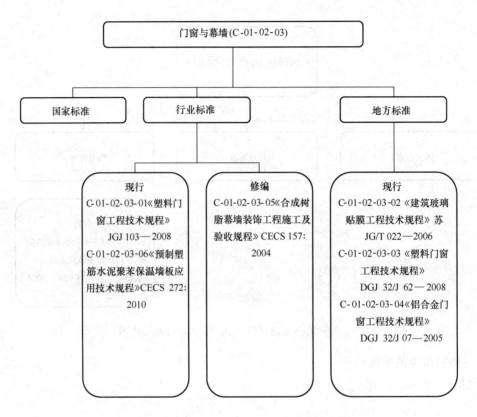

图 5-50　门窗与幕墙（C-01-02-03）标准结构图

4. 材料

见图 5-51～图 5-59。

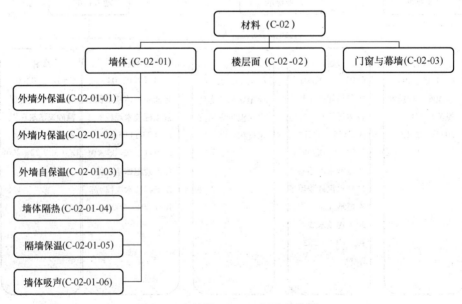

图 5-51　材料（C-02）标准结构图

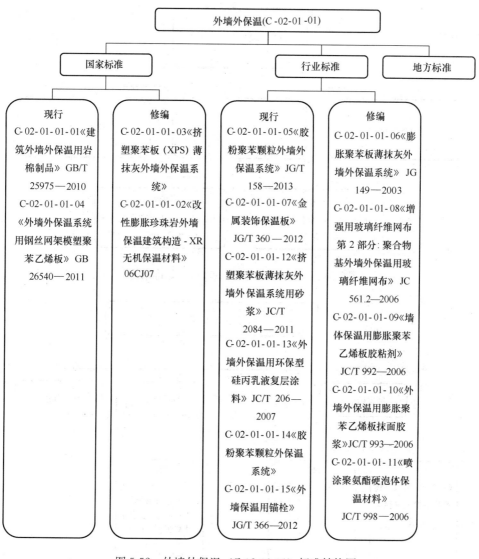

图 5-52　外墙外保温（C-02-01-01）标准结构图

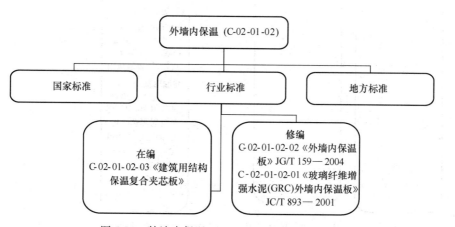

图 5-53　外墙内保温（C-02-01-02）标准结构图

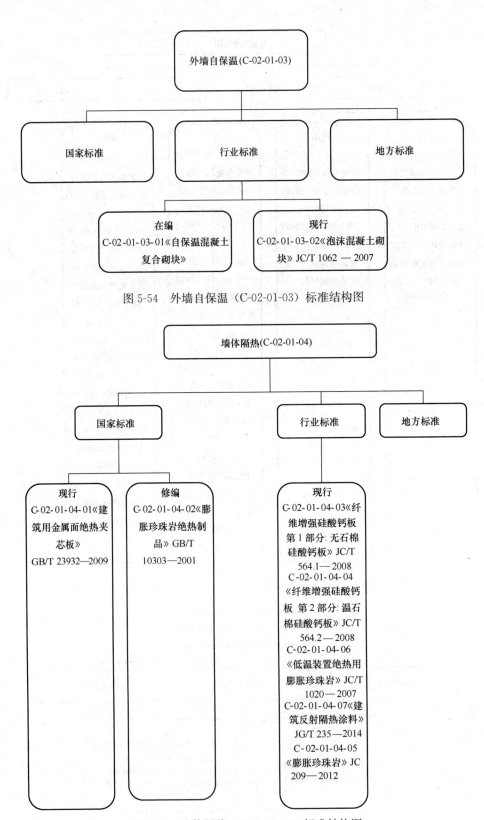

图 5-54 外墙自保温 （C-02-01-03） 标准结构图

图 5-55 墙体隔热 （C-02-01-04） 标准结构图

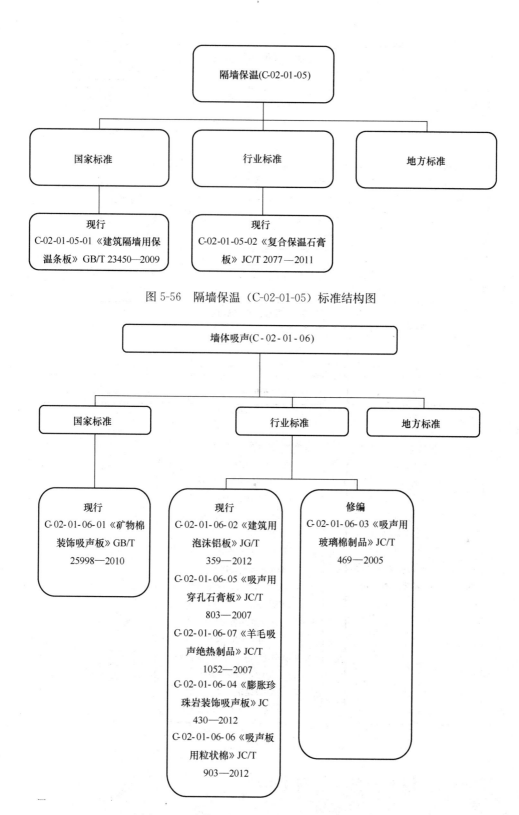

图 5-56 隔墙保温（C-02-01-05）标准结构图

图 5-57 墙体吸声（C-02-01-06）标准结构图

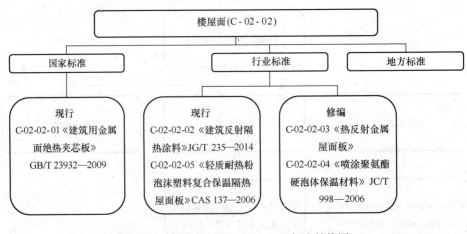

图 5-58　外墙外保温（C-02-02）标准结构图

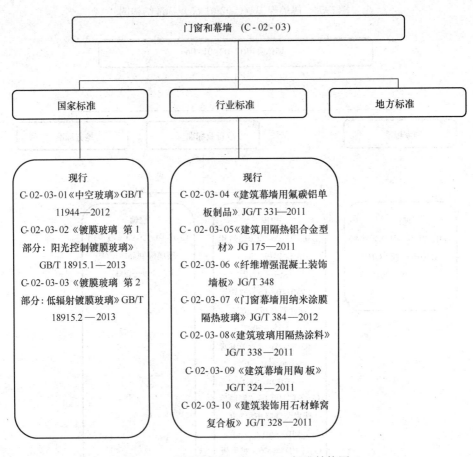

图 5-59　外墙外保温（C-02-03）标准结构图

5. 结构与材料类相关绿色建筑的具体标准

见表 5-3。

结构与材料类相关绿色建筑的标准汇总

表 5-3

序号	标准名称	标准号	类别	阶段	目标	主要内容	相关介绍	主要问题、修编或新编理由	编制建议	备注
主体结构（C-01-01）										
C-01-01-01	《江苏省民用建筑热环境与节能设计标准》	DB 32/478—2001	C	Ⅲ	3	1. 总则；2. 术语和符号；3. 设计指标；4. 建筑热工设计的一般规定；5. 围护结构能耗的综合计算；6. 建筑能耗的综合计算；7. 供暖空调设计；8. 太阳能利用	本标准适用于我省新建、扩建和改建的居住建筑的节能设计。规定了我省范围内居住建筑室内热环境标准、耗能标准及节能设计原则和要求	标龄过长，部分内容与现行国家标准和现行行业标准协调，江苏省适宜技术的规定	修编	江苏标准
C-01-01-02	《江苏省居住建筑热环境与节能设计标准》	DGJ 32/J 71—2014	C	Ⅲ	3	1. 总则，术语和符号；2. 设计指标；3. 建筑热工设计的一般规定；4. 围护结构的节能设计；5. 建筑物的节能综合指标；6. 供暖、通风和空调节能设计；7. 生活热水供应等。本标准规定了江苏省范围内居住建筑室内热环境标准、能耗标准及节能设计原则和要求。适用于江苏省新建、扩建和改建居住建筑的节能设计	为了贯彻国家建筑节能的方针政策，改善建筑物室内热环境，空调降温等方面能的使用效率，特制订本标准。通过建筑设计采取有效的技术措施，使江苏省居住建筑节能率达到 65% 的水平。标准中规定了江苏省范围内居住建筑室内热环境标准、能耗标准、能耗设计原则及要求。主要内容包括：建筑设计的一般规定、围护结构的节能规定、建筑物的节能综合指标，供暖、通风和空调的节能、生活热水供应等。适用于江苏省新建、扩建和改建的居住建筑的节能设计	—	现行	江苏标准

序号	标准名称	标准号	类别	阶段	目标	主要内容	相关介绍	主要问题、修改或新编理由	编制建议	备注
C-01-01-03	《住宅建筑围护结构节能应用技术规程》	DG/TJ 08-206-2002	C	Ⅲ、Ⅴ、Ⅵ	3	1. 总则；2. 术语和符号；3. 基本规定；4. 围护结构节能设计；5. 围护结构节能施工；6. 验收与认定	本规程适用于本市新建、扩建和改建的住宅建筑围护结构节能设计、施工与验收	标龄过长，部分内容与现行国家和行业标准需协调	修编	上海标准
C-01-01-04	《公共建筑节能改造技术规范》	JGJ 176-2009	C	Ⅷ	3	1. 总则；2. 术语；3. 节能诊断；4. 节能改造判定原则和方法；5. 外围护结构热工性能改造；6. 采暖通风空调及生活热水供应系统改造；7. 供配电及照明系统改造；8. 检测和整体系统改造；9. 节能改造效果检测与评估	本规范适用于各类公共建筑的外围护结构、用能设备及系统等方面的节能改造	—	现行	行业标准
C-01-01-05	《胶合木结构技术规范》	GB/T 50708-2012	C	Ⅲ、Ⅴ、Ⅵ	3、5	1. 总则；2. 术语和符号；3. 材料；4. 基本设计规定；5. 构件设计；6. 连接设计；7. 构件防火设计；8. 构造要求；9. 构件制作；10. 构件安装施工；11. 防护与维修	本规范使用于建筑工程中承重胶合木结构的设计、施工和质量验收	—	现行	国家标准
C-01-01-06	《木结构设计规范》	GB 50005-2003	C	Ⅲ	3、5	1. 总则；2. 术语和符号；3. 材料；4. 基本设计规定；5. 木结构构件计算；6. 连接计算；7. 普通木结构；8. 胶合木结构；9. 轻型木结构；10. 木结构防火；11. 木结构防护	本规范适用于建筑工程中承重木结构的设计	标龄过长，部分内容与现行国家和行业标准需协调	修编	国家标准

序号	标准名称	标准号	类别	阶段	目标	主要内容	相关介绍	主要问题、修编或新编理由	编制建议	备注
C-01-01-07	《结构用集成材》	GB/T 26899—2011	C		3、5	1. 范围；2. 规范性引用文件；3. 术语、定义和代号；4. 要求；5. 物理化学性能试验方法；6. 产品标识；7. 结构用集成材生产及质量控制；8. 附录	本标准给出结构用集成材生产及质量控制方法和要求。本标准适用于以承重为目的、将按等级区分的层板（可指接、斜接或拼宽）沿平行于相互平行、在厚度方向层积胶合而成的结构用集成材	—	现行	国家标准
C-01-01-08	《轻型木桁架技术规范》	JGJ/T 265—2012	C	Ⅲ、Ⅴ	3、5	1. 总则；2. 术语和符号；3. 材料；4. 基本设计规定；5. 构件与材料连接；6. 轻型木桁架设计；7. 防护；8. 制作与安装；9. 围护管理；10. 附录	本规范适用于在建筑工程中使用金属齿板进行节点连接的轻型木桁架及相关结构体系的设计、制作与安装和固护管理	—	现行	行业标准
C-01-01-09	《轻型木结构建筑技术规程》	DGJ 32/TJ 129—2011	C	Ⅲ、Ⅴ、Ⅵ	3、5	1. 总则；2. 术语；3. 材料；4. 结构设计基本规定；5. 荷载作用效应计算；6. 楼盖屋盖设计；7. 剪力墙设计；8. 混合轻型木结构；9. 地基和基础；10. 轻型木桁架；11. 连接设计；12. 构造规定；13. 防火设计；14. 气密性节能设计；15. 耐久性设计；16. 隔声设计；17. 施工与质量验收	本规程适用于轻型木结构和混合轻型木结构建筑的设计、施工及工程质量验收	—	现行	江苏标准
C-01-01-10	《高强混凝土应用技术规程》	JGJ/T 281—2012	C	Ⅲ、Ⅳ、Ⅴ、Ⅵ	4	1. 总则；2. 术语和符号；3. 基本规定；4. 原材料；5. 混凝土性能；6. 配合比；7. 施工；8. 质量检验	本规程适用于高强混凝土的原材料控制、配合比设计、施工和质量检验	—	现行	行业标准

序号	标准名称	标准号	类别	阶段	目标	主要内容	相关介绍	主要问题、修编或新编理由	编制建议	备注
C-01-01-11	《再生混凝土应用技术规程》	DG/TJ 08—2018—2007	C	Ⅲ、Ⅴ、Ⅵ	6	1. 总则; 2. 术语和符号; 3. 废混凝土; 4. 再生粗集料; 5. 再生混凝土技术性能; 6. 再生混凝土配合比设计; 7. 再生混凝土制备施工及质量检验再生混凝土空心砌块; 8. 再生混凝土构件; 9. 再生混凝土道路	本规范适用于再生混凝土及其制品的生产, 以及多层房屋结构工程和道路工程中再生混凝土的设计和施工	—	现行	上海标准
C-01-01-12	《现浇轻质泡沫混凝土应用技术规程》	DGJ 32/TJ 104—2010	C	Ⅲ、Ⅳ、Ⅴ、Ⅵ	3	1. 总则; 2. 术语、符号; 3. 材料; 4. 设计; 5. 施工; 6. 验收	本规程适用于新建、改建的工业建筑、民用建筑、隔热保温、施工及工程质量验收	—	现行	江苏标准
C-01-01-13	《重型木结构技术规范》	—	C	Ⅲ、Ⅴ、Ⅵ	3、5	1. 重型结构用材料; 2. 重型木结构的构件设计、连接设计、结构计算分析和构造设计; 3. 重型木结构的防火设计和防火构造; 4. 重型木结构的制作、安装要求; 5. 重型木结构的防护与维修要求; 6. 重型木结构的检测和验收要求	本规程适用于重型木结构工程的设计、施工及工程质量验收	江苏省及国内在胶合木等重型木结构在我国土木建筑工程中的应用不断增加, 为了保障工程质量、规范重型木结构的设计、制作及施工、验收, 需制定本标准	新编(木结构设计规范同步修编)	江苏标准

墙体 (C-01-02-01)

外墙外保温 (C-01-02-01-01)

序号	标准名称	标准号	类别	阶段	目标	主要内容	相关介绍	主要问题、修编或新编理由	修编建议	备注
C-01-02-01-01-01	《墙体材料应用统一技术规范》	GB 50574—2010	C	Ⅲ、Ⅳ、Ⅴ、Ⅵ	3、4	1. 总则；2. 术语和符号；3. 墙体材料；4. 建筑节能设计；5. 结构构造设计；6. 墙体裂缝控制与构造要求；7. 施工；8. 验收；9. 墙体维护和试验	本规范适用于墙体材料的建筑工程应用	—	现行	国家标准
C-01-02-01-01-02	《外墙外保温系统技术要求及评价方法》	—	C	Ⅲ、Ⅳ、Ⅴ、Ⅵ、Ⅷ	3	本标准规定了外墙外保温系统及主要组成材料的技术要求，评价方法和试验方法	本标准适用于新建、改建和扩建的民用建筑外墙外保温系统	—	在编	国家标准
C-01-02-01-01-03	《硬泡聚氨酯保温防水工程技术规范》	GB 50404—2007	C	Ⅲ、Ⅳ、Ⅴ、Ⅵ、Ⅷ	3	1. 总则；2. 术语；3. 基本规定；4. 硬泡聚氨酯防水工程；5. 硬泡聚氨酯外墙外保温工程	本规范适用于新建、改建、扩建的民用建筑、工业建筑及既有建筑改造的硬泡聚氨酯保温防水工程的设计、施工和质量验收	—	现行	国家标准
C-01-02-01-01-04	《外墙外保温工程技术规程》	JGJ 144—2004	C	Ⅲ、Ⅳ、Ⅴ、Ⅵ	3、4	1. 总则；2. 术语；3. 基本规定；4. 性能要求；5. 外墙外保温系统构造和技术要求；6. 设计与施工；7. 工程验收；8. 附录	本规程适用于新建居住建筑以混凝土和砌体为结构的外墙外保温工程	增加新型外墙保温材料的使用规定	修编（水泥基复合保温砂浆建筑保温系统技术规程同步修编）	行业标准

序号	标准名称	标准号	类别	阶段	目标	主要内容	相关介绍	主要问题、修编或新编理由	编制建议	备注
C-01-02-01-01-05	《建筑外墙保温防火隔离带技术规程》	—	C	Ⅲ、Ⅳ、Ⅴ、Ⅵ	3	1. 外墙外保温防火隔离带及组成材料性能要求; 2. 防火隔离带构造; 3. 施工; 4. 工程验收; 5. 系统示例等内容	本规程适用于以混凝土或砌体为基层墙体、采用可燃材料为主要保温隔热材料的外墙外保温系统	—	在编	行业标准
C-01-02-01-01-06	《现浇混凝土复合膨胀聚苯板外墙外保温技术要求》	JG/T 228—2007	C	Ⅴ	3	1. 范围; 2. 规范性应用文件; 3. 术语; 4. 分类; 5. 技术要求; 6. 试验方法; 7. 检验规则和产品的标志; 8. 运输; 9. 储存	本标准适用于采用外模内置膨胀聚苯板现浇混凝土的外墙外保温系统产品	—	现行	行业标准
C-01-02-01-01-07	《硬泡聚氨酯板薄抹灰外墙外保温系统技术要求》	—	C	Ⅲ、Ⅳ、Ⅴ、Ⅵ	3	1. 定义; 2. 分类和标记; 3. 要求; 4. 试验方法; 5. 检验规则; 6. 产品合格证和使用说明书; 7. 相关产品的包装、运输和贮存	本标准适用于民用建筑采用的硬泡聚氨酯板薄抹灰外墙外保温系统产品	—	在编	行业标准
C-01-02-01-01-08	《保温防火复合板应用技术规程》	—	C	Ⅲ、Ⅳ、Ⅴ、Ⅵ、Ⅶ	3	1. 总则; 2. 术语; 3. 材料; 4. 设计; 5. 生产与运输; 6. 施工; 7. 质量检验验收	适用于工业与民用建筑物采用保温装饰复合板的外墙保温工程的设计、施工及质量验收	—	在编	行业标准

序号	标准名称	标准号	类别	阶段	目标	主要内容	相关介绍	主要问题、修编或新编理由	编制建议	备注
C-01-02-01-01-09	《聚氨酯硬泡体防水保温工程技术规程》	苏JG/T 001—2005	C	Ⅲ、Ⅴ、Ⅵ	3	1. 总则；2. 术语；3. 基本规定；4. 材料；5. 设计；6. 施工；7. 工程质量与验收；8. 附录	该规程适用于工业与民用建筑聚氨酯泡硬体防水保温的屋面、墙体工程的设计、施工及验收	—	现行	江苏标准
C-01-02-01-01-10	《岩棉外墙外保温系统应用技术规程》	苏JG/T 046—2011	C	Ⅲ、Ⅳ、Ⅴ、Ⅵ、Ⅷ	3	1. 总则；2. 术语；3. 基本规定；4. 材料性能；5. 设计；6. 施工；7. 质量验收	本规程适用于新建、扩建和改建的墙外用岩棉或岩棉保温带的设计、施工及验收。工业建筑外墙其他保温系统的岩棉防火隔离带的设计、施工及验收以及既有建筑的节能改造工程在技术条件相同时也可参照执行	—	现行	江苏标准
C-01-02-01-01-11	《HX隔离式防火保温外墙外保温系统应用技术规程》	苏JG/T 050—2012	C	Ⅲ、Ⅴ、Ⅵ	3	1. 总则；2. 术语；3. 基本规定；4. 性能要求；5. 验收；6. 施工；7. 验收	本规程适用于新建、扩建、改建的居住建筑、公共建筑和工业建筑的外墙外保温工程。屋面保温工程可参照执行	—	现行	江苏标准
C-01-02-01-01-12	《挤塑聚苯乙烯外墙外保温应用技术规程》	苏JG/T 016—2008	C	Ⅲ、Ⅴ、Ⅵ	3	1. 总则；2. 术语；3. 一般规定；4. 技术要求；5. 材料验收；6. 存放和运输；7. 施工准备；8. 施工工艺；9. 质量标准	本规程适用于江苏省范围内的工业与民用建筑的新建、扩建和既有建筑的改造，用挤塑聚苯乙烯板为保温材料的外墙外保温工程	—	现行	江苏标准

序号	标准名称	标准号	类别	阶段	目标	主要内容	相关介绍	主要问题、修编或新编理由	修编建议	备注
C-01-02-01-01-13	《复合材料保温板外墙外保温系统应用技术规程》	苏 JG/T 045—2011	C	Ⅲ、Ⅴ、Ⅵ	3	1. 总则；2. 术语；3. 基本规定；4. 材料；5. 设计；6. 施工；7. 质量验收	本规程适用于抗震设防烈度为6～8度的地区、新建、扩建和改建的居住建筑、公共建筑和工业建筑的外墙外保温设计、施工和验收。复合材料保温板屋面保温工程和内保温工程可参照执行	—	现行	江苏标准
C-01-02-01-01-14	《保温装饰板外墙外保温系统技术规程》	DGJ 32/TJ 86—2009	C	Ⅲ、Ⅳ、Ⅴ、Ⅵ、Ⅷ	3	1. 总则；2. 术语；3. 基本规定；4. 性能指标；5. 设计；6. 施工；7. 工程验收；8. 附录	本规程适用于新建、扩建和改建民用建筑及既有民用建筑节能改造的外墙外保温工程的设计、施工及验收	—	现行	江苏标准
C-01-02-01-01-15	《水泥基复合保温砂浆建筑保温系统技术规程》	DGJ 32/J 22—2006	C	Ⅲ、Ⅳ、Ⅴ、Ⅵ	3	1. 总则；2. 术语；3. 系统分类；4. 基本规定；5. 性能要求；6. 设计；7. 施工；8. 验收；9. 附录	本规程适用于新建建筑居住建筑的墙体、屋面和楼板底采用水泥基复合保温砂浆的建筑保温工程。新建公共建筑、工业建筑和既有建筑保温改造工程可参照执行	增加新型水泥基复合保温砂浆的使用规定	修编	江苏标准

序号	标准名称	标准号	类别	阶段 目标	主要内容	相关介绍	主要问题、修编或新编理由	修编建议	备注
外墙内保温（C-01-02-01-02）									
C-01-02-01-02-01	《外墙内保温复合板系统》	—	C	Ⅲ、Ⅳ、Ⅴ、Ⅵ、Ⅷ 3	1. 外墙内保温复合板系统的术语和定义；2. 分类和标记；3. 一般要求；4. 要求；5. 试验方法；6. 检验规则和标志；7. 包装；8. 运输；9. 贮存	本标准适用于以混凝土或砌体为基层墙体的新建、扩建和改建居住建筑外墙内保温工程	—	在编	国家标准
C-01-02-01-02-02	《外墙内保温工程技术规范》	JGJ/T 261—2011	C	Ⅲ、Ⅳ、Ⅴ、Ⅵ、Ⅷ 3、4	1. 总则；2. 术语；3. 基本规定；4. 性能要求；5. 设计与施工；6. 内保温系统构造和技术要求	本规程适用于以混凝土或砌体为基层墙体的新建、扩建和改建居住建筑外墙内保温工程的设计、施工及验收	—	现行	行业标准
外墙自保温（C-01-02-01-03）									
C-01-02-01-03-01	《纤维石膏空心大板复合墙体结构技术规程》	JGJ 217—2010	C	Ⅲ、Ⅳ、Ⅴ、Ⅵ 3、4	1. 总则；2. 术语和符号；3. 材料；4. 基本设计规定；5. 结构设计；6. 构造要求；7. 施工；8. 验收	本规程的主要技术内容包括：总则；术语和符号；材料；基本设计规定；结构设计；构造要求；施工；验收	—	现行	行业标准

序号	标准名称	标准号	类别	阶段目标	主要内容	相关介绍	主要问题、修编或新编理由	编制建议	备注
C-01-02-01-03-02	《混凝土小型空心砌块建筑技术规程》	JGJ/T 14—2011	C	Ⅲ、Ⅳ、Ⅴ、Ⅵ 3	1. 总则；2. 术语；3. 材料和砌体的结构设计计算指标；4. 建筑设计与建筑节能设计；5. 小砌块砌体静力设计；6. 配筋砌块砌体剪力墙静力设计；7. 抗震设计；8. 施工；9. 验收	本规程适用于非抗震地区和抗震设防烈度为6度至9度地区，以混凝土小型空心砌块材料的房屋建筑的设计、施工及工程质量验收	—	现行	行业标准
C-01-02-01-03-03	《无机轻集料砂浆保温系统技术规程》	JGJ 253—2011	C	Ⅲ、Ⅳ、Ⅴ、Ⅵ 3	1. 总则；2. 术语；3. 基本规定；4. 性能要求与进场检验；5. 设计；6. 施工；7. 质量验收	本规程适用于以混凝土和砌体为基层墙体的民用建筑工程中，采用无机轻集料砂浆保温系统的墙体保温工程的设计、施工及验收	—	现行	行业标准
C-01-02-01-03-04	《淤泥烧结保温砖自保温砌体建筑技术规程》	DGJ 32/TJ 78—2009	C	Ⅲ、Ⅳ、Ⅴ、Ⅵ 3	1. 总则；2. 术语；3. 材料；4. 结构和节能构造措施；5. 施工技术措施；6. 工程质量验收	本规程适用于夏热冬冷地区节能50%的居住建筑	—	现行	江苏标准
C-01-02-01-03-05	《混凝土多孔砖建筑技术规程》	苏 JG/T 019—2005	C	Ⅲ、Ⅳ、Ⅴ、Ⅵ 3	1. 总则；2. 材料；3. 设计；4. 施工；5. 施工质量验收	适用于多层砌体房屋、底部框架、内框架房屋、单层砖柱房屋和单层空旷房屋的设计、施工和施工质量验收	—	现行	江苏标准

序号	标准名称	标准号	类别	阶段	目标	主要内容	相关介绍	主要问题、修编或新编理由	编制建议	备注
C-01-02-01-03-06	《混凝土复合保温重自保温系统非承重砌块（砖）应用技术规程》	DGJ 32/TJ 85—2009	C	Ⅲ、Ⅳ、Ⅴ、Ⅵ、Ⅷ	3	1. 总则；2. 术语；3. 系统组成；4. 材料；5. 设计；6. 施工；7. 验收	本规程适用于非抗震地区和抗震设防烈度为6～8度地区，新建、改建、扩建民用建筑采用混凝土复合保温系统（砖）非承重自保温系统的外墙保温的设计，施工及验收。新建工业建筑和既有建筑节能改造工程可参照执行	—	现行	江苏标准
C-01-02-01-03-07	《蒸压加气混凝土砌块自保温系统应用技术规程》	DGJ 32/TJ 107—2010	C	Ⅲ、Ⅳ、Ⅴ、Ⅵ、Ⅷ	3	1. 总则；2. 术语；3. 系统组成；4. 材料；5. 设计；6. 施工；7. 验收	本规程适用于非抗震地区和抗震设防烈度为6～8度地区，新建、改建、扩建民用建筑采用蒸压加气混凝土砌块自保温系统的外墙保温工程的设计、施工及验收。新建工业建筑和既有建筑节能改造工程可参照执行	—	现行	江苏标准
C-01-02-01-03-08	《膨胀玻化微珠保温重自非承重砌块系统应用技术规程》	苏 JG/T 043—2011	C	Ⅲ、Ⅴ、Ⅵ	3	1. 总则；2. 术语；3. 基本规定；4. 性能；5. 设计；6. 施工；7. 质量验收	本规程适用于非抗震地区和抗震设防烈度8度及8度以下地区民用非承重建筑采用膨胀玻化微珠砌块自保温系统中采用膨胀玻化微珠砌块外墙保温工程的设计、施工和验收。新建工业建筑和既有建筑节能改造工业建筑工程可参照执行	—	现行	江苏标准

序号	标准名称	标准号	类别	阶段	目标	主要内容	相关介绍	主要问题、修编或新编理由	编制建议	备注
C-01-02-01-03-09	《SFJ 非承重砌块外墙体自保温系统应用技术规程》	苏 JG/T 048—2011	C			—	—	—	现行	江苏标准
C-01-02-01-03-10	《页岩模数多孔砖建筑技术规程》	苏 JG/T 004—2005	C	III、V、VI	3	1. 总则；2. 术语和符号；3. 材料和砌体的计算指标；4. 建筑和建筑节能设计；5. 结构静力设计；6. 结构抗震设计；7. 施工和施工质量验收；8. 附录	该规程适用于非抗震地区和抗震设防烈度为 6~8 度地区的一般工业与民用建筑	—	现行	江苏标准
墙体隔热 (C-01-02-01-04)										
C-01-02-01-04-01	《弹性隔热涂料保温系统应用技术规程》	苏 JG/T 026—2008	C	III、IV、V、VI	3	1. 总则；2. 术语；3. 基本规定；4. 材料；5. 设计；6. 施工；7. 工程质量验收；8. 工程维护；9. 附录	适用我省夏热冬冷地区新建居住建筑的墙体隔热保温工程的设计、施工及验收。新建公共建筑、工业建筑和既有建筑保温改造工程可参照执行	—	现行	江苏标准
楼屋面 (C-01-02-02)										
C-01-02-02-01	《屋面工程技术规范》	GB 50345—2012	C	III、IV、V、VI	3	1. 总则；2. 术语；3. 基本规定；4. 屋面工程设计；5. 屋面工程施工	本规范适用于房屋建筑屋面工程的设计和施工	—	现行	国家标准

序号	标准名称	标准号	类别	阶段	目标	主要内容	相关介绍	主要问题、修编或新编理由	编制建议	备注
C-01-02-02-02	《种植屋面工程技术规程》	JGJ 155—2007	C	Ⅲ、Ⅴ、Ⅵ	1、5	1. 总则；2. 术语；3. 基本规定；4. 种植屋面工程设计；5. 种植屋面工程设计；6. 种植屋面工程施工；7. 质量验收；8. 维护管理；9. 附录	本规程适用于新建、既有建筑屋面和地下建筑顶板种植工程的设计、施工、质量验收和维护管理	—	现行	行业标准
C-01-02-02-03	《聚氨酯硬泡体防水保温工程技术规程》	DGJ 32/TJ 95—2010	C		3	1. 总则；2. 术语；3. 基本规定；4. 材料；5. 设计；6. 施工；7. 工程质量与验收；8. 附录	该规程适用于工业与民用建筑、聚氨酯硬泡硬泡用于建筑屋面、墙体防水保温工程的设计、施工及验收	—	现行	江苏标准
门窗和幕墙（C-01-02-03）										
C-01-02-03-01	《塑料门窗工程技术规程》	JGJ 103—2008	C	Ⅲ、Ⅳ、Ⅴ、Ⅵ、Ⅶ	3	1. 总则；2. 术语；3. 工程设计；4. 质量要求；5. 安装前要求；6. 门窗安装；7. 施工安全与门窗保护；8. 门窗工程验收与保养维修	本规程适用于未增塑聚氯乙烯（PVC-U）塑料门窗的设计、施工、验收及保养维修	—	现行	行业标准
C-01-02-03-02	《建筑玻璃贴膜工程技术规程》	苏 JG/T 022—2006	C	Ⅲ、Ⅳ、Ⅴ、Ⅵ、Ⅶ、Ⅷ	3	1. 总则；2. 术语；3. 分类与标记；4. 材料；5. 设计；6. 施工；7. 验收；8. 使用和维护	该规程适用于江苏省范围内新建、改建、扩建的工业和民用建筑中玻璃贴膜的设计、施工和验收	—	现行	江苏标准

序号	标准名称	标准号	类别	阶段	目标	主要内容	相关介绍	主要问题、修编或新编理由	编制建议	备注
C-01-02-03-03	《塑料门窗工程技术规程》	DGJ 32/J62—2008	C	Ⅲ、Ⅴ、Ⅵ、Ⅶ、Ⅷ	3	1. 总则；2. 术语；3. 材料要求；4. 工程设计；5. 加工制作；6. 安装施工；7. 工程验收与保养维修	该规程适用于江苏省范围内新建、改建、扩建用的民用建筑塑料门窗工程的材料选用、设计制作、安装施工、工程验收及保养维修。工业建筑可参照执行	—	现行	江苏标准
C-01-02-03-04	《铝合金门窗工程技术规程》	DGJ 32/J07—2005	C	Ⅲ、Ⅳ、Ⅴ、Ⅵ、Ⅶ	3	1. 总则；2. 材料；3. 工程设计；4. 加工制作；5. 安装施工；6. 工程验收与保养维修	本规程适用于江苏省范围内工业与民用建筑用铝合金门窗的材料选择、设计制作、安装、工程验收及保养维修	—	现行	江苏标准

墙体（C-02-01）

外墙外保温（C-02-01-01）

序号	标准名称	标准号	类别	阶段	目标	主要内容	相关介绍	主要问题、修编或新编理由	编制建议	备注
C-02-01-01-01	《建筑外墙外保温用岩棉制品》	GB/T 25975—2010	C	Ⅴ	3	1. 建筑外墙外保温用岩棉板和岩棉带的分类和标记；2. 要求；3. 试验方法；4. 检验规则；5. 标志；6. 包装；7. 运输及贮存	本标准适用于薄抹灰外墙外保温系统用岩棉板和岩棉带	—	现行	国家标准
C-02-01-01-02	《改性膨胀珍珠岩外墙保温建筑构造——XR无机保温材料》	06CJ07	C	Ⅲ、Ⅳ、Ⅴ、Ⅵ、Ⅶ、Ⅷ	3	1. 外墙保温传热热系统；2. 外墙保温＋25厚内保温墙体系统；3. 外保温做法；4. 内保温做法	适用于新建、改建、扩建有保温隔热要求的工业与民用建筑	—	现行	国家标准

续表

序号	标准名称	标准号	类别	阶段	目标	主要内容	相关介绍	主要问题、修编或新编理由	编制建议	备注
C-02-01-01-03	《挤塑聚苯板（XPS）薄抹灰外墙外保温系统》	GB/T 30595—2014	C	Ⅲ、Ⅳ、Ⅴ、Ⅵ	3	1. 范围；2. 规范性引用文件；3. 术语和定义；4. 一般规定；5. 要求；6. 试验方法；7. 检验规则；8. 产品合格证和使用说明书；9. 包装、运输和贮存	本标准适用于民用建筑采用的挤塑聚苯板（XPS）薄抹灰外墙外保温系统	—	在编	国家标准
C-02-01-01-04	《外墙外保温系统用钢丝网架模塑聚苯乙烯板》	GB 26540—2011	C	Ⅴ	3	1. 定义；2. 分类与标记；3. 要求；4. 试验方法；5. 检验规则；6. 标志；7. 包装；8. 运输和储存	本标准适用于以工厂自动化设备生产的双面或单面钢丝网架为骨架，EPS为绝热材料，用于现浇混凝土建筑、砌体建筑及既有建筑外墙外保温系统的钢丝网架EPS板	—	现行	国家标准
C-02-01-01-05	《胶粉聚苯颗粒外墙外保温系统材料》	JG 158—2013	C	Ⅲ、Ⅳ、Ⅴ、Ⅵ	3	1. 范围；2. 规范性引用文件；3. 术语和定义；4. 分类；5. 一般要求；6. 要求实验方法；7. 检验规则；8. 产品合格证和使用说明书；9. 标志、包装、运输和贮存	本标准适用于民用建筑采用胶粉聚苯颗粒外墙外保温系统的产品	增加防火性能和构造的规定	修编（膨胀聚苯板薄抹灰外墙外保温系统、喷涂聚氨酯硬泡体保温材料同步修编）	行业标准

序号	标准名称	标准号	类别	阶段	目标	主要内容	相关介绍	主要问题、修编或新编理由	编制建议	备注
C-02-01-01-06	《膨胀聚苯板薄抹灰外墙外保温系统》	JG 149—2003	C	Ⅲ、Ⅳ、Ⅴ、Ⅵ	3	1. 膨胀聚苯板产品的定义；2. 分类和标记；3. 要求；4. 试验方法；5. 检验规则；6. 产品合格证和使用说明书；7. 产品的包装、运输和贮存	本标准适用于工业与民用建筑采用的膨胀聚苯板薄抹外墙外保温系统产品，以及配套供应的应用系统的产品	增加防火性能和构造的规定	修编（喷涂聚氨酯硬泡体保温材料同步修编）	行业标准
C-02-01-01-07	《金属装饰保温板》	JG/T 360—2012	C	Ⅲ、Ⅳ、Ⅴ、Ⅵ	3	1. 金属装饰保温板的术语和定义；2. 分类及标记；3. 材料；4. 要求；5. 试验方法；6. 检验规则；7. 标志；8. 包装；9. 运输和贮存	本标准适用于建筑外围护结构的金属装饰外墙保温板，其他用途金属保温板也可参照本标准	—	现行	行业标准
C-02-01-01-08	《增强网布 第2部分：聚合物基外墙外保温用玻璃纤维网布》	JC 561.2—2006	C	Ⅲ、Ⅳ、Ⅴ、Ⅵ	3	1. 聚合物基外墙外保温用玻璃纤维网布（以下简称网布）的术语和定义、代号；3. 要求；4. 试验方法；5. 检验规则；6. 标志；7. 包装；8. 运输和贮存	本部分适用于经有机材料涂覆处理的无碱、中碱玻璃纤维网布，主要用作墙外保温饰面系统增强材料，也可用作石膏、灰泥、沥青、树脂等基体的增强材料	—	现行	行业标准
C-02-01-01-09	《墙体保温用膨胀聚苯板乙烯板胶粘剂》	JC/T 992—2006	C	Ⅲ、Ⅳ、Ⅴ、Ⅵ	3	1. 墙体保温用膨胀聚苯板乙烯板胶粘剂（以下简称聚苯板乙烯板胶粘剂）的分类和标记；2. 要求；3. 试验方法；4. 抽样；5. 检验规则；6. 标志；7. 包装；8. 运输；9. 贮存	本标准适用于工业与民用建筑中采用粘贴膨胀聚苯乙烯板（以下简称聚苯板）的墙体保温系统用聚苯板胶粘剂	—	现行	行业标准

序号	标准名称	标准号	类别	阶段	目标	主要内容	相关介绍	主要问题、修编或新编理由	编制建议	备注
C-02-01-01-10	《外墙外保温用膨胀聚苯板用膨胀聚苯乙烯板抹面胶浆》	JC/T 993—2006	C	Ⅲ、Ⅳ、Ⅴ、Ⅵ	3	1. 外墙外保温用膨胀聚苯乙烯板抹面胶浆（以下简称抹面胶浆）的分类和标记；2. 要求；3. 试验方法；4. 抽样；5. 检验规则；6. 标志；7. 包装；8. 运输；9. 贮存	本标准适用于工业与民用建筑采用粘贴膨胀聚苯乙烯板（以下简称聚苯板）的薄抹灰外墙外保温系统用抹面胶浆。其他类型的外墙外保温系统抹面材料可参照本标准	—	现行	行业标准
C-02-01-01-11	《喷涂聚氨酯硬泡体保温材料》	JC/T 998—2006	C	Ⅲ、Ⅳ、Ⅴ、Ⅵ	3	1. 喷涂聚氨酯硬泡体保温材料（简称SPF）的定义；2. 分类；3. 要求；4. 试验方法；5. 检验规则；6. 标志；7. 包装；8. 运输与贮存	本标准适用于现场喷涂法施工的聚氨酯硬泡体非外露保温材料	增加防火性能和构造的规定	修编	行业标准
C-02-01-01-12	《挤塑聚苯板薄抹灰外墙外保温系统用砂浆》	JC/T 2084—2011	C	Ⅲ、Ⅳ、Ⅴ、Ⅵ	3	1. 挤塑聚苯板薄抹灰外墙外保温系统用砂浆的术语和定义；2. 分类和标记；3. 要求；4. 试验方法；5. 检验规则；6. 包装；7. 运输和贮存	本标准适用于建筑挤塑物挤塑聚苯板薄抹灰外墙外保温系统用粘结砂浆、抹面砂浆	—	现行	行业标准
C-02-01-01-13	《外墙外保温用环保型硅丙乳液复层涂料》	JG/T 206—2007	C	Ⅲ、Ⅳ、Ⅴ、Ⅵ	3	1. 外墙外保温用环保型硅丙乳液复层涂料的标记；2. 要求；3. 试验方法；4. 标志；5. 包装规则及标志；5. 包装和贮存	本标准适用于以硅丙乳液为基料、与颜料、体质颜料以及各种助剂配制成底层、中层和面层，按工艺要求分层施涂在外墙外保温系统上的复层涂料	—	现行	行业标准

201

序号	标准名称	标准号	类别	阶段	目标	主要内容	相关介绍	主要问题、修编或新编理由	编制建议	备注
C-02-01-01-14	《胶粉聚苯颗粒外保温系统》	—	C	Ⅲ、Ⅳ、Ⅴ、Ⅵ	3	1. 胶粉聚苯颗粒的术语和定义;2. 一般要求;3. 技术要求;4. 试验方法;5. 检验规则;6. 产品合格证和使用说明书以及系统组成材料的标志、包装、运输和贮存	本标准适用于民用建筑采用的胶粉聚苯颗粒外保温系统产品,也可供工业建筑采用胶粉聚苯颗粒外保温系统产品时参考	—	现行	行业标准
C-02-01-01-15	《外墙保温用锚栓》	JG/T 366—2012	C	Ⅲ、Ⅳ、Ⅴ、Ⅵ	3	1. 外墙保温用锚栓的分类;2. 要求;3. 性能等级;4. 试验方法;5. 检验规则;6. 标志及包装;7. 运输和储存	本标准适用于基层墙体为混凝土、砌体和加气混凝土的外墙保温系统使用的锚栓	—	现行	行业标准

外墙内保温 (C-02-01-02)

序号	标准名称	标准号	类别	阶段	目标	主要内容	相关介绍	主要问题、修编或新编理由	编制建议	备注
C-02-01-02-01	《玻璃纤维增强水泥(GRC)外墙内保温板》	JC/T 893—2001	C	Ⅲ、Ⅳ、Ⅴ、Ⅵ	3	1. 玻璃纤维增强水泥外墙内保温板的分类;2. 原材料;3. 技术要求;4. 检验规则及标志;5. 运输和储存	本标准适用于以玻璃纤维增强水泥砂浆或玻璃纤维增强水泥膨胀珍珠岩砂浆为面材、以聚苯乙烯泡沫塑料板为芯材复合而成的外墙内保温板;以其他纤维增强水泥为面材、以其他热绝缘材料复合而成的外墙内保温板可参照使用	标龄过长,与现行国家和行业标准需协调	修编(外墙内保温板同步修编)	行业标准

序号	标准名称	标准号	类别	阶段	目标	主要内容	相关介绍	主要问题、修编或新编理由	编制建议	备注
C-02-01-02-02	《外墙内保温板》	JG/T 159—2004	C	Ⅲ、Ⅳ、Ⅴ、Ⅵ	3	1. 外墙内保温板产品的术语；2. 分类；3. 技术要求；4. 试验方法；5. 检验规则和产品的标志、运输、储存	本标准适用于居住建筑外墙内保温，其他建筑需用保温的可参照执行	标龄过长，与现行国家和行业标准需协调	修编	行业标准
C-02-01-02-03	《建筑用结构保温复合夹芯板》	—	C	Ⅲ、Ⅳ、Ⅴ、Ⅵ	3	1. 建筑用结构保温复合板的规范性引用文件；2. 定义和术语；3. 分类；4. 要求；5. 试验方法；6. 检验规则；7. 标志；8. 包装；9. 运输和贮运	本标准适用于建筑结构用保温复合板	—	在编	行业标准

外墙自保温（C-02-01-03）

序号	标准名称	标准号	类别	阶段	目标	主要内容	相关介绍	主要问题、修编或新编理由	编制建议	备注
C-02-01-03-01	《自保温混凝土复合砌块》	—	C	Ⅲ、Ⅳ、Ⅴ、Ⅵ	3	1. 自保温混凝土复合砌块的术语；2. 分类；3. 原材料；4. 技术要求；5. 试验方法；6. 检验规则；7. 产品合格证；8. 堆放和运输；9. 附录	本标准适用于工业与民用建筑用的自保温混凝土复合砌块	—	在编	行业标准
C-02-01-03-02	《泡沫混凝土砌块》	JC/T 1062—2007	C	Ⅲ、Ⅳ、Ⅴ、Ⅵ	3	1. 泡沫混凝土砌块的定义；2. 分类；3. 材料；4. 标记；5. 要求；6. 试验方法；7. 检验规则及产品质量合格证、堆放、运输等	本标准适用于工业与民用建筑墙体和屋面及保温隔热使用的泡沫混凝土砌块	—	现行	行业标准

序号	标准名称	标准号	类别	阶段	目标	主要内容	相关介绍	主要问题、修编或新编理由	编制建议	备注
墙体隔热 (C-02-01-04)										
C-02-01-04-01	《建筑用金属面绝热夹芯板》	GB/T 23932—2009	C	Ⅲ、Ⅳ、Ⅴ、Ⅵ	3	1. 建筑用金属面绝热夹芯板（以下简称夹芯板）的术语和定义；2. 分类与标记；3. 要求；4. 试验方法；5. 检验规则；6. 包装；7. 运输与贮存	本标准适用于工业化生产的工业与民用建筑外墙、隔墙面、天花板的夹芯板。其他夹芯板也可参照本标准使用	—	现行	国家标准
C-02-01-04-02	《膨胀珍珠岩绝热制品》	GB/T 10303—2001	C	Ⅲ、Ⅳ、Ⅴ、Ⅵ	3	1. 膨胀珍珠岩绝热制品的分类；2. 技术要求；3. 试验方法；4. 检验规则；5. 产品合格证；6. 包装、标志、运输和贮存	本标准适用于以膨胀珍珠岩为主要成分、掺加胶粘剂、掺或不掺增强纤维而制成的膨胀珍珠岩绝热制品	标龄过长、与现行国家和行业标准需协调	修编	国家标准
C-02-01-04-03	《纤维增强硅酸钙板 第1部分：无石棉硅酸钙板》	JC/T 564.1—2008	C	Ⅲ、Ⅳ、Ⅴ、Ⅵ	3	1. 无石棉硅酸钙板的术语和定义；2. 分类；3. 规格和标记；4. 原材料；5. 要求；6. 试验方法；7. 检验规则；8. 标志与合格证；9. 运输、包装与贮存	本部分适用于建筑物内墙板、外墙板、吊顶板、车厢、海上建筑、船舶内隔板等兼有防火、隔热、防潮要求的建筑材料	—	现行	行业标准
C-02-01-04-04	《纤维增强硅酸钙板 第2部分：温石棉硅酸钙板》	JC/T 564.2—2008	C	Ⅲ、Ⅳ、Ⅴ、Ⅵ	3	1. 温石棉硅酸钙板的术语和定义；2. 分类；3. 规格和标记；4. 原材料；5. 要求；6. 试验方法；7. 检验规则；8. 标志与合格证；9. 运输、包装与贮存	本部分适用于建筑物内墙板、外墙板、吊顶板、车厢、海上建筑、船舶内隔板等兼有防火、隔热、防潮要求的建筑材料	—	现行	行业标准

序号	标准名称	标准号	类别	阶段目标	主要内容	相关介绍	主要问题、修编或新编理由	编制建议	备注
C-02-01-04-05	《膨胀珍珠岩》	JC 209—2012	C	Ⅲ、Ⅳ、Ⅴ、Ⅵ 3	1. 膨胀珍珠岩的术语和定义；2. 分类；3. 等级和标记；4. 要求；5. 试验方法；6. 检验规则及标志；7. 包装、运输和贮存等	本标准适用于温度在 73～1073K（-200～800℃）范围内作为绝热材料及用于制作绝热、吸音、防火等制品，配制建筑轻质砂浆的膨胀珍珠岩	标龄过长，与现行国家和行业标准需协调	修编（膨胀珍珠岩绝热制品同步修编）	行业标准
C-02-01-04-06	《低温装置绝热用膨胀珍珠岩》	JC/T 1020—2007	C	Ⅲ、Ⅳ、Ⅴ、Ⅵ 3	1. 低温装置绝热用膨胀珍珠岩的产品分类；2. 要求；3. 试验方法；4. 检验规则；5. 标志、包装、运输和贮存	本标准适用于空气分离设备冷箱、低温液体容器及其他低温装置绝热用膨胀珍珠岩。其使用温度范围 77K～常温（-196℃～常温）	—	现行	行业标准
C-02-01-04-07	《建筑反射隔热涂料》	JG/T 235—2014	C	Ⅲ、Ⅳ、Ⅴ、Ⅵ 3	1. 建筑反射隔热涂料的术语和定义；2. 分类；3. 要求；4. 试验方法；5. 检验规则；6. 标志；7. 包装和贮存	本标准适用于工业与民用建筑屋面和外墙用隔热涂料	—	现行	行业标准
C-02-01-04-08	《建筑外表面用热反射隔热涂料》	JC/T 1040—2007	C	Ⅲ、Ⅳ、Ⅴ、Ⅵ 3	1. 建筑外表面用热反射隔热涂料的术语和定义；2. 分类和标记；3. 要求；4. 试验方法；5. 检验规则；6. 标志、包装、运输和贮存等要求	本标准适用于通过反射太阳热辐射来减少建筑物构筑物热荷载的隔热涂料。产品主要由合成树脂、功能性颜料及各种助剂配制而成	—	现行	行业标准

205

序号	标准名称	标准号	类别	阶段	目标	主要内容	相关介绍	主要问题、修编或新编理由	编制建议	备注
隔墙保温（C-02-01-05）										
C-02-01-05-01	《建筑隔墙用保温条板》	GB/T 23450—2009	C	Ⅴ	3	1. 建筑隔墙用保温条板产品的术语和定义；3. 分类；3. 要求；4. 试验方法；5. 检验规则和产品的标志、运输、贮存	本标准适用于工业与民用建筑的非承重用保温隔墙板	—	现行	国家标准
C-02-01-05-02	《复合保温石膏板》	JC/T 2077—2011	C	Ⅲ、Ⅳ、Ⅴ、Ⅵ	3	1. 复合保温石膏板的分类和标记；2. 一般要求；3. 要求；4. 试验方法；5. 检验规则和标志、包装、运输、贮存。技术要求包括：外观质量、尺寸偏差，面密度，横向断裂裂荷载，层间粘结强度、热阻、燃烧性能	本标准适用于以聚苯乙烯泡沫塑料与纸面石膏板用胶粘剂粘结而成的，在建筑室内保温的复合保温石膏板。采用其他工艺与其他高效保温材料与纸面石膏板复合而成的保温石膏板可参照本标准执行	—	现行	行业标准
墙体吸声（C-02-01-06）										
C-02-01-06-01	《矿物棉装饰吸声板》	GB/T 25998—2010	C	Ⅲ、Ⅳ、Ⅴ、Ⅵ	7	1. 矿物棉装饰吸声板的分类和标记；2. 试验方法；3. 要求；4. 检验规则；5. 标志和标签、包装、运输及贮存	本标准适用于以湿法或干法生产的矿物棉装饰吸声板	—	现行	国家标准
C-02-01-06-02	《建筑用泡沫铝板》	JG/T 359—2012	C	Ⅲ、Ⅳ、Ⅴ、Ⅵ	3、7	1. 建筑用泡沫铝板的术语和定义；2. 分类和标记；3. 材料；4. 技术要求；5. 试验方法；6. 检验规则、标志、包装、运输贮存	本标准适用于建筑、交通降噪及节能用建筑用泡沫铝板。其他用途的建筑用泡沫铝板也可以参照使用	—	现行	行业标准

序号	标准名称	标准号	类别	阶段	目标	主要内容	相关介绍	主要问题、修编或新编理由	修编建议	备注
C-02-01-06-03	《吸声用玻璃棉制品》	JC/T 469	C	Ⅲ、Ⅳ、Ⅴ、Ⅵ	7	1. 吸声用玻璃棉制品的术语和定义；2. 技术要求；3. 试验方法；4. 分类和标志；5. 检验规则以及包装、运输及贮存	本标准适用于建筑工业吸声用玻璃棉板、玻璃棉毡	—	现行	行业标准
C-02-01-06-04	《膨胀珍珠岩装饰吸声板》	JC 430—2012	C	Ⅲ、Ⅳ、Ⅴ、Ⅵ	3、7	1. 膨胀珍珠岩装饰吸声板的术语和定义；2. 技术要求；3. 试验方法；4. 分类和标志；5. 检验规则以及包装、运输和贮存等	本标准适用于膨胀珍珠岩（体系密度≤80kg/m³）为骨料，加入无机凝胶材料以及外加剂而制成的板。主要用于室内的装饰、消声和降噪	标龄过长，与现行国家和行业标准需协调	修编	行业标准
C-02-01-06-05	《吸声用穿孔石膏板》	JC/T 803—2007	C	Ⅲ、Ⅳ、Ⅴ、Ⅵ	7	1. 吸声用穿孔石膏板的术语和定义；2. 分类和标志；3. 技术要求；4. 试验方法；5. 检验规则及包装、运输、贮存等	本标准适用于室内以吸声为目的而设置穿孔眼的穿孔石膏板	—	现行	行业标准
C-02-01-06-06	《吸声板用粒状棉》	JC/T 903—2012	C	Ⅲ、Ⅳ、Ⅴ、Ⅵ	5、7	1. 吸声板用粒状棉（以下简称粒状棉）的术语和定义；2. 标记；3. 要求实验方法；4. 检验规则以及包装、运输、贮存等	本标准适用于以矿渣、岩石等为主要原料，以制造吸声板为主要用途的粒状棉。其他用途的粒状棉亦可参照采用	标龄过长，与现行国家和行业标准需协调	修编	行业标准
C-02-01-06-07	《羊毛吸声绝热制品》	JC/T 1052—2007	C	Ⅲ、Ⅳ、Ⅴ、Ⅵ	3	1. 羊毛吸声绝热制品的术语和定义；2. 分类和标志；3. 要求；4. 试验方法；5. 检验规则；6. 标志、标签、包装、运输及贮存	本标准适用于羊毛吸声绝热制品、羊毛吸声绝热毡、羊毛吸声绝热板、羊毛吸声绝热管壳	—	现行	行业标准

楼屋面（C-02-02）

序号	标准名称	标准号	类别	阶段	目标	主要内容	相关介绍	主要问题、修编或新编理由	编制建议	备注
C-02-02-01	《建筑用金属面绝热夹芯板》	GB/T 23932—2009	C	Ⅲ、Ⅳ、Ⅴ、Ⅵ	3	1. 建筑用金属面绝热夹芯板（以下简称夹芯板）的术语和定义；2. 分类与标记；3. 要求；4. 试验方法；5. 检验规则；6. 包装、运输与贮存	本标准适用于工厂化生产的工业与民用建筑外墙、隔墙、屋面、天花板的夹芯板。其他夹芯板也可参照本标准使用	—	现行	国家标准
C-02-02-02	《建筑反射隔热涂料》	JG/T 235—2014	C	Ⅲ、Ⅳ、Ⅴ、Ⅵ	3	1. 建筑反射隔热涂料的术语和定义；2. 分类；3. 要求；4. 试验方法；5. 检验规则；6. 标志；7. 包装和贮存	本标准适用于工业与民用建筑屋面和外墙的隔热工程	—	现行	行业标准
C-02-02-03	《热反射金属屋面板》	—	C	Ⅲ、Ⅳ、Ⅴ、Ⅵ	3	1. 热反射金属屋面板（简称屋面板）的术语和定义；2. 分类；3. 代号及标记；4. 原材料；5. 要求；6. 试验方法；7. 检验规则；8. 标志；9. 包装、运输、贮存及随行文件等内容	本标准适用于建筑用热反射金属涂层屋面板。其他热反射金属面板也可参照本标准	—	在编	行业标准
C-02-02-04	《喷涂聚氨酯硬泡体保温材料》	JC/T 998—2006	C	Ⅲ、Ⅳ、Ⅴ、Ⅵ	3	1. 喷涂聚氨酯硬泡体保温材料（简称SPF）的定义；2. 分类；3. 要求；4. 试验方法；5. 检验规则；6. 标志、包装、运输与贮存	本标准适用于现场喷涂法施工的聚氨酯硬泡体非外露保温材料	—	现行	行业标准
C-02-02-05	《轻质耐热粉泡沫塑料复合保温隔热屋面板》	CAS 137—2006	C	Ⅴ	3、5	1. 轻质隔热粉泡沫塑料复合保温隔热屋面板的要求；2. 试验方法；3. 标志；4. 安装；5. 运输和贮存	本标准适用于建筑屋面、外墙的隔热保温工程	—	现行	行业标准

序号	标准名称	标准号	类别	阶段	目标	主要内容	相关介绍	主要问题、修编或新编理由	编制建议	备注
门窗和幕墙（C-02-03）										
C-02-03-01	《中空玻璃》	GB/T 11944—2012	C	Ⅲ、Ⅳ、Ⅴ、Ⅵ	3	1. 中空玻璃的规格；2. 技术要求；3. 试验方法；4. 检验规则；5. 包装、标志、运输和贮存	本标准适用于建筑、冷藏等用途的中空玻璃	—	现行	国家标准
C-02-03-02	《镀膜玻璃 第1部分：阳光控制镀膜玻璃》	GB/T 18915.1—2013	C	Ⅲ、Ⅳ、Ⅴ、Ⅵ	3	1. 阳光控制镀膜玻璃的分类；2. 定义；3. 要求；4. 试验方法；5. 检验规则；6. 包装、标志、运输和贮存	本部分适用于建筑用的阳光控制镀膜玻璃	—	现行	国家标准
C-02-03-03	《镀膜玻璃 第2部分：低辐射镀膜玻璃》	GB/T 18915.2—2013	C	Ⅲ、Ⅳ、Ⅴ、Ⅵ	3	1. 低辐射镀膜玻璃的分类；2. 定义；3. 要求；4. 试验方法；5. 检验、标志、运输和贮存	本部分适用于建筑用的低辐射镀膜玻璃。其他方面使用的低辐射镀膜玻璃可参照本部分	—	现行	国家标准
C-02-03-04	《建筑幕墙用氟碳铝单板制品》	JG/T 331—2011	C	Ⅲ、Ⅳ、Ⅴ、Ⅵ	3	1. 建筑幕墙用氟碳铝单板制品的术语；2. 定义；3. 分类及标记；4. 材料；5. 要求；6. 试验方法；7. 检验规则；包装、运输、贮存	本标准适用于建筑幕墙用铝单板。其他用途的符合方式参照本标准	—	现行	行业标准
C-02-03-05	《建筑用隔热铝合金型材》	JG 175—2011	C	Ⅲ、Ⅳ、Ⅴ、Ⅵ	3	1. 建筑用隔热铝合金型材的术语；2. 定义和符号；3. 分类与标记；4. 材料及一般要求；5. 要求；6. 试验方法；7. 检验规则；8. 标志、包装、运输和贮存	本标准适用于建筑门窗、幕墙用的穿条或浇注方式符合的隔热型材	—	现行	行业标准

序号	标准名称	标准号	类别	阶段	目标	主要内容	相关介绍	主要问题、修编或新编理由	编制建议	备注
C-02-03-06	《纤维增强混凝土装饰墙板》	JG/T 348	C	Ⅲ、Ⅳ、Ⅴ、Ⅵ	4	1. 纤维增强混凝土装饰墙板的术语和定义; 2. 分类和标记; 3. 一般要求; 4. 要求、检验方法; 5. 检验规则和标志	—	—	现行	行业标准
C-02-03-07	《门窗幕墙用纳米涂膜隔热玻璃》	JG/T 384—2012	C	Ⅲ、Ⅳ、Ⅴ、Ⅵ	3	1. 门窗幕墙用纳米涂膜隔热玻璃的术语和定义; 2. 分类; 3. 技术要求; 4. 试验方法; 5. 检验规则; 6. 标志	本标准适用于门窗幕墙用纳米涂膜隔热玻璃	—	现行	行业标准
C-02-03-08	《建筑玻璃用隔热涂料》	JG/T 338—2011	C	Ⅲ、Ⅳ、Ⅴ、Ⅵ	3	1. 建筑玻璃用隔热涂料的术语和定义; 2. 要求; 3. 试验方法; 4. 检验规则; 5. 标志、包装和贮存	本标准适用于以合成树脂乳液为基料、与颜料及各种助剂配置而成、施涂于建筑玻璃室内侧表面的隔热涂料	—	现行	行业标准
C-02-03-09	《建筑幕墙用陶板》	JG/T 324—2011	C	Ⅲ、Ⅳ、Ⅴ、Ⅵ	3	1. 建筑幕墙用陶板的术语和定义; 2. 分类和标记; 3. 要求; 4. 试验方法; 5. 检验规则; 6. 标志、包装、运输和贮存	本标准适用于挤出成型的、用于建筑幕墙的陶板	—	现行	行业标准
C-02-03-10	《建筑装饰用石材蜂窝复合板》	JG/T 328—2011	C	Ⅲ、Ⅳ、Ⅴ、Ⅵ	3	1. 建筑装饰用石材蜂窝复合板的术语和定义; 2. 分类和标记; 3. 材料; 4. 要求; 5. 试验方法; 6. 检验规则; 7. 标志、包装、运输、贮存	本标准适用于建筑幕墙及其他装饰用石材蜂窝板	—	现行	行业标准

5.3.4 暖通

见图 5-60～图 5-66。

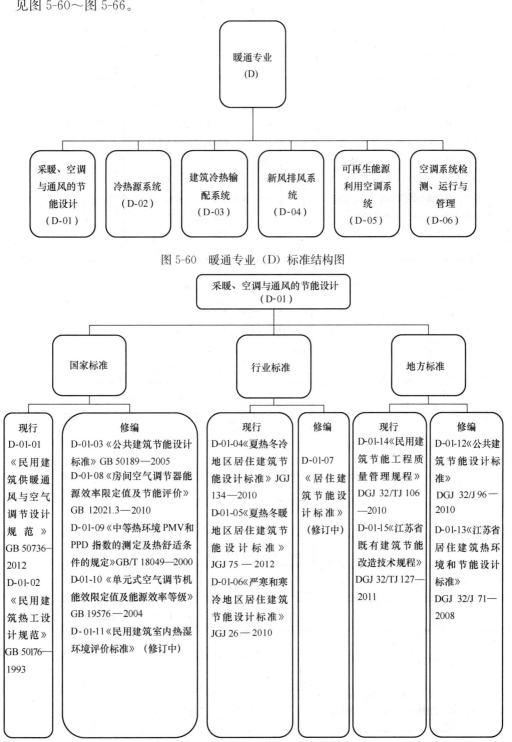

图 5-60 暖通专业（D）标准结构图

图 5-61 采暖、空调与通风的节能设计（D-01）标准结构图

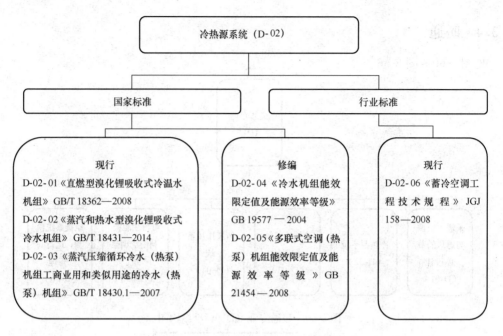

图 5-62　冷热源系统（D-02）标准结构图

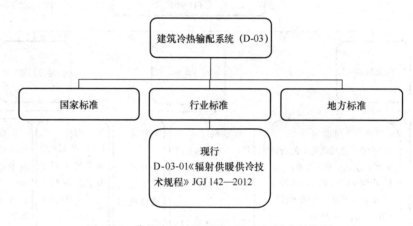

图 5-63　建筑冷热输配系统（D-03）标准结构图

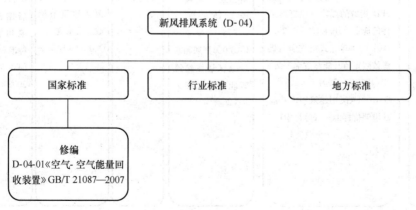

图 5-64　新风排风系统（D-04）标准结构图

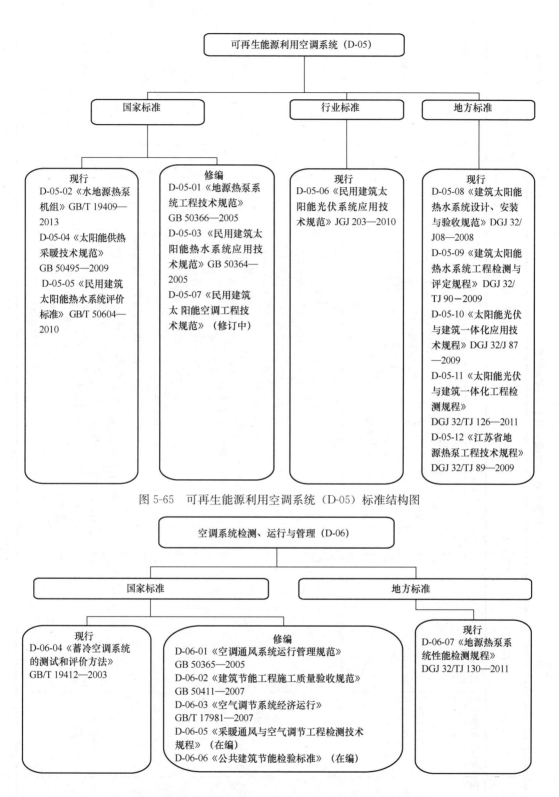

图 5-65 可再生能源利用空调系统（D-05）标准结构图

图 5-66 空调系统检测、运行与管理（D-06）标准结构图

暖通专业相关绿色建筑的标准汇总见表 5-4。

表 5-4

暖通专业相关绿色建筑的标准汇总

序号	标准名称	标准号	类别	阶段	目标	主要内容	相关介绍	主要问题、修编或新编理由	编制建议	备注
采暖、空调与通风的节能设计 (D-01)										
D-01-01	《民用建筑供暖通风与空气调节设计规范》	GB 50736—2012	D	2	3	1.室内空气计算参数；2.室外设计计算参数；3.供暖；4.通风；5.空气调节；6.冷热源；7.监测与控制；8.消声与隔振；9.绝热与防腐	适用于新建、扩建和改建的民用建筑的供暖、通风与空气调节设计。工业建筑可参照执行	—		国家标准
D-01-02	《民用建筑热工设计规范》	GB 50176—1993	D	2	3	1.室外计算参数；2.建筑热工设计要求；3.围护结构保温设计；4.围护结构隔热设计；5.采暖建筑围护结构防潮设计	规范适用于新建、扩建和改建的民用建筑热工设计。不适用于地下建筑、室内温湿度有特殊要求和特殊用途的建筑，以及简易的临时性建筑。目的为使民用建筑热工适应我国各地区气候相应。保证室内基本的热环境要求。符合国家节约能源的方针。提高投资效益	不适合现行节能设计标准。且相应的设计参数在《民用建筑供暖通风与空气调节设计规范》GB 50736—2012中都有所体现	建议作废	国家标准
D-01-03	《公共建筑节能设计标准》	GB 50189—2005	D	2	3	1.室内环境节能设计计算参数；2.建筑与建筑热工设计；3.采暖、通风和空气调节节能设计	标准适用于新建、改建和扩建的公共建筑节能设计。按照该标准进行的建筑节能设计。在保证相同的室内环境参数条件下，与未采取节能措施前相比，全年采暖、通风、空气调节和照明的总能耗应减少50%	按照公共建筑的不同类别修编	修编	国家标准

序号	标准名称	标准号	类别	阶段	目标	主要内容	相关介绍	主要问题、修编或新编理由	编制建议	备注
D-01-04	《夏热冬冷地区居住建筑节能设计标准》	JGJ 134—2010	D	2	3	1. 室内热环境和建筑节能设计指标；2. 建筑和建筑热工节能设计；3. 建筑物的节能综合指标；4. 采暖、空调和通风节能设计	标准适用于夏热冬冷地区新建、改建和扩建居住建筑节能设计。其中采暖、空调和通风节能设计计对居住建筑的采暖形式、空调方式和设备的选择等制定了强制性条文，为夏热冬冷地区居住建筑的节能设计提供了依据	—	现行	行业标准
D-01-05	《夏热冬暖地区居住建筑节能设计标准》	JGJ 75—2012	D	2	3	1. 总则；2. 术语；3. 建筑和建筑热工节能设计计算指标；4. 建筑节能设计；5. 建筑节能设计的综合评价；6. 暖通空调和照明节能设计	本标准适用于夏热冬暖地区新建、扩建和改建居住建筑的节能设计。夏热冬暖地区居住建筑施工、暖通空调和照明设计必须采取节能措施，在保证室内环境舒适的前提下，将建筑能耗控制在规定的范围内。夏热冬暖地区居住建筑的节能设计，除应符合本标准的规定外，尚应符合国家现行有关标准的规定	—	现行	行业标准
D-01-06	《严寒和寒冷地区居住建筑节能设计标准》	JGJ 26—2010	D	2	3	1. 建筑物耗热量指标和采暖耗煤量指标；2. 建筑热工设计；3. 采暖设计	贯彻节约能源的政策，扭转我国严寒和寒冷地区居住建筑采暖能耗大、热环境质量差的状况。在建筑设计和采暖设计中采用有效的技术措施，将采暖能耗控制在规定水平	—	现行	行业标准

序号	标准名称	标准号	类别	阶段目标		主要内容	相关介绍	主要问题、修编或新编理由	编制建议	备注
				2	3					
D-01-07	《居住建筑节能设计标准》		D	2	3	1. 室内热环境设计计算指标；2. 建筑与建筑热工设计；3. 采暖、通风和空气调节节能设计	本标准适用于全国新建、改建和扩建居住建筑的建筑节能设计，利于改善居住建筑热环境，提高采暖和空气调节的能源利用效率	—	修订中	行业标准
D-01-08	《房间空气调节器能源效率限定值及能效等级》	GB 12021.3—2010	D	2	3	1. 房间空气调节器（以下简称：空调器）的能效限定值；2. 节能评价值；3. 能效等级的判定方法；4. 实验方法及检验规则	本标准适用于采用空气冷却冷凝器、全封闭型电动机一压缩机，制冷量在14000W及以下，气候类型为T1的空调器。本标准不适用于移动式、转速可控型、多联式空调机组	增加空气调节器的类型，增加节能评价指标	修编	国家标准
D-01-9	《中等热环境PMV和PPD指数的测定及热舒适条件的规定》	GB/T 18049—2000	D	2	3	1. 预计平均热感觉指数；2. 预计不满意者的百分数；3. 涡动气流强度；4. 可接受的舒适热环境	本标准适用于室内工作环境的设计或对现有室内工作环境进行评价。本标准是对人体所暴露的中等和极端热热环境的测量方法及其评价中规定的系列标准内容也可列入《民用建筑室内热湿环境评价标准》（在编）中。其中只对中等热环境的一项，并规定了可接受的热舒适条件	舒适热环境应与节能设计标准的热环境相吻合。此标准内容也可并入《民用建筑室内热湿环境评价标准》（在编）	修编	国家标准
D-01-10	《单元式空气调节机能效限定值及能源效率等级》	GB 19576—2004	D	2	3	1. 能源效率限定值；2. 能源效率评定方法；3. 能源效率等级；4. 检验规则；5. 能源效率等级标注	标准规定了单元式空气调节机的能源效率限定值、能源效率评定方法、试验方法和检验规则。适用于名义制冷量大于7100W，采用电机驱动压缩机的单元式空气调节机、风管送风式和屋顶式空调机组。不包括多联式空调机组和变频空调机	增加空气调节器的类型，增加节能评价指标	修编	国家标准

序号	标准名称	标准号	类别	阶段	目标	主要内容	相关介绍	主要问题、修编或新编理由	编制建议	备注
D-01-11	《民用建筑室内热湿环境评价标准》					1. 人工冷热源环境；2. 非人工冷热源环境；3. 室内热湿环境基本参数测量	本标准主要确定了民用建筑室内热湿环境的划分及评价方法，以规范民用建筑室内热湿环境的评价、营造及运行，适用于建筑的设计和使用两个阶段的评价，并分为三个评价等级。目的是为了根据建筑的使用要求、气候、适应性等条件，合理控制建筑室内热湿环境，鼓励营造舒适、节能的室内热湿环境	—	在编	国家标准
D-01-12	《公共建筑节能设计标准》	DGJ 32/J 96—2010	D	2	3	1. 总则；2. 术语；3. 建筑及建筑热工设计；4. 采暖、通风和空调节能设计；5. 电气节能设计；6. 给水节能设计；7. 可再生能源应用；8. 用能计量；9. 检测与控制	明确了冷热源节能设计的一般规定，为江苏省工程建设强制性标准	按照《公共建筑的不同类别修编	修编	地方标准
D-01-13	《江苏省居住建筑热环境和节能设计标准》	DGJ 32/J 71—2008	D	2	3	1. 设计指标；2. 建筑热工设计的规定性指标；3. 围护结构的规定性指标；4. 建筑物的节能综合指标；5. 采暖、空调设计；6. 太阳能利用	该标准适用于江苏地区新建、改建和扩建的居住建筑节能设计。其颁发的目的为改善建筑物室内热环境，提高我省居住建筑物采暖、空调降温等方面能耗的使用效率	居住建筑热工设计指标有所变化、建筑物的节能、建筑能综合指标需进一步评价	修编	地方标准

序号	标准名称	标准号	类别	阶段	目标	主要内容	相关介绍	主要问题、修编或新编理由	编制建议	备注
D-01-14	《民用建筑节能工程质量管理规程》	DGJ 32/TJ 106—2010	D	2	3	1. 采暖、通风和空调节的热负荷和逐项的冷负荷计算参数；2. 采暖和空调节系统的热源；3. 锅炉的额定热效率	用于江苏省省行政区域内新建、扩建民用建筑节能的工程质量管理，改营民用建筑节能工程建设运管各环节的工程质量管理；规范民用建筑节能工程质量管理；实现江苏省建筑节能各阶段目标	—	—	地方标准
D-01-15	《江苏省既有建筑节能改造技术规程》	DGJ 32/TJ 127—2011	D	2	3	1. 节能诊断；2. 节能判定原则与方法；3. 设计要求；4. 设备要求；5. 施工要求；6. 验收要求	适用于各类既有民用建筑的外围护结构、用能设备及系统等方面的节能改造。规程结合江苏省建筑气候特点和既有建筑节能的具体情况，在保证室内热舒适环境的基础上，提高既有建筑用能系统的能源利用效率，减少温室气体排放，改善室内热环境，规范既有建筑节能改造的技术要求，保证节能改造工程质量	—	—	地方标准

冷热源系统 (D-02)

序号	标准名称	标准号	类别	阶段	目标	主要内容	相关介绍	主要问题、修编或新编理由	编制建议	备注
D-02-01	《直燃型溴化锂吸收式冷温水机组》	GB/T 18362—2008	D	2	3	1. 直燃型溴化锂吸收式冷（温）水机组（简称：直燃机）的术语和定义；2. 形式与基本参数；3. 技术要求；4. 试验方法；5. 检验规则；6. 标志、包装、运输和贮存	本标准适用于以燃油、燃气直接燃烧为热源，以水为制冷剂，溴化锂水溶液作吸收液，交替或者同时制取制空气调节、工艺冷水、温水及生活热水的机组。其他同类运行的机组可参照执行	—	—	国家标准

序号	标准名称	标准号	类别	阶段	目标	主要内容	相关介绍	主要问题、修编或新编理由	编制建议	备注
D-02-02	《蒸气和热水型溴化锂吸收式冷水机组》	GB/T 18431—2014	D	2	3	1. 蒸汽和热水型溴化锂吸收式冷水机组的定义；2. 形式与基本参数；3. 技术要求；4. 试验方法；5. 检验规则，标志等	空调或工艺用蒸汽和热水型单双效溴化锂吸收式冷水型蒸汽和热水型溴化锂吸收式热泵亦应参照使用	—	—	国家标准
D-02-03	《蒸气压缩循环冷水（热泵）机组工商业用和类似用途的冷水（热泵）机组》	GB/T 18430.1—2007	D	2	3	1. 电动机驱动采用蒸汽压缩制冷循环应用于工商业和类似用途的冷水（热泵）机组的形式与基本参数；2. 技术要求；3. 试验方法；4. 检验规则；5. 标志、包装和贮存的基本要求	适用于制冷量为 50kW 以上的集中空调或工艺用冷水的机组，也适用于为防止室外气温降低而引起冻结，在水中溶解化学药剂作载冷（热）的机组	—	—	国家标准
D-02-04	《冷水机组能效限定值及能源效率等级》	GB 19577—2004	D	2、3、4	3	1. 范围；2. 规范性引用文件；3. 术语和定义；4. 能源效率限定值；5. 能源效率评价值；6. 能源效率试验方法；7. 检验规则及能源效率等级标注	适用于电机驱动压缩机的蒸汽压缩循环冷水（热泵）机组	冷水机组能源效率限定值、能源效率等级、能效评价值、试验方法和检验规则等变化导致标准的改变	修编	国家标准
D-02-05	《多联式空调（热泵）机组能效限定值及能源效率等级》	GB 21454—2008	D	2、3、4	3	1. 多联式空调（热泵）机组的制冷综合性能系数限定值、节能评价值；2. 能源效率等级的判定规则；3. 试验方法、试验检验及检验规则	适用于气候类型为 T1 的多联式空调（热泵）机组，不适用于双制冷循环系统和多制冷循环系统的机组	多联式空调（热泵）机组的制冷综合性能系数限定值、节能评价值、能源效率等级等级的变化导致标准的改变	修编	国家标准

序号	标准名称	标准号	类别	阶段目标	主要内容	相关介绍	主要问题、修编或新编理由	编制建议	备注
D-02-06	《蓄冷空调工程技术规程》	JGJ 158—2008	D	2、3、4	1. 设计；2. 施工安装；3. 调试、检测及验收；4. 蓄冷空调系统的运行管理	适用于新建、改建、扩建的工业与民用建筑的蓄冷空调工程的设计、施工、调试及运行管理	—	—	行业标准

建筑冷热输配系统 (D-03)

序号	标准名称	标准号	类别	阶段目标	主要内容	相关介绍	主要问题、修编或新编理由	编制建议	备注
D-03-01	《辐射供暖供冷技术规程》	JGJ 142—2012	D	2、3、4	规程对地面辐射供暖工程施工图的设计深度、图面表达内容要求等作出了具体的规定，并对地面构造、热负荷的计算、地面散热量的计算、低温热水系统的设计、发热电缆系统的设计等作了具体的要求	规程适用于新建的工业与民用建筑物，以热水为热媒或以发热电缆为加热元件的地面辐射供暖工程的设计、施工及验收。其颁发目的为规范地面辐射供暖工程的设计、施工及验收，做到技术先进、经济合理、安全适用和保证工程质量	辐射供暖技术发展较快，形式多样化，应增加新内容	修编	行业标准

新风排风系统 (D-04)

序号	标准名称	标准号	类别	阶段目标	主要内容	相关介绍	主要问题、修编或新编理由	编制建议	备注
D-04-01	《空气-空气能量回收装置》	GB/T 21087—2007	D	2、3、4	1. 范围；2. 规范性引用文件；3. 术语和定义；4. 分类和标记；5. 要求；6. 试验；7. 检验规则；8. 标志、包装、运输和贮存；9. 随机技术文件中用于能量回收装置的基本内容。这里的空气-空气能量回收装置指的是以能量回收芯体为核心，通过通风换气实现排风能量回收功能的设备组合	本标准适用于在采暖、通风、空调、净化系统中用于回收空气能量的空气能量回收装置	增加能量回收装置的形式	修编	国家标准

可再生能源利用空调系统（D-05）

序号	标准名称	标准号	类别	阶段目标	主要内容	相关介绍	主要问题、修编或新编理由	编制建议	备注
D-05-01	《地源热泵系统工程技术规范》	GB 50366—2005	D	2、3、6、3、4	1. 工程勘察；2. 地埋管换热系统；3. 地下水换热系统；4. 地表水换热系统；5. 建筑物内系统及整体运转、调试与验收	适用于以岩土体、地下水、地表水为低温热源，以水或添加防冻剂的水溶液为传热介质，采用蒸气压缩热泵技术进行供热、空调或加热生活热水的系统工程的设计、施工及验收	增加地源热泵新技术相关内容	修编	国家标准
D-05-02	《水（地）源热泵机组》	GB/T 19409—2013	D	2、3、6、3、4	1. 形式与基本参数；2. 技术要求；3. 试验方法；4. 检验规则；5. 标志、包装、运输和贮存	标准适用于以电动机械压缩式系统，以水为冷（热）源的户用、工商业和类似用途的水源热泵机组。介绍的机组类型包括：冷热风型水源热泵机组、冷热水型水源热泵机组、水环式水源热泵机组、地下水式水源热泵机组、地下环路式水源热泵机组	增加水源热泵新技术相关内容	修编	国家标准
D-05-03	《民用建筑太阳能热水系统应用技术规范》	GB 50364—2005	D	2、3、6、3、4	1. 基本规定；2. 太阳能热水系统设计；3. 规划和建筑设计；4. 太阳能热水系统安装；5. 太阳能热水系统验收	规范适用于城镇中使用太阳能热水系统的新建、扩建和改建的民用建筑，以及改造既有建筑上已安装的太阳能热水系统或在既有建筑上增设太阳能热水系统	增加太阳能应用新相关内容，增加与建筑一体化设计内容	修编	国家标准

序号	标准名称	标准号	类别	阶段	目标	主要内容	相关介绍	主要问题、修编或新编理由	编制建议	备注
D-05-04	《太阳能供热采暖技术规范》	GB 50495—2009	D	2、3、4	3、6	1. 太阳能供热采暖系统设计；2. 太阳能供热采暖工程施工；3. 太阳能供热采暖调试；4. 验收与效益评估	该规范适用于新建、扩建和改建建筑中使用太阳能供热采暖系统的工程，以及在既有建筑上改造或增设太阳能供热采暖系统的工程。规定供热采暖工程的设计、施工及验收，做到安全适用、经济合理，技术先进可靠，保证工程质量	—	—	国家标准
D-05-05	《民用建筑太阳能热水系统评价标准》	GB/T 50604—2010	D	2、3、4	3、6	1. 系统与建筑集成评价；2. 系统适用性能评价；3. 系统安全性能评价；4. 系统耐久性能评价；5. 系统经济性能评价；6. 系统部件评价	标准适用于评价新建、扩建和改建的民用建筑上使用的太阳能热水系统，以及在既有建筑上增设、改造的太阳能热水系统。其颁发目的为推进在建筑上利用太阳能热水系统、规范民用建筑太阳能热水系统的评价	—	—	国家标准
D-05-06	《民用建筑太阳能光伏系统应用技术规范》	JGJ 203—2010	D	2、3、4	3、6	1. 太阳能光伏系统设计；2. 规划、建筑和结构设计；3. 太阳能光伏系统安装；4. 工程验收	规范适用于新建、扩建和改建的民用建筑光伏系统工程、建的民用建筑光伏系统工程，以及在既有民用建筑上安装或改造已安装的光伏系统工程的设计、安装和验收	—	—	行业标准

续表

序号	标准名称	标准号	类别	阶段	目标	主要内容	相关介绍	主要问题、修编或新编理由	编制建议	备注
D-05-07	《民用建筑太阳能空调工程技术规范》		D	2、3、4	3、6	1. 太阳能空调系统设计；2. 规划和建筑设计；3. 太阳能空调系统安装；4. 太阳能空调系统验收；5. 太阳能空调系统运行管理	规范适用于新建、扩建和改建的民用建筑中使用以热力制冷为主的太阳能空调工程，以及在既有建筑上改造、增设的以热力制冷为主的太阳能空调系统工程	—	在编	国家标准
D-05-08	《建筑太阳能热水系统设计、安装与验收规范》	DGJ 32/J 08—2008	D	2、3、4	3、6	1. 太阳能热水系统设计；2. 太阳能与建筑一体化设计；3. 管材、附件和管道敷设；4. 控制与操作；5. 太阳能热水系统安装；6. 试运行；7. 验收；8. 移交使用	其颁发的目的为积极推广太阳能利用技术，规范太阳能热水系统的设计、安装、调试及工程验收，使建筑太阳能热水系统安全可靠、性能稳定，与建筑完美结合	—	—	地方标准
D-05-09	《建筑太阳能热水系统工程检测与评定规程》	DGJ 32/TJ 90—2009	D	2、3、4	3、6	1. 基本规定；2. 系统热性能检测；3. 安全性能检验；4. 辅助加热系统检验；5. 控制系统检验；6. 系统运行状况检验；7. 检修条件的检验；8. 综合评定；9. 检测报告等	规程适用于建筑太阳能热水系统、集中供热水系统及分散供热水系统的检测与评定	—	—	地方标准
D-05-10	《太阳能光伏与建筑一体化应用技术规程》	DGJ 32/J 87—2009	D	2、3、4	3、6	1. 光伏系统设计；2. 光伏建筑设计；3. 光伏系统安装；4. 环保、卫生、安全、消防；5. 工程质量验收；6. 运行管理与维护	适用于新建、改建和扩建的工业与民用建筑光伏系统工程，以及在既有建筑上安装或改造已安装的光伏系统工程的设计、施工、验收和运行维护	—	—	地方标准

续表

序号	标准名称	标准号	类别	阶段	目标	主要内容	相关介绍	主要问题、修编或更新编制理由	编制建议	备注
D-05-11	《太阳能光伏与建筑一体化工程检测规程》	DGJ 32/TJ 126—2011	D	2、3、4	6、3	1. 系统基础工程及支架工程检测；2. 光伏组件及方阵工程检测；3. 系统交流输出性能检测；5. 储能系统工程检测；4. 系统电气安全性能检测；6. 系统运行状况检查；7. 检测报告	适用于新建、改建和扩建的工业与民用太阳能光伏与建筑一体化工程，以及在既有工业与民用建筑上安装和改造已安装的光伏系统工程的检测	—	—	地方标准
D-05-12	《江苏省地源热泵工程技术规程》	DGJ 32/TJ 89—2009	D	2、3、4	6、3	1. 地源热泵系统；2. 工程勘察与设计；3. 地埋管换热系统；4. 地表淡水换热系统；5. 污水换热系统；6. 海水换热系统	适用于江苏省行政辖区内以岩土体、地表水（含地表水、海水及城市污水）为低位热源，采用热泵技术进行供热、空调的可行性研究、工程设计、施工与验收及运行管理。编制目的为规范地源热泵系统可行性分析、工程设计、施工、验收等	—	—	地方标准

空调系统检测、运行与管理（D-06）

序号	标准名称	标准号	类别	阶段	目标	主要内容	相关介绍	主要问题、修编或更新编制理由	编制建议	备注
D-06-01	《空调通风系统运行管理规范》	GB 50365—2005	D	3、4	7、8	1. 管理要求；2. 技术要求；3. 运行管理综合评价和突发事件应急管理措施等	适用于民用建筑中集中管理的空调通风系统的常规运行管理，以及在发生与空调通风系统相关的突发性事件时，应采取的相关应急运行管理	建筑设备自动控制的要求提高，协同节能的标准提高，因而需要修编	修编	国家标准

序号	标准名称	标准号	类别	阶段	目标	主要内容	相关介绍	主要问题、修编或新编理由	编制建议	备注
D-06-02	《建筑节能工程施工质量验收规范》	GB 50411—2007	D	3、4	3、7、8	1. 墙体节能工程；2. 幕墙节能工程；3. 门窗节能工程；4. 屋面节能工程；5. 地面节能工程；6. 采暖节能工程；7. 通风与空调节能工程；8. 空调与采暖系统冷热源和附属设备及其管网节能工程；9. 配电与照明节能工程；10. 监测与控制节能工程；11. 建筑节能分部工程质量验收	适用于新建、改建和扩建的民用建筑工程中墙体、建筑幕墙、门窗、屋面、地面、采暖、通风与空调、采暖与空调系统的冷热源和附属设备及其管网，配电与照明，监测与控制节能工程施工质量的验收，适用于既有建筑节能改造工程施工质量的验收	随着节能标准要求的提高而修编	远期修编	国家标准
D-06-03	《空气调节系统经济运行》	GB/T 17981—2007	D	3、4	3、7、8	1. 空气调节系统经济运行的基本要求；2. 空气调节系统经济运行的评价指标与方法；3. 节能管理；4. 附录。其中空气调节系统经济运行内容包含冷热源设备经济运行、空调水系统经济运行等	标准适用于公共建筑（包括中使用中央空调系统的居住建筑）采用集中空调系统。规定了空气调节系统经济运行的基本要求、评价指标与方法和节能管理	随着节能标准要求的提高而修编	远期修编	国家标准
D-06-04	《蓄冷空调系统的测试和评价方法》	GB/T 19412—2003	D	3、4	3、7、8	1. 术语和定义；2. 测试、评价内容；3. 试验；4. 试验报告	标准适用于由制冷蓄冷系统和供冷系统所组成的蓄冷空调系统，其中制冷蓄冷以某种传热流体制冷、蓄冷和释冷，而供冷系统可以是任何形式和任何供冷介质。标准规定了蓄冷空调系统技术性能的测试、经济评价方法，既作为评价方法，试验评价方法，同时用于蓄冷空调系统方案论证评估的方法	标准标龄过长	—	国家标准

序号	标准名称	标准号	类别	阶段	目标	主要内容	相关介绍	主要问题、修编或新编理由	编制建议	备注
D-06-05	《采暖通风与空气调节工程检测技术规程》		D	3、4	3、7、8	1. 基本技术参数性能指标测试方法；2. 采暖工程；3. 通风与空调工程；4. 洁净工程；5. 恒温恒湿工程。其中采暖与空调和通风与空调工程包含施工过程和调试运行过程的检测内容和检测要求	用于采暖通风与空气调节工程中基本技术参数性能指标检测试，以及供暖、通风与空调、洁净、恒温恒湿的过程检测、测试与试运行、运行效果检测	—	在编	国家标准
D-06-06	《公共建筑节能检验标准》		D	3、4	3、7、8	1. 建筑物平均温湿度检验；2. 非透光围护结构热工性能检验；3. 透光围护结构热工性能检验；4. 建筑围护结构气密性能检验；5. 采暖空调水系统性能检验；6. 空调风系统性能检验；7. 建筑物年采暖空调能耗及年冷源系统能效比检验；8. 供配电系统性能检验；9. 照明系统性能检验；10. 监测与控制系统性能检验等	本标准的适用范围涵盖了公共建筑节能设计标准所适用的范围。本标准也同样适用于既有公共建筑的节能检测	—	在编	国家标准
D-06-07	《地源热泵系统性能检测规程》	DGJ 32/TJ 130—2011	D	3、4	3、7、8	1. 建筑物内温湿度的检测；2. 输送系统检测；3. 地源热泵系统水流量检测；4. 地源热泵机组性能系数检测；5. 地源热泵系统能效比检测；6. 冷却塔性能检测	适用于江苏省新建、扩建和改建建筑中地源热泵系统的检测，凡是使用除了民用建筑。地源热泵系统的民用和部分工业建筑物均适用	—	—	地方标准

5.3.5 给排水

见图 5-67～图 5-71。

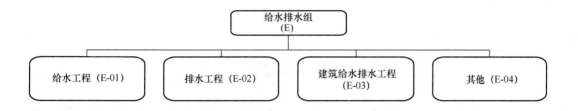

图 5-67 给水排水（E）标准结构图

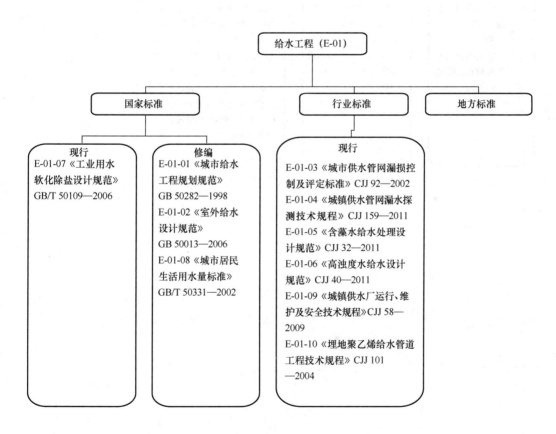

图 5-68 给水工程（E-01）标准结构图

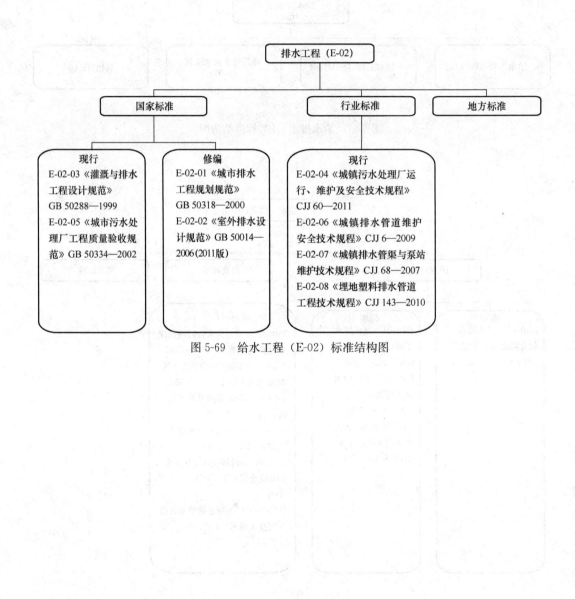

图 5-69　给水工程（E-02）标准结构图

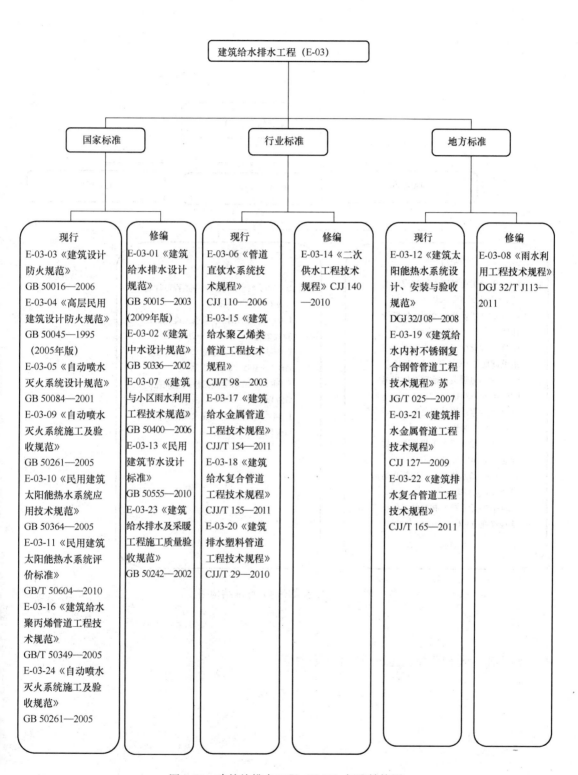

图 5-70　建筑给排水工程（E-03）标准结构图

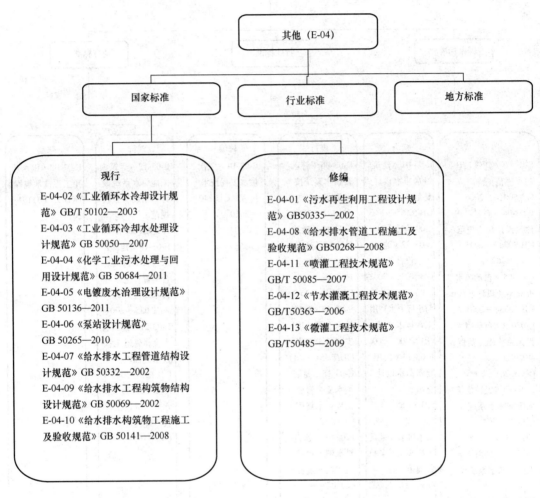

图 5-71　其他（E-04）标准结构图

给排水专业相关绿色建筑的标准汇总见表 5-5。

给排水专业相关绿色建筑的标准汇总

表 5-5

序号	标准名称	标准号	类别	阶段	目标	主要内容	相关介绍	主要问题、修编或新编理由	编制建议	备注
给水工程（E-01）										
E-01-01	《城市给水工程规划规范》	GB 50282—1998	E	Ⅰ、Ⅱ	2	1. 加强节水、水资源保护和合理利用的内容，尤其是资源型缺水城市再生水的利用；2. 城市用水量预测指标的调整和补充	适用于城市总体规划中的给水工程规划	建议修订，根据节约用水量指标进行给水规模计算，增加实施再生水利用、雨水利用等非传统水源利用的情况下，确定给水规模的方法；增加供水管网集中二次加压泵房设计方法；增加再生水管网布置及设计方法	修编（室外给水设计规范、泵站设计规范、二次供水工程技术规程需同步修编）	国家标准
E-01-02	《室外给水设计规范》	GB 50013—2006	E	Ⅱ	2		本规范适用于新建、扩建或改建的城镇及工业区永久性给水工程设计	建议增加供水管网集中二次加压泵房设计方法；增加再生水管网布置及设计方法	修编（建筑给水排水设计规范、二次供水工程技术规程需同步修编）	国家标准
E-01-03	《城市供水管网漏损控制及评定标准》	CJJ 92—2002	E	Ⅳ、Ⅴ、Ⅵ	2、8	1. 总则；2. 术语；3. 一般规定；4. 管网管理及改造；5. 漏水检测方法；6. 评定	本标准适用于城市供水管网的漏损控制及评定	—	现行	行业标准

序号	标准名称	标准号	类别	阶段	目标	主要内容	相关介绍	主要问题、修编或新编理由	编制建议	备注
E-01-04	《城镇供水管网漏水探测技术规程》	CJJ 159—2011	E	IV	2	1. 总则；2. 术语和符号；3. 基本规定；4. 流量法；5. 压力法；6. 噪声法；7. 听音法；8. 相关分析法；9. 其他方法；10. 成果检验与成果报告	本规程适用于城镇供水管网的漏水探测	—	现行	行业标准
E-01-05	《含藻水给水处理设计规范》	CJJ 32—2011	E	II	5	1. 总则；2. 术语和符号；3. 含藻水处理技术；4. 水源保护及水质突然变化的应急处理防治和应急处理要求；5. 消毒要求等	适用于以含藻的水库、湖泊为水源的城市给水处理设计	—	现行	行业标准
E-01-06	《高浊度水给水设计规范》	CJJ 40—2011	E	II	5	1. 总则；2. 术语和符号；3. 给水系统；4. 取水工程；5. 水处理工艺流程；6. 水处理药剂；7. 沉淀（澄清）构筑物；8. 排泥；9. 应急措施	本规范适用于新建、扩建或改建的以高浊度水为水源的城镇及工业区永久性给水工程设计	—	现行	行业标准
E-01-07	《工业用水软化除盐设计规范》	GB/T 50109—2006	E	II	2	1. 总则；2. 术语；3. 水处理站；4. 软化和除盐；5. 药品计量、贮存和计量；6. 控制及仪表；7. 附录	本规范适用于新建、扩建或改建的工业用水软化、除盐工程的设计，不适用于水的预处理和废水处理	—	现行	国家标准

序号	标准名称	标准号	类别	阶段	目标	主要内容	相关介绍	主要问题或新编理由	编制建议	备注
E-01-08	《城市居民生活用水量标准》	GB/T 50331—2002	E	Ⅰ、Ⅱ	2	1. 总则；2. 术语；3. 用水量标准。为了有效缓解水资源短缺，制定《城市居民生活用水量标准》是我国节水工作中的一项基础性建设工作，对指导城市供水价格改革工作、建立以节水用水体系核心的合理用水价机制，将起到重要作用	本标准适用于确定城市居民生活用水量指标。各地在制定本地区的城市居民生活用水的地方标准时，应符合本标准的规定	建议修订居民生活节水用水量指标	修编（建筑给水排水设计规范需同步修编）	国家标准
E-01-09	《城镇供水厂运行、维护及安全技术规程》	CJ 58—2009	E	Ⅳ	2、8	1. 总则；2. 水质监测；3. 制水生产工艺；4. 供水设施；5. 制水设施运行；6. 供水设备运行；7. 供水设备维护；8. 安全	本规程适用于以地表水和地下水为水源的城镇供水厂的运行、维护及安全管理	—	现行	行业标准
E-01-10	《埋地聚乙烯给水管道工程技术规程》	CJJ 101—2004	E	Ⅱ、Ⅲ	2、4	1. 总则；2. 术语、符号；3. 材料；4. 管道系统设计；5. 管道连接；6. 管道敷设；7. 水压试验、冲洗与消毒；8. 管道系统的竣工及验收；9. 管道维修	本规程适用于水温不大于40℃、工作压力不大于1.0MPa的埋地聚乙烯给水管道的工程设计、施工及验收	—	现行	行业标准

排水工程 (E-02)

序号	标准名称	标准号	类别	阶段	目标	主要内容	相关介绍	主要问题或新编理由	编制建议	备注
E-02-01	《城市排水工程规划规范》	GB 50318—2000	E	Ⅰ、Ⅱ	2、5	1. 城市排水规划范围和排水体制；2. 排水量和规模；3. 排水系统布局；4. 排水系统安全性以及排水管；5. 污水处理厂；6. 污水处理与再利用等技术规定	适用于设市城市总体规划阶段的排水工程规划	建议增加再生水管网布置及设计方法	修编	国家标准

序号	标准名称	标准号	类别	阶段	目标	主要内容	相关介绍	主要问题、修编或новых编理由	编制建议	备注
E-02-02	《室外排水设计规范》	GB 50014—2006 (2011版)	E	II	2、5	1. 修订设计流量和设计水质；2. 排水管渠和附属构筑物等	适用于新建、扩建或改建的城镇、工业区和居住区的永久性的室外排水工程设计	建议增加透水地面径流系数、在进行雨水工程设计时需考虑雨水入渗措施对径流量的降低	修编（泵站设计规范需同步修编）	国家标准
E-02-03	《灌溉与排水工程设计规范》	GB 50288—1999	E	II	2、5	在原规范主要章节、条款等内容的基础上，根据国家标准编写要求及灌区建设发展，增加"术语及符号"、"灌区信息化"等章节内容，对部分条款进行调整	适用于新建、扩建和改建的灌溉与排水工程设计	—	现行	国家标准
E-02-04	《城市污水处理厂运行、维护及其安全技术规程》	CJJ 60—2011	E	IV	2、5、8	1. 总则；2. 基本规定；3. 污水处理；4. 污泥处理与处置；5. 臭气处理；6. 深度处理；7. 化验检测；8. 电气及自动控制；9. 生产运行记录及报表；10. 应急预案	本规程适用于城镇污水处理厂的运行、维护及其安全操作	—	现行	行业标准
E-02-05	《城市污水处理厂工程质量验收规范》	GB 50334—2002	E	III	2、5	1. 总则；2. 术语；3～9. 土建工程；10. 沼气柜（罐）和压力容器工程、主要措金属罐体的制造、11～12. 机电设备安装和自动控制系统工程；13. 厂区配套工程。最后部分为附录。由于本部分专业国家已经制定了相关的标准，本规范未加以叙述，直接引用，在执行本规范的过程中，同样要执行其他相关的规范标准	本规范适用于新建、扩建、改建的城市污水处理厂工程施工质量验收	—	现行	国家标准

序号	标准名称	标准号	类别	阶段	目标	主要内容	相关介绍	主要问题、修编或新编理由	编制建议	备注
E-02-06	《城镇排水管道维护安全技术规程》	CJJ 6—2009	E	IV	2、4、5	1. 总则；2. 术语；3. 基本规定；4. 维护作业；5. 井下作业；6. 防护设备与用品；7. 事故应急救援	本规程适用于城镇排水管道及其附属构筑物的维护安全作业	—	现行	行业标准
E-02-07	《城镇排水管渠与泵站维护技术规程》	CJJ 68—2007	E	IV	2、8	1. 总则；2. 术语；3. 排水管渠。本规程修订的主要技术内容是：排水管道中增加管道检查、明渠维护，增加了信息管理；排水泵站中增加了消防安全设施、档案与技术资料管理等	本规程适用于城市市政排水管渠与泵站的维护	—	现行	行业标准
E-02-08	《埋地塑料排水管道工程技术规程》	CJJ 143—2010	E	II、III	2、4、5	1. 总则；2. 术语和符号；3. 材料；4. 设计；5. 施工；6. 检验；7. 验收	本规程适用于新建、扩建和改建的无压埋地塑料排水管道工程的设计、施工及验收	—	现行	行业标准
建筑给水排水工程（E-03）										
E-03-01	《建筑给水排水设计规范》	GB 50015—2003（2009 年版）	E	II	2、	1. 总则；2. 术语符号；3. 给水系统设计；4. 水质防污染；5. 游泳池和水上娱乐池；6. 水景；7. 循环冷却和冷水；8. 排水系统设计；9. 小型污水处理；10. 雨水设计；11. 热水供应系统设计；12. 饮水供应系统设计主要内容：调整给水系统设计、调整防水质污染强制性条文内容、调整给水设计秒流量计算公式及其技术参数，补充游泳池最大设计充水处理和复用、补充游泳池强大设计充水处理和复用，补充小型污水处理设计参数、补充太阳能利用章节等	适用于建筑小区、民用建筑给水排水和工业企业建筑生活给水排水及厂房屋面雨水排水设计	建议增加节水新技术的选取及设计方法；增加水表分项计量的规定；增加雨水杂用水设计降雨充沛地区选用非传统水源的规定	修编	国家标准

序号	标准名称	标准号	类别	阶段	目标	主要内容	相关介绍	主要问题或改新编理由	编制建议	备注
E-03-02	《建筑中水设计规范》	GB 50336—2002	E	Ⅱ	2、5	1. 中水水源及水量; 2. 中水水质标准; 3. 中水系统; 4. 中水处理工艺及设施; 5. 安全防护及检测控制等	适用于各类民用建筑和建筑小区的新建、扩建和改建的中水工程设计	建议提高建筑中水出水水质标准; 增加不同原水 (如雨水、海水等) 的系统设计方法	修编	国家标准
E-03-03	《建筑设计防火规范》	GB 50016—2006	E	Ⅱ	2	1. 总则; 2. 术语; 3. 厂房 (仓库); 4. 甲、乙、丙类液体、气体储罐 (区)、可燃材料堆场; 5. 民用建筑; 6. 消防给水和灭火设施; 7. 建筑构造; 8. 消防给水与排水; 9. 防烟、通风和空气调节; 10. 采暖、通风和空气调节; 11. 电气; 12. 城市交通隧道等	适用于下列新建、扩建和改建的建筑: 1. 9层及9层以下的居住建筑 (包括设置商业服务网点的居住建筑); 2. 建筑高度小于等于24m的公共建筑; 3. 建筑高度大于24m的单层公共建筑; 4. 地下、半地下建筑 (包括建筑附属的地下室、半地下室); 5. 厂房; 6. 仓库; 7. 甲、乙、丙类液体储罐 (区); 8. 可燃、助燃气体储罐 (区); 9. 可燃材料堆场; 10. 城市交通隧道。本规范不适用于炸药厂房 (仓库)、花炮厂房 (仓库) 的建筑	—	现行	国家标准
E-03-04	《高层民用建筑设计防火规范》	GB 50045—1995 (2005年版)	E	Ⅱ	2	1. 总则; 2. 术语; 3. 建筑分类和耐火等级; 4. 总平面布局和建筑布置; 5. 防火、防烟分区和建筑构造; 6. 安全疏散和消防电梯; 7. 消防给水和灭火设备; 8. 防烟、排烟和通风、空气调节; 9. 电气	本规范适用于下列新建、扩建和改建的高层建筑及其裙房: 十层及十层以上的居住建筑 (包括首层设置商业服务网点的住宅); 建筑高度超过24m的公共建筑	—	现行	国家标准

序号	标准名称	标准号	类别	阶段	目标	主要内容	相关介绍	主要问题、修编或新编理由	编制建议	备注
E-03-05	《自动喷水灭火系统设计规范》	GB 50084—2001	E	II	2	1. 设置场所火灾危险等级; 2. 系统组件; 3. 系统选型; 4. 系统设计基本参数; 5. 管道; 6. 水力计算; 7. 供水; 8. 操作与控制等。增加自动喷水灭火系统中新技术、新产品的应用及系统组件的设置; 细化自动喷水灭火系统在高空间场所、仓库等不同场所下的应用相关规范; 修订现行规范中不便操作的、与其他相关规范不一致的条文等	适用于新建、改建、扩建的民用与工业建筑中自动喷水灭火系统的设计	—	现行	国家标准
E-03-06	《管道直饮水系统技术规程》	CJJ 110—2006	E	II、III、IV	2、8	1. 总则; 2. 术语、符号; 3. 水质、水量和利用; 4. 水压; 5. 系统设计; 6. 系统计算与设备选择; 7. 净水机房; 8. 水质检验; 9. 控制系统; 10. 施工与安装; 11. 工程验收; 12. 运行维护和管理	本规程适用于居住建筑、公共建筑等的管道直饮水系统设计、施工、验收、运行和管理	—	现行	行业标准
E-03-07	《建筑与小区雨水利用工程技术规范》	GB 50400—2006	E	II、III、IV	2、8	1. 总则; 2. 术语; 3. 符号; 4. 水量与水质; 5. 雨水利用系统设置; 6. 雨水收集; 7. 雨水入渗; 8. 雨水储存; 9. 水质处理; 10. 调蓄排放; 11. 施工安装; 12. 工程验收; 13. 运行管理	本规范适用于民用建筑、工业建筑与小区雨水利用工程的规划、设计、施工、验收、运行与维护管理。本规范不适用于雨水作为生活饮用水水源的雨水利用工程	建议增加雨水出水水质的规定; 增加雨水量平衡计算的详细组成说明	修编	国家标准

序号	标准名称	标准号	类别	阶段	目标	主要内容	相关介绍	主要问题、修编或新编理由	编制建议	备注
E-03-08	《雨水利用工程技术规程》	DGJ 32/TJ 113—2011	E	Ⅱ、Ⅲ、Ⅳ	2、8、10			建议增加雨水出水水质的规定；增加雨水水量平衡的详细计算说明	修编	地方标准
E-03-09	《自动喷水灭火系统施工及验收规范》	GB 50261—2005	E	Ⅲ	2	1. 在编写格式、技术内容要求及各种记录表格上与国家标准《建筑工程施工质量验收统一标准》GB 50300 协调一致；如工程项目划分为分部、子分部、分项；施工项目划分为主控项目、一般项目、项目检验方法、施工、建设、监理单位在施工质量验收工作中的职责和组织程序等；2. 增加了自动喷水灭火系统工程质量合格判定准则和工程质量缺陷划分等级等规定的规定等	本规范适用于工业与民用建筑中设置的自动喷水灭火系统的施工、验收及维护管理	—	现行	国家标准
E-03-10	《民用建筑太阳能热水系统应用技术规范》	GB 50364—2005	E	Ⅱ、Ⅲ	2、3	1. 总则；2. 术语；3. 基本规定；4. 太阳能热水系统设计；5. 规划和建筑设计；6. 太阳能热水系统安装；7. 太阳能热水系统验收	本规范适用于城镇中使用太阳能热水系统的新建、扩建和改建的民用建筑，以及改造既有建筑上已安装的太阳能热水系统和在既有建筑上增设太阳能热水系统	—	现行	国家标准

续表

序号	标准名称	标准号	类别	阶段	目标	主要内容	相关介绍	主要问题、修编或新编理由	编制建议	备注
E-03-11	《民用建筑太阳能热水系统评价标准》	GB/T 50604—2010	E	V	2、3	1. 总则；2. 术语；3. 基本规定；4. 系统与建筑集成评价；5. 系统适用性能评价；6. 系统安全性能评价；7. 系统耐久性能评价；8. 系统经济性能评价；9. 系统部件评价等	本标准适用于评价新建、改建和扩建民用建筑上使用的太阳能热水系统，以及在既有民用建筑上增设、改造的太阳能热水系统	—	现行	国家标准
E-03-12	《建筑太阳能热水系统设计、安装与验收规范》	DGJ 32/J 08—2008	E	Ⅱ、Ⅲ	2、3、10			—	现行	地方标准
E-03-13	《民用建筑节水设计标准》	GB 50555—2010	E	Ⅱ	2、8	1. 总则；2. 术语和符号；3. 节水设计计算；4. 节水系统设计；5. 非传统水源利用；6. 节水设备；7. 计量仪表；8. 器材及管材；9. 管件	本标准适用于新建、改建和扩建的居住小区、公共建筑等民用建筑的节水设计，亦适用于工业建筑生活给水的节水设计	建议增加停车库冲洗用水使用天数的建议；增加景观数表；计算参数量；"节水"编写雨水设计专章分增加水量平衡计算说明	修编	国家标准
E-03-14	《二次供水工程技术规程》	CJJ 140—2010	E	Ⅱ、Ⅲ、Ⅳ	2、8	1. 总则；2. 术语；3. 基本规定；4. 水质、水量、水压；5. 系统设计；6. 设备与设施；7. 泵房；8. 控制与保护；9. 施工、安装与保护；10. 调试与验收；11. 设施维护与安全运行管理	本规程适用于城镇新建、改建的民用与工业建筑生活饮用水二次供水工程的设计、施工、安装调试、验收、设施维护与安全运行管理	建议增加集中式二次加压供水机房的规划及设计内容	修编	行业标准

239

序号	标准名称	标准号	类别	阶段目标	主要内容	相关介绍	主要问题、修编或新编理由	编制建议	备注
E-03-15	《建筑给水聚乙烯类管道工程技术规程》	CJJ/T 98—2003	E	Ⅱ、Ⅲ 2、4、5	1. 总则；2. 术语；3. 材料；4. 设计；5. 管道施工；6. 水压试验与验收	本规程适用于新建、改建和扩建的工业与民用建筑中聚乙烯类，包括聚乙烯（PE）、交联聚乙烯（PE/X）和耐热聚乙烯（PE/RT）的冷、热水管道系统设计、施工及验收	—	现行	行业标准
E-03-16	《建筑给水聚丙烯管道工程技术规范》	GB/T 50349—2005	E	Ⅱ、Ⅲ 2、4、5	1. 冷、热水管的选型；2. 管道布置和敷设；3. 管道变形计算和补偿；4. 水力计算等	本规范适用于新建、扩建、改建的工业与民用建筑内生活给水、热水和饮用净水管道系统的设计、施工及验收。建筑给水聚丙烯管道不得在建筑物内与消防给水管道相连	—	现行	国家标准
E-03-17	《建筑给水金属管道工程技术规程》	CJJ/T 154—2011	E	Ⅱ、Ⅲ 2、4、5	1. 总则；2. 术语和符号；3. 材料；4. 设计；5. 施工；6. 质量验收	本规程适用于新建、扩建和改建的民用建筑工业建筑给水金属管道工程的设计、施工及质量验收	—	现行	行业标准
E-03-18	《建筑给水复合管道工程技术规程》	CJJ/T 155—2011	E	Ⅱ、Ⅲ 2、4、5	1. 总则；2. 术语和符号；3. 材料；4. 设计；5. 施工；6. 质量验收	本规程适用于新建、扩建和改建的民用和工业建筑给水复合管道工程的设计、施工及质量验收	—	现行	行业标准

序号	标准名称	标准号	类别	阶段	目标	主要内容	相关介绍	主要问题、修编或新编理由	编制建议	备注
E-03-19	《建筑给水内衬不锈钢复合钢管工程技术规程》	苏 JG/T 025—2007	E	Ⅱ、Ⅲ	2、4、5			—	现行	地方标准
E-03-20	《建筑排水塑料管道工程技术规程》	CJJ/T 29—2010	E	Ⅱ、Ⅲ	2、4、5	1. 总则；2. 术语和符号；3. 材料；4. 施工；5. 设计；6. 质量验收	本规程适用于建筑物高度不大于 100m 的新建、改建、扩建工业与民用建筑的生活排水、一般屋面雨水重力排水和家用空调机组的凝结水排水的塑料管道工程设计、施工及质量验收	—	现行	行业标准
E-03-21	《建筑排水金属管道工程技术规程》	CJJ 127—2009	E	Ⅱ、Ⅲ	2、4、5	1. 总则；2. 术语；3. 管道材料；4. 设计；5. 施工；6. 质量验收	建筑排水金属管道可用于新建、扩建和改建的工业和民用建筑中对金属无侵蚀作用的污废水管道、通气管道，空调冷凝水管道、雨水排水等工程。本规程适用于以上建筑排水金属管道工程的设计、施工与质量验收	—	现行	行业标准
E-03-22	《建筑排水复合管道工程技术规程》	CJJ/T 165—2011	E	Ⅱ、Ⅲ	2、4、5	1. 总则；2. 术语；3. 材料；4. 设计；5. 施工；6. 质量验收	本规程适用于新建、扩建、改建的民用和工业建筑排水系统中水系统和屋面雨水排水系统中使用涂塑钢管、衬塑钢管、涂塑铸铁管、钢塑复合螺旋管、加强型钢塑复合螺旋管的管道工程的设计、施工及质量验收	—	现行	行业标准

序号	标准名称	标准号	类别	阶段	目标	主要内容	相关介绍	主要问题、修编或新编理由	编制建议	备注
E-03-23	《建筑给水排水及采暖工程施工质量验收规范》	GB 50242—2002	E	Ⅲ	2	1. 供热计量; 2. 室温调控; 3. 管网平衡; 4. 水泵调速; 5. 热源自控; 6. 给排水节约技术控制技术等的验收方法和要求	适用于建筑给水排水及采暖工程施工质量验收	建议增加与绿色建筑评价标准相关的验收条款	修编	国家标准
E-03-24	《自动喷水灭火系统施工及验收规范》	GB 50261—2005	E	Ⅲ	2	1. 完善新技术、新产品以及各种新型喷头、新型管道的施工、安装的技术参数和相关技术要求; 2. 根据实施过程中反馈意见、建议需要完善的技术; 3. 以及总则、术语、基本规定、供水设施安装、管网及系统组件安装、系统试压和冲洗、系统调试、系统验收、维护管理等方面需要调整的技术内容	—		现行	国家标准
其他（E-04）										
E-04-01	《污水再生利用工程设计规范》	GB 50335—2002	E	Ⅱ	2、5	1. 污水再生利用分类及水质要求; 2. 系统设计; 3. 工艺流程及单体构筑物设计; 4. 监测与控制; 5. 安全及应急措施	适用于以工业用水、城镇杂用水、景观环境用水、农业用水等为污水再生利用目标的新建、扩建和改建的污水再生利用工程设计	建议提高污水再生利用的出水水质标准	修编	国家标准

序号	标准名称	标准号	类别	阶段	目标	主要内容	相关介绍	主要问题、修编或新编理由	编制建议	备注
E-04-02	《工业循环水冷却设计规范》	GB/T 50102—2003	E	II	2	1. 总则；2. 冷却塔；3. 喷水池和水面冷却。修订后的规范在原有工业循环水冷却设施工艺设计内容基础上，增加了冷却塔设计的热力计算和空气动力计算，水面冷却水面计算中的水面蒸发系数和水面综合散热系数等方面的常用计算公式，增加了冷却塔和喷水池结合设计并及利用海湾冷却循环水的工艺设计计算方面的内容；还根据近年科研和实践成果对原条文中的一些数据作了修改，如冷却塔的风吹损失水率，进风口面积与淋水面积之比，机械通风冷却塔通风筒的高度等	本规范适用于新建和扩建的敞开式工业循环水冷却设施的工艺和结构设计	—	现行	国家标准
E-04-03	《工业循环冷却水处理设计规范》	GB 50050—2007	E	II	2	1. 再生水处理；2. 直冷循环冷却水处理；3. 同冷闭式循环冷却水处理；4. 术语；5. 符号；6. 同冷（开式和闭式）和直冷循环冷却水质指标；7. 腐蚀速率；8. 黏泥量；9. 浓缩倍数；10. 硫酸投加量计算；11. 旁滤量；12. 高碱及高硬补充水处理；13. 含磷超标排污水处理；14. 自动化监控；15. 水质分析数据校核计算及标准等	本规范适用于以地表水，地下水和再生水作为补充水的新建、扩建、改建工程的循环冷却水处理设计	—	现行	国家标准

序号	标准名称	标准号	类别	阶段	目标	主要内容	相关介绍	主要问题、修编或新编理由	编制建议	备注
E-04-04	《化学工业污水处理与回用设计规范》	GB 50684—2011	E	II	2	1. 总则；2. 术语；3. 设计水质、水量；4. 收集与预处理；5. 物化处理；6. 厌氧生物处理；7. 活性污泥法；8. 生物膜法；9. 化工特种污染物处理；10. 回用处理；11. 污泥处理与处置；12. 总体设计	本规范适用于新建、改建和扩建的化工污水处理与回用工程的设计	—	现行	国家标准
E-04-05	《电镀废水治理设计规范》	GB 50136—2011	E	II	2、5	1. 总则；2. 术语和符号；3. 基本规定；4. 镀件的清洗；5. 化学处理法；6. 离子交换处理法；7. 电解处理法；8. 内电解处理法；9. 污泥处理和废水处理站设计等	本规范适用的电镀废水治理工程的设计	—	现行	国家标准
E-04-06	《泵站设计规范》	GB 50265—2010	E	II	2、3	1. 总则；2. 泵站等级及防洪（潮）标准；3. 泵站主要设计参数；4. 站址选择；5. 总体布置；6. 泵房；7. 进出水建筑物；8. 其他辅助设备；9. 水力机械及辅助设备；10. 电气；11. 闸门；12. 拦污栅及启闭设备；13. 安全监测等	本规范适用于新建、扩建与改建的大、中型供、排水泵站设计	—	现行	国家标准

244

序号	标准名称	标准号	类别	阶段	目标	主要内容	相关介绍	主要问题、修编或新编理由	编制建议	备注
E-04-07	《给水排水工程管道结构设计规范》	GB 50332—2002	E	Ⅱ	2	1. 适用范围；2. 主要符号；3. 材料性能要求；4. 各种作用的标准值，承载能力和正常使用极限状态，以及构造要求等。这些共性将在协会标准中得到遵循、贯彻实施	本规范适用于城镇公用设施和工业企业中的一般给水排水工程管道的结构设计。不适用于工业企业中具有特殊要求的给水排水管道的结构设计	—	现行	国家标准
E-04-08	《给水排水管道工程施工及验收规范》	GB 50268—2008	E	Ⅲ	2	1. 总则；2. 术语；3. 基本规定；4. 土石方与地基处理；5. 开槽施工管道主体结构；6. 不开槽施工管道主体结构；7. 沉管和桥管主体结构；8. 管道附属构筑物；9. 管道功能性试验及附录	本规范适用于新建、扩建和改建城镇公共设施和工业企业的室外给水排水管道工程的施工及验收。不适用于工业企业中具有特殊要求的给水排水管道施工及验收	建议增加与绿色建筑评价标准相关的验收条款	修编	国家标准
E-04-09	《给水排水工程构筑物结构设计规范》	GB 50069—2002	E	Ⅱ	2	1. 适用范围；2. 主要符号；3. 材料性能要求；4. 作用的分项系数和组合系数；5. 作用的标准值；6. 承载能力和正常使用极限状态；7. 以及构造要求等。这些共性将在协会标准中得到遵循、贯彻实施	本规范适用于城镇公用设施和工业企业中一般给水排水工程构筑物的结构设计。不适用于工业企业中具有特殊要求的给水排水工程构筑物的结构设计	—	现行	国家标准

续表

序号	标准名称	标准号	类别	阶段	目标	主要内容	相关介绍	主要问题、修编或新编理由	编制建议	备注
E-04-10	《给水排水构筑物工程施工及验收规范》	GB 50141—2008	E	Ⅲ	2	1. 给水排水构筑物工程施工技术、质量，施工安全方面规定；2. 施工质量验收的标准、内容和程序	本规范适用于新建、扩建和改建城镇公用给排水构筑物的给排水构筑物工程的施工与验收。不适用于工业企业中具有特殊要求的给排水构筑物工程施工与验收	—	现行	国家标准
E-04-11	《喷灌工程技术规范》	GB/T 50085—2007	E	Ⅱ、Ⅲ	2	1. 总则；2. 术语和符号；3. 喷灌工程总体设计；4. 喷灌技术参数；5. 管道水力计算；6. 设备选择；7. 工程设施；8. 工程施工；9. 设备安装；10. 管道水压试验；11. 工程验收等	本规范适用于新建、扩建及改建的农业、牧业及园林绿地等喷灌工程的设计、施工、验收及验收	建议增加立体绿化相关规定	修编	国家标准
E-04-12	《节水灌溉工程技术规范》	GB/T 50363—2006	E	Ⅱ、Ⅲ、Ⅳ、Ⅴ	2	1. 总则；2. 术语；3. 工程规划；4. 灌溉水源；5. 灌溉制度和灌溉水的利用系数；6. 工程及措施；7. 灌溉管理；8. 效益；9. 灌溉面积；10. 节水灌溉面积；11. 附录	本规范适用于新建、扩建或改建的农、林、牧业、城市绿地、生态环境等节水灌溉工程的规划、设计、施工、管理和评价	建议增加立体绿化相关规定	修编	国家标准
E-04-13	《微灌工程技术规范》	GB/T 50485—2009	E	Ⅱ、Ⅲ	2	1. 总则；2. 术语和符号；3. 微灌工程规划；4. 微灌技术参数；5. 工程设计；6. 工程设施配套与设备选择；7. 工程施工；8. 设备安装；9. 管道水压试验与系统试运行；10. 工程验收	本规范适用于新建、扩建或改建的微灌工程规划、设计、安装、施工、验收及验收	建议增加立体绿化相关规定	修编	国家标准

246

5.3.6 检测评估

见图 5-72～图 5-80。

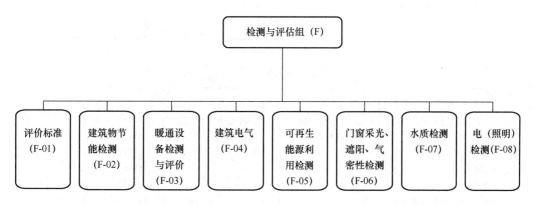

图 5-72　检测与评估（F）标准结构图

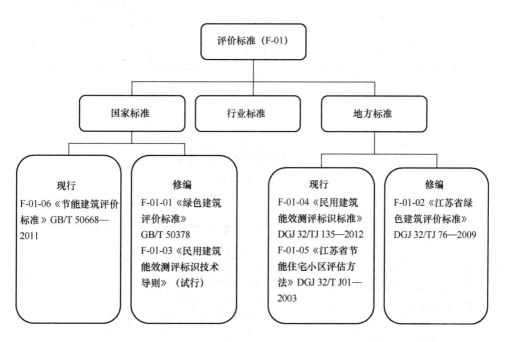

图 5-73　评价标准（F-01）标准结构图

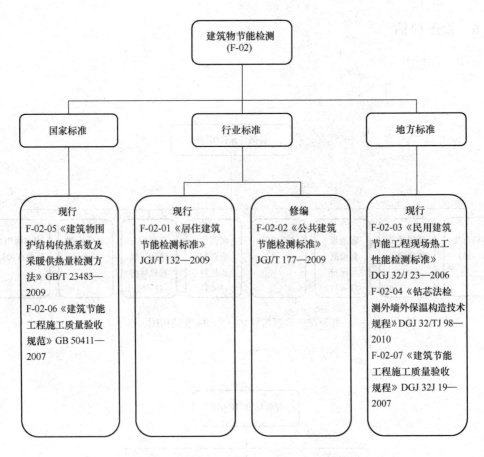

图 5-74　建筑物节能检测（F-02）标准结构图

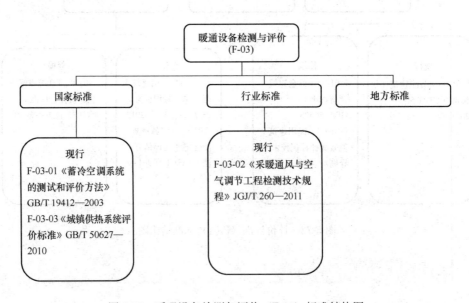

图 5-75　暖通设备检测与评价（F-03）标准结构图

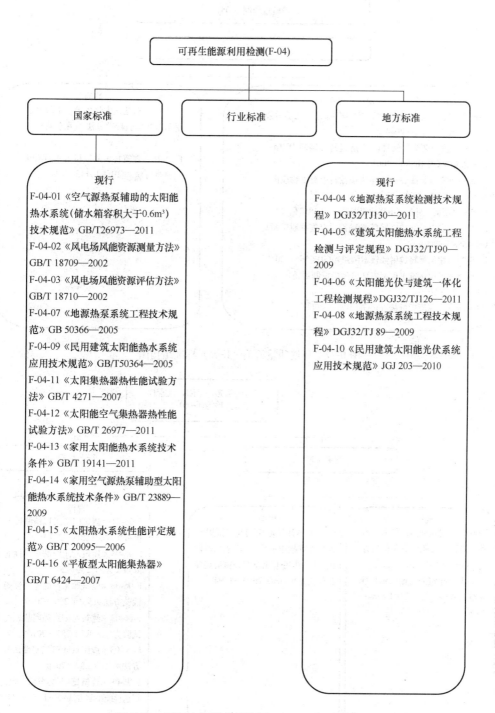

图 5-76　可再生能源利用检测（F-04）标准结构图

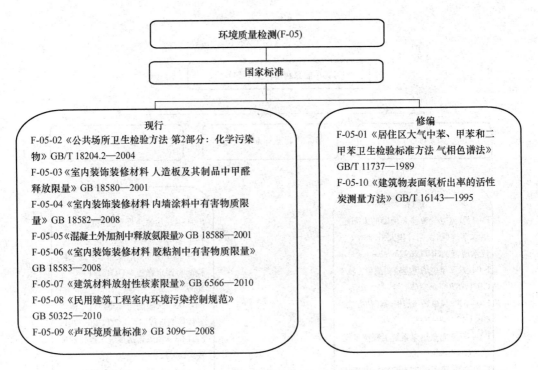

图 5-77　环境质量检测（F-05）标准结构图

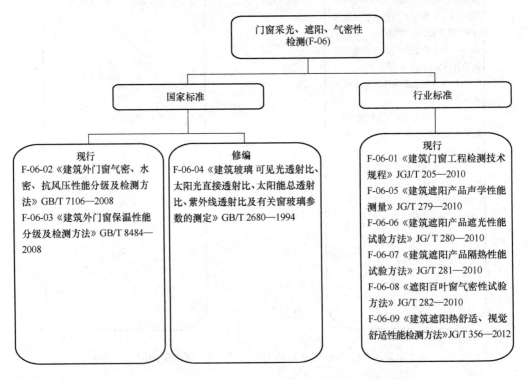

图 5-78　门窗采光、遮阳、气密性检测（F-06）标准结构图

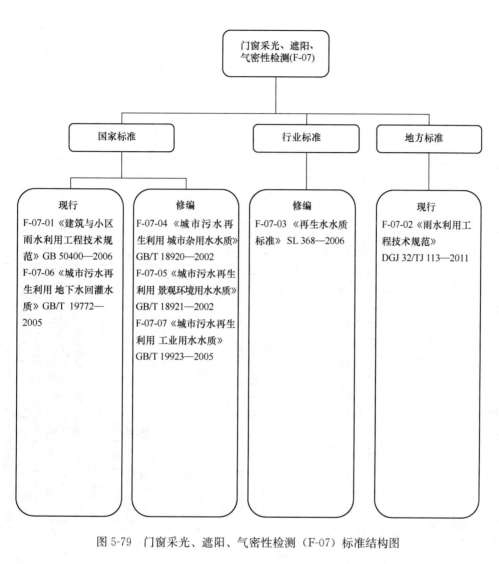

图 5-79　门窗采光、遮阳、气密性检测（F-07）标准结构图

图 5-80　电（照明）检测（F-08）标准结构图

检测评估专业相关绿色建筑的标准汇总见表 5-6。

表 5-6

检测评估专业相关绿色建筑的标准汇总

序号	标准名称	标准号	类别	阶段	目标	主要内容	相关介绍	主要问题、修或新编理由	编制建议	备注
评价标准 (F-01)										
F-01-01	《绿色建筑评价标准》	GB/T 50378	F	5	9	1. 总则; 2. 术语; 3. 基本规定; 4. 住宅建筑; 5. 公共建筑	本标准用于评价住宅建筑和公共建筑中的办公建筑、商场建筑和旅馆建筑	1. 引用标准已作废; 2. 尽可能定性评价改为定量评价。《民用建筑绿色设计规范》JGJ/T 229—2010 及《购物中心建设及管理技术规范》SB/T 10599—2011 要做相应变化	修编	国家标准
F-01-02	《江苏省绿色建筑评价标准》	DGJ 32/TJ 76—2009	F	5	9	1. 总则; 2. 术语; 3. 基本规定; 4. 住宅建筑; 5. 公共建筑	本标准用于评价住宅建筑和公共建筑中的办公建筑; 商场建筑和旅馆建筑	1. 引用标准已作废; 2. 尽可能定性评价改为定量评价	修编	地方标准
F-01-03	《民用建筑能效测评标识技术导则》(试行)	2008.6.26	F	5	4	1. 总则; 2. 术语; 3. 基本规定; 4. 标识程序; 5. 居住建筑能效理论值; 6. 公共建筑能效理论值; 7. 测评方法; 8. 居住建筑能效实测值; 9. 公共建筑能效实测值; 10. 建筑能效测评标识报告和附录	本导则用于居住建筑、公共建筑能效理论值和能效实测值的测评	—	新编为国家标准（编制中）	
F-01-04	《民用建筑能效测评标识标准》	DGJ 32/TJ 135—2012	F	5	4	1. 总则; 2. 术语; 3. 基本规定; 4. 测评标识方法; 5. 居住建筑能效理论值; 6. 公共建筑能效理论值; 7. 居住建筑能效实测值; 8. 公共建筑能效实测值; 9. 建筑能效测评标识报告和附录	本标准适用于新建、改建、扩建民用建筑以及实施节能改造后的既有民用建筑能效标识。实施节能改造前的既有民用建筑可参照前执行	—	现行	地方标准

序号	标准名称	标准号	类别	阶段	目标	主要内容	相关介绍	主要问题、修编或新编理由	编制建议	备注
F-01-05	《江苏省节能住宅小区评估方法》	DGJ 32/T J01—2003	F	5	4	1. 总则；2. 术语符号；3. 基本规定；4. 建筑单体；5. 绿化；6. 能源供应及设备；7. 给排水；8. 公共设施管理；9. 评定程序	本评估方法适用于全省新建、扩建、改造的节能住宅小区的评定	—	现行	地方标准
F-01-06	《节能建筑评价标准》	GB/T 50668—2011	F	5	4	1. 总则；2. 术语；3. 基本规定；4. 居住建筑；5. 公共建筑	本标准适用于新建、改建和扩建的居住建筑的节能评价	—	现行	国家标准
建筑物节能检测（F-02）										
F-02-01	《居住建筑节能检测标准》	JGJ/T 132—2009	F	3、4	3	本标准规定了居住建筑节能检测的基本技术要求。当本标准与国家法律、行政法规的规定相抵触时，应按国家法律、行政法规的规定执行	本标准适用于新建、扩建、改建的节能建筑检测	—	现行	行业标准
F-02-02	《公共建筑节能检测标准》	JGJ/T 177—2009	F	3、4	3	1. 总则；2. 术语；3. 基本规定；4. 建筑物室内平均温度；5. 湿度检测；6. 非透光外围护结构热工性能检测；7. 透光外围护结构热工性能检测；8. 建筑外围护结构气密性能检测；9. 采暖空调水系统性能检测；10. 空调风系统能检测；11. 建筑物供暖空调能耗及年冷源系统能效系数检测；12. 供配电系统检测；13. 照明与控制系统节能检测；14. 监测与控制系统性能检测以及相关附录等	本标准适用于公共建筑的节能检测	部分检测方法引用标准已作废。可能导致：《公共建筑节能设计标准》JGJ 176—2009，《采暖通风与空气调节工程检测技术规程》JGJ/T 260—2011和《通风与空调工程施工规范》GB 50738—2011要做相应变化	修编	行业标准

序号	标准名称	标准号	类别	阶段	目标	主要内容	相关介绍	主要问题、修编或新编理由	编制建议	备注
F-02-03	《民用建筑节能工程现场热工性能检测标准》	DGJ 32/J 23—2006	F	3、4	3	1. 总则；2. 术语符号；3. 检测项目；4. 检测仪器要求；5. 检测抽样要求等内容	本标准适用于本省新建、扩建、改建的民用建筑节能工程外围护结构工性能的现场检测。其他建筑节能检测可参照执行	—	现行	地方标准
F-02-04	《钻芯法检测外墙外保温构造技术规程》	DGJ 32/TJ 98—2010	F	3	3	1. 钻芯法检测外墙外保温构造的检测设备；2. 检测方法；3. 检测结果判定；4. 检测报告格式等	适用于采用钻芯法检验在建工程和既有建筑外墙外保温系统的节能保温层材料品种和保温层厚度。屋面、地面或内墙节能工程的系统构造检测也可参考该规程	—	现行	地方标准
F-02-05	《建筑物围护结构传热系数及采暖供热量检测方法》	GB/T 23483—2009	F	3、4	3	1. 建筑物围护结构传热系数及采暖供热量的术语和定义；2. 检测条件；3. 检测装置；4. 检测方法；5. 数据处理和检测报告	本标准适用于建筑物围护结构主体部位传热系数及采暖供热量检测	—	现行	国家标准
F-02-06	《建筑节能工程施工质量验收规范》	GB 50411—2007	F	3、4	3	1. 墙体；2. 幕墙；3. 门窗；4. 屋面；5. 地面；6. 采暖；7. 通风与空气调节；8. 空调与采暖系统冷热源及管网；9. 配电与照明；10. 监测与控制；11. 建筑节能工程现场实体检验；12. 建筑节能分部工程质量验收	本规范适用于新建、改建和扩建的民用建筑工程中墙体、幕墙、门窗、屋面、地面、采暖、通风与空调、空调与采暖系统的冷热源及管网、配电与照明、监测与控制等建筑节能工程施工质量验收	—	现行	国家标准

序号	标准名称	标准号	类别	阶段	目标	主要内容	相关介绍	主要问题、修编或新编理由	编制建议	备注
F-02-07	《建筑节能工程施工质量验收规程》	DGJ 32 J19—2007	F	3、4	3	1. 总则；2. 术语；3. 基本规定；4. 墙体保温节能工程；5. 门窗；6. 幕墙节能工程；7. 屋面节能工程；8. 地面节能工程；9. 热工性能现场检测；10. 节能工程质量控制和验收；11. 附录	本规程适用于新建、扩建和改建等建筑节能工程质量控制和验收	—	现行	地方标准
暖通设备检测与评价（F-03）										
F-03-01	《蓄冷空调系统的测试和评价方法》	GB/T 19412—2003	F	3、4	3	1. 制冷蓄冷系统技术性能测试；2. 经济评价方法；3. 蓄冷空调系统经济评价方法	本标准适用于由制冷蓄冷系统和供冷系统所组成的蓄冷空调系统。其中制冷蓄冷系统以某种传热流体制冷、蓄冷和释冷；而供冷系统可以是任何形式和任何供回水条件。本标准既可作为已建蓄冷空调系统测试和评价方法，同时能用于设计院所、电力部门进行评估的方法。本标准不适用于：(1) 名义蓄冷量为 35 kW·h 或更小的制冷蓄冷系统；(2) 使用制冷剂作为释冷流体的制冷蓄冷系统；(3) 只应用于加热的蓄热设备	—	现行	国家标准

序号	标准名称	标准号	类别	阶段	目标	主要内容	相关介绍	主要问题、修编或新编理由	编制建议	备注
F-03-02	《采暖通风与空气调节工程检测技术规程》	JGJ/T 260—2011	F	3、4	3	1. 总则；2. 基本规定；3. 基本技术参数测试方法；4. 采暖工程；5. 通风与空调工程；6. 洁净工程；7. 恒温恒湿工程	本规程适用于采暖通风与空气调节工程中基本技术参数性能指标测试，以及采暖、通风、空调、洁净、恒温恒湿工程的试验、试运行及调试的检测	—	现行	行业标准
F-03-03	《城镇供热系统评价标准》	GB/T 50627—2010	F	4	3	为了加强城镇集中供热系统运行管理，统一城镇集中供热系统的评价方法，提高城镇集中供热系统的能源利用率，减少污染物排放，促进供热与用热质量的提高和供热系统安全运行，满足人们的生活和工作需求，依据国家有关法律、法规、管理要求和相关技术标准，制定本标准。	本标准适用于供热介质为热水的城镇集中供热系统的设施、能效及环保安全消防四个单元的技术评价。蒸汽锅炉房或热电厂的供热系统应从第一级热力站开始进行评价。城镇集中供热系统评价中使用的检测和评价方法，除应符合本标准的规定外，尚应符合国家现行有关标准的规定	—	现行	国家标准
可再生能源利用检测（F-04）										
F-04-01	《空气源热泵辅助的太阳能热水系统（储水箱容积大于0.6m³）技术规范》	GB/T 26973—2011	F	3、4	3	1. 空气源热泵辅助的太阳能热水系统的定义；2. 符号和单位；3. 分类；4. 设计要求；5. 技术要求；6. 试验方法；7. 施工安装要求；8. 试运行与验收；9. 文件编制等技术规范	本标准适用于利用空气源热泵辅助的太阳能热水系统（储热水箱容积大于0.6m³）	—	现行	国家标准

序号	标准名称	标准号	类别阶段		目标	主要内容	相关介绍	主要问题、修编或新编理由	编制建议	备注
			类别	阶段						
F-04-02	《风电场风能资源测量方法》	GB/T 18709—2002	F	3、4	3	1. 风电场进行风能资源测量的方法；2. 测量参数；3. 测量位置、仪器安装、测量数据采集	本标准适用于拟开发和建设的风电场风能资源测量	—	现行	国家标准
F-04-03	《风电场风能资源评估方法》	GB/T 18710—2002	F	3、4	3	1. 评估风能资源应收集的气象数据；2. 测风数据的处理及主要参数的计算方法；3. 风功率密度的分级；4. 评估风能资源评估考判据；5. 风能资源评估报告的内容和格式	本标准适用于风电场风能资源评估	—	现行	国家标准
F-04-04	《地源热泵系统检测技术规程》	DGJ 32/TJ 30—2011	F	3、4	3	1. 总则；2. 术语；3. 基本规定；4. 建筑物内温湿度检测；5. 地源热泵系统检测；6. 地源热泵系统水流量检测；7. 地源热泵机组性能检测；8. 地源热泵系统能效比检测；9. 冷却塔性能检测及附录A～附录G	本规程适用于我省新建、扩建和改建建筑中地源热泵系统的检测	—	现行	地方标准
F-04-05	《建筑太阳能热水系统工程检测与评定规程》	DGJ 32/TJ 90—2009	F	3、4	3	1. 总则；2. 术语和符号；3. 系统检测；4. 系统性能热检验；5. 安全性能检验；6. 辅助加热系统检验；7. 控制系统检验；8. 系统运行状况检验；9. 检修条件的检验；10. 综合评定；11. 检测报告等	本规程适用于建筑太阳能热水系统的集中供热水系统、集中－分散供热水系统及分散供热水系统工程的检测与评定	—	现行	地方标准

序号	标准名称	标准号	类别	阶段	目标	主要内容	相关介绍	主要问题、修编或新编理由	编制建议	备注
F-04-06	《太阳能光伏与建筑一体化工程检测规程》	DGJ 32/TJ 126—2011	F	3、4	3	1. 总则; 2. 术语; 3. 光伏系统设计; 4. 光伏建筑设计; 5. 太阳能光伏系统安装; 6. 环保、卫生、安全、消防; 7. 工程验收; 8. 运行管理与维护	本规范适用于新建、改建和扩建的工业与民用建筑光伏系统工程，以及在既有民用建筑上安装或改造已安装的光伏系统工程的设计、施工、验收、运行维护		现行	地方标准
F-04-07	《地源热泵系统工程技术规范》	GB 50366—2005	F	3	3	1. 总则; 2. 术语; 3. 工程勘察; 4. 地埋管换热系统; 5. 地下水换热系统; 6. 地表水换热系统; 7. 建筑物内系统; 8. 整体运转、调试与验收; 附录 A 地埋管外径及壁厚; 附录 B 竖直地埋管换热器的设计计算; 附录 C 岩土热响应试验（新增）	本规范适用于以岩土体、地下水、地表水为低温热源，以水或添加防冻剂的水溶液为传热介质，采用蒸气压缩热泵技术进行供热、空调或加热生活热水的系统工程的设计、施工及验收	—	现行	国家标准
F-04-08	《地源热泵系统工程技术规程》	DGJ 32/TJ 89—2009	F	3	3	1. 总则; 2. 术语; 3. 地源热泵系统工程勘察与评估; 4. 地源热泵系统工程勘察与评估; 5. 地表淡水换热系统; 6. 地埋管换热系统; 7. 污水换热系统; 8. 海水换热系统; 9. 运行管理	本规程适用于本省行政辖区内以岩土体、地表水（含地表淡水、海水及城市污水）为低位热源，采用空调热泵技术进行换热、工程设计的可行性研究、工程设计、施工与验收及运行管理	—	现行	地方标准

序号	标准名称	标准号	类别	阶段	目标	主要内容	相关介绍	主要问题、修编或新编理由	编制建议	备注
F-04-09	《民用建筑太阳能热水系统应用技术规范》	GB/T 50364—2005	F	3	3	1.总则；2.术语；3.基本规定；4.太阳能热水系统设计；5.规划和建筑设计；6.太阳能热水系统安装；7.太阳能热水系统验收	本规范适用于城镇中使用太阳能热水系统的新建、扩建和改建的民用建筑，以及改造既有建筑热水系统上已安装的太阳能热水系统在既有建筑上增设太阳能热水系统	—	现行	国家标准
F-04-10	《民用建筑太阳能光伏系统应用技术规范》	JGJ 203—2010	F	3	3	为推动太阳能光伏系统（简称光伏系统）在民用建筑中的应用，促进光伏系统与建筑的结合，规范太阳能光伏系统的设计、安装和验收，保证工程质量，制定本规范	本规范适用于新建、改建和扩建的民用建筑光伏系统工程，以及在既有建筑上安装或改造工程中的设计、安装和验收	—	现行	行业标准
F-04-11	《太阳集热器热性能试验方法》	GB/T 4271—2007	F	3、4	3	本标准规定了太阳能集热器（以下简称集热器）稳态和动态热性能的试验方法及计算程序	本标准适用于利用太阳辐射加热、有透明盖板、传热工质为液体的平板型太阳能集热器（以下简称平板型集热器）、以及非聚光型全玻璃真空管型太阳能集热器、玻璃金属结构型太阳能集热器、金属真空管热器（以下简称真空管型集热器）。本标准不适用于储热器与集热器为一体的储热式太阳能热器，也不适用于无透明盖板聚焦的和跟踪聚焦的太阳能集热器	—	现行	国家标准

序号	标准名称	标准号	类别	阶段	目标	主要内容	相关介绍	主要问题、修编或新编理由	编制建议	备注
F-04-12	《太阳能空气集热器热性能试验方法》	GB/T 26977—2011	F	3、4		本标准规定了太阳能空气集热器热性能的试验方法及计算程序	标准适用于利用太阳能辐射加热、有透明盖板、传热工质为单一进口和单一出口的平板型太阳能空气集热器,以及传热工质为空气的非聚光型全玻璃真空管型太阳能空气集热器	—	现行	国家标准
F-04-13	《家用太阳能热水系统技术条件》	GB/T 19141—2011	F	3、4	3	1. 家用太阳能热水系统的术语和定义;2. 分类与标记;3. 产品分类与命名单位;4. 设计与安装要求;5. 技术要求;6. 试验方法;7. 检验规则;8. 文件编制;9. 包装、运输和贮存	本标准适用于贮热水箱容水量不大于 0.6m³ 的家用太阳能热水系统	—	现行	国家标准
F-04-14	《家用空气源热泵辅助型太阳能热水系统技术条件》	GB/T 23889—2009	F	3、4	3	1. 家用空气源热泵辅助型太阳能热水系统的术语和定义;2. 分类;3. 技术要求;4. 参数测量和试验方法;5. 检验规则;6. 标志;7. 包装	本标准适用于提供生活热水及类似用途的贮水箱容积在 600 L 以下的家用空气源热泵辅助型太阳能热水系统	—	现行	国家标准
F-04-15	《太阳热水系统性能评定规范》	GB/T 20095—2006	F	3、4	3	本标准规定了太阳热水系统性能的检验和评定方法	本标准适用于单个贮水箱有效容积大于等于 0.6m³ 的太阳热水系统。本标准不适用于由多台家用太阳热水器组成的太阳热水系统	—	现行	国家标准

序号	标准名称	标准号	类别	阶段	目标	主要内容	相关介绍	主要问题、修编或新编理由	编制建议	备注
F-04-16	《平板型太阳能集热器》	GB/T 6424—2007	F	3、4	3	1.平板型太阳能集热器的术语和定义；2.产品分类与标记；3.要求；4.试验方法；5.检验规则；6.标志；7.包装；8.运输；9.贮存以及检测报告	本标准适用于利用太阳辐射加热、传热工质为液体的平板型太阳能集热器。不适用于真空管型太阳能集热器和闷晒式热水器	—	现行	国家标准
环境质量检测（F-05）										
F-05-01	《居住区大气中苯、甲苯和二甲苯卫生检验标准方法 气相色谱法》	GB/T 11737—1989	F	3、4	7	本标准规定了用气相色谱法测定居住区大气中苯、甲苯和二甲苯的浓度	本标准适用于居住区大气中苯、甲苯和二甲苯浓度的测定。也适用于室内空气中苯、甲苯和二甲苯浓度的测定	颁布实施已超过20年。已有2010年行业标准《环境空气 苯系物的测定 固体吸附/热脱附-气相色谱法》HJ 583—2010可能导致；《空气净化器污染物净化性能测定》JG/T 294—2010《室内空气质量标准》GB/T 18883—2002要做相应变化	修编	国家标准
F-05-02	《公共场所卫生检验方法 第2部分：化学污染物》	GB/T 18204.2—2014	F	3、4	7	本标准规定了公共场所空气中氨浓度的测定方法	本部分规定了公共场所室内空气重压等污染物和水池水尿素的测定方法。本部分适用于公共场所室内空气中化学污染物、尿素的测定。其他场所、居室等室内环境可参照执行	—	现行	国家标准

序号	标准名称	标准号	类别	阶段	目标	主要内容	相关介绍	主要问题、修编或新编理由	编制建议	备注
F-05-03	《室内装饰装修材料 人造板及其制品中甲醛释放限量》	GB 18580—2001	F	3	7	1. 室内装饰装修用人造板及其制品（包括地板、墙板等）中甲醛释放量的指标值；2. 试验方法和检验规则	本标准适用于释放甲醛的室内装修用各种类人造板及其制品	—	现行	国家标准
F-05-04	《室内装饰装修材料 内墙涂料中有害物质限量》	GB 18582—2008	F	3	7	1. 室内装饰装修用水性墙面涂料（包括面漆和底漆）和水性墙面腻子中对人体有害物质容许限量要求；2. 试验方法；3. 检验规则；4. 包装标志；5. 漆装安全及防护	本准适用于各室内装饰修用水性墙面涂料和水性墙面腻子	—	现行	国家标准
F-05-05	《混凝土外加剂中释放氨的限量》	GB 18588—2001	F	3	7	本标准规定了混凝土外加剂中释放氨的限量	本标准适用于各类具有室内使用功能的建筑用，能释放氨的混凝土外加剂，不适用于桥梁、公路等其他室外工程用混凝土外加剂	—	现行	国家标准
F-05-06	《室内装饰装修材料胶粘剂中有害物质限量》	GB 18583—2008	F	3	7	本标准规定了室内建筑装饰装修用胶粘剂中有害物质限量及其试验方法	本标准适用于室内建筑装饰装修用胶粘剂	—	现行	国家标准
F-05-07	《建筑材料放射性核素限量》	GB 6566—2010	F	3	7	本标准规定了建筑材料放射性核素镭—226、钍—232、钾—40 放射性比活度的试验方法	本标准适用于对放射性核素限量有要求的无机非金属类建筑材料	—	现行	国家标准

序号	标准名称	标准号	类别	阶段	目标	主要内容	相关介绍	主要问题、修编或新编理由	编制建议	备注
F-05-08	《民用建筑工程室内环境污染控制规范》	GB 50325—2010	F	3、4	7	1. 总则；2. 术语和符号；3. 材料；4. 工程勘察设计；5. 工程施工；6. 验收等	本规范适用于新建、扩建和改建的民用建筑工程室内环境污染控制。不适用于工业生产建筑工程、仓储性建筑工程、构筑物和有特殊净化卫生要求的室内环境污染控制，也不适用于民用建筑工程交付使用后，非建筑装修制的室内环境污染产生的室内环境污染控制	—	现行	国家标准
F-05-09	《声环境质量标准》	GB 3096—2008	F	3	7	本标准规定了五类声环境功能区的环境噪声限值及测量方法	本标准适用于声环境质量评价与管理。机场周围区域受飞机通过（起飞、降落、低空飞越）噪声的影响，不适用于本标准	—	现行	国家标准
F-05-10	《建筑物表面氡析出率的活性炭测量方法》	GB/T 16143—1995	F	3、4	7	本标准规定了用活性炭累积吸附、γ能谱分析测定建筑物表面氡析出率的方法	本标准适用于建筑物（含建筑构件）平整表面的氡析出率的测定。各种土壤、岩石表面的氡析出率的测定可参照使用	颁布实施已近20年。可能导致：《民用建筑工程室内环境污染控制规范》GB 50325—2010 要做相应变化	修编	国家标准

门窗采光、遮阳、气密性检测（F-06）

序号	标准名称	标准号	类别	阶段	目标	主要内容	相关介绍	主要问题、修编或新编理由	编制建议	备注
F-06-01	《建筑门窗工程检测技术规程》	JGJ/T 205—2010	F	3、4	3	1. 总则；2. 术语和符号；3. 基本规定；4. 门窗产品的进场检验；5. 门窗洞口施工质量检测；6. 门窗安装质量检测；7. 门窗工程性能现场检测；8. 既有建筑门窗检测	本规程适用于新建、扩建和改建建筑门窗性能检测和既有建筑门窗质量检测。不适用于建筑门窗防火、防盗等特殊性能检测	—	现行	行业标准
F-06-02	《建筑外门窗气密、水密、抗风压性能分级及检测方法》	GB/T 7106—2008	F	3	3	1. 建筑外门窗气密、水密及抗风压性能的术语和定义；2. 分级；3. 检测装置；4. 检测准备；5. 气密性能检测；6. 水密性能检测；7. 抗风压性能检测；8. 检测报告	本标准适用于建筑外窗及外门的气密、水密、抗风压性能分级及试验室检测。检测对象只限于门窗试件本身，不涉及门窗与其他结构之间的接缝部位	—	现行	国家标准
F-06-03	《建筑外门窗保温性能分级及检测方法》	GB/T 8484—2008	F	3	3	本标准规定了建筑外门、外窗保温性能分级及检测方法	本标准适用于建筑外门、外窗（包括天窗）传热系数和抗结露因子的分级及检测。有保温要求的其他类型的建筑门、窗和玻璃可参照执行	—	现行	国家标准

序号	标准名称	标准号	类别	阶段	目标	主要内容	相关介绍	主要问题、修编或新编理由	编制建议	备注
F-06-04	《建筑玻璃可见光透射比、太阳光直接透射比、太阳能总透射比、紫外线透射比及有关窗玻璃参数的测定》	GB/T 2680—1994	F	3	3	1. 建筑玻璃可见光透射（反射）比；2. 太阳光直接透射（反射、吸收）比；3. 太阳能总透射比；4. 紫外线透射（反射）比；5. 半球辐射率和遮蔽系数的测定条件和计算公式	本标准适用于建筑玻璃及其单层、多层窗玻璃构件光学性能的测定	引用标准 ISO 9050—1990 已废止。可能导致：《贴膜玻璃》JC 846—2007，《玻璃安全膜技术规范（附英文版）》CAS 140—2007，《建筑玻璃窗膜技术规范（附英文版）》CAS 142—2007，《镀膜玻璃 第1部分：阳光控制镀膜玻璃》GB/T 18915.1—2002，《镀膜玻璃 第2部分：低辐射镀膜玻璃》GB/T 18915.2—2002，《船用耐火窗技术条件》GB/T 17434—2008，《铝合金门窗》GB/T 8478—2008，《建筑玻璃 U 形玻璃》JC/T 867—2000、	修编	国家标准

序号	标准名称	标准号	类别	阶段	目标	主要内容	相关介绍	主要问题、修编或新编理由	编制建议	备注
F-06-04	《建筑玻璃可见光透射比、太阳光直接透射比、太阳能总透射比、紫外线透射比及有关窗玻璃参数的测定》	GB/T 2680—1994	F	3	3	1. 建筑玻璃可见光透射（反射）比；2. 太阳光直接透射（反射、吸收）比；3. 太阳能总透射比；4. 紫外线透射（反射）比；5. 半球辐射率和遮蔽系数的测定条件和计算公式	本标准适用于建筑玻璃及其单层、多层窗玻璃构件光学性能的测定	《建筑幕墙》GB/T 21086—2007、《平板玻璃》GB 11614—2009、《居住建筑节能检测标准（附条文说明）》JGJ/T 132—2009、《建筑用安全玻璃 第1部分：防火玻璃》GB 15763.1—2009、《建筑玻璃应用技术规程》JGJ 113—2009、《建筑遮阳产品遮光性能试验方法》JG/T 280—2010、《建筑遮阳通用要求》JG/T 274—2010、《内置遮阳中空玻璃制品》JG/T 255—2009、《温室用铝箔遮阳保温幕》NY/T 1363—2007、《镀膜抗菌玻璃》JC/T 1054—2007、《镀银玻璃镜》JC/T 871—2000、《建筑玻璃用隔热涂料》JG/T 338—2011要做相应变化	修编	国家标准

序号	标准名称	标准号	类别	阶段	目标	主要内容	相关介绍	主要问题、修编或新编理由	编制建议	备注
F-06-05	《建筑遮阳产品声学性能测量》	JG/T 279—2010	F	3	7	1. 建筑遮阳产品声学性能测量的术语和定义；2. 混响室吸声性能测量；3. 半消声室噪声测量和测量报告	本标准适用于室内遮阳产品的吸声性能测量及电动遮阳产品的噪声性能测量	—	现行	行业标准
F-06-06	《建筑遮阳产品遮光性能试验方法》	JG/T 280—2010	F	3	3	1. 建筑遮阳产品遮光性能试验的术语和定义；2. 试验方法和试验报告	本标准适用于建筑遮阳软卷帘、建筑遮阳百叶帘产品和内置遮阳中空玻璃制品	—	现行	行业标准
F-06-07	《建筑遮阳产品隔热性能试验方法》	JG/T 281—2010	F	3	3	1. 建筑遮阳产品隔热性能试验方法的术语和定义；2. 试验报告；3. 试验报告	本标准适用于除遮阳篷、遮阳板以外的建筑遮阳产品隔热性能的试验	—	现行	行业标准
F-06-08	《遮阳百叶窗气密性试验方法》	JG/T 282—2010	F	3	3	1. 遮阳百叶窗气密性试验方法的术语和定义；2. 试验方法；3. 试验报告	本标准适用于对气密性有要求的百叶窗	—	现行	行业标准
F-06-09	《建筑遮阳热舒适、视觉舒适性能检测方法》	JG/T 356—2012	F	3	7	1. 建筑遮阳热舒适与视觉舒适性能检测方法的术语和符号；2. 热舒适性能；3. 视觉舒适的热舒适性能与视觉舒适性能检测报告	本标准适用于除荧光材料和定向反射装置外，与玻璃窗平面平行的建筑遮阳装置的热舒适性检测方法	—	现行	行业标准

序号	标准名称	标准号	类别	阶段	目标	主要内容	相关介绍	主要问题、修编或新编理由	编制建议	备注
水质检测（F-07）										
F-07-01	《建筑与小区雨水利用工程技术规范》	GB 50400—2006	F	3、4	2	1. 总则；2. 术语；3. 符号；4. 水量与水质；5. 雨水利用系统设置；6. 雨水收集；7. 雨水入渗；8. 雨水储存与回用；9. 水质处理；10. 调蓄排放；11. 施工安装；12. 工程验收；13. 运行管理	本规范适用于民用建筑、工业建筑与小区利用工程的规划、设计、施工、验收、管理与维护。本规范不适用于雨水作为生活饮用水水源的雨水利用工程	—	现行	国家标准
F-07-02	《雨水利用工程技术规范》	DGJ 32/TJ 113—2011	F	3、4	2	1. 雨水资源的收集利用；2. 储存与回用；3. 水质处理；4. 调蓄排放；5. 施工验收；6. 运营管理等	—	—	现行	地方标准
F-07-03	《再生水水质标准》	SL 368—2006	F	3、4	2	1. 总则；2. 术语；3. 再生水标准分类；4. 再生水水质标准；5. 标准的实施和管理；6. 再生水水质监测等	本标准适用于地下水回灌、工业、农业、林业牧业、城市非饮用水、景观环境用水中使用的再生水	引用标准已废止。可能导致：《水务统计技术规程》SL 477—2010 要做相应变化	修编	行业标准（水利）

序号	标准名称	标准号	类别	阶段	目标	主要内容	相关介绍	主要问题、修编或新编理由	编制建议	备注
F-07-04	《城市污水再生利用 城市杂用水水质》	GB/T 18920—2002	F	3、4	2	本部分规定了城市杂用水的水质标准、采样及分析方法	本标准适用于厕所便器冲洗、道路清扫、消防、城市绿化、车辆冲洗、建筑施工杂用水	颁布实施已近10年。考虑对环境和地下水质的影响，提高水质指标标准。可能导致《建筑给水排水设计规范》GB 50015—2003、《民用建筑节水设计标准》（附条文说明）GB 50555—2010、《旅游度假区等级划分》GB/T 26358—2010、《再生水水质标准》SL 368—2006、《水泥窑协同处置工业废物设计规范》GB 50634—2010、《小型火力发电厂设计规范》GB 50049—2011、《大中型火力发电厂设计规范》GB 50660—2011要做相应变化	修编	国家标准
F-07-05	《城市污水再生利用 景观环境用水水质》	GB/T 18921—2002	F	3、4	2	1. 作为景观环境用水的再生水水质指标；2. 再生水利用方式	本标准适用于作为景观环境用水的再生水	颁布实施已近10年。考虑对环境和地下水质的影响，提高水质指标标准	修编	国家标准

序号	标准名称	标准号	类别	阶段	目标	主要内容	相关介绍	主要问题、修编或新编理由	编制建议	备注
F-07-06	《城市污水再生利用地下水回灌水质》	GB/T 19772—2005	F	3、4	2	1. 利用城市污水再生水回灌时应控制的项目；2. 限值；3. 取样与监测	本标准适用于以城市污水再生水为水源，在各级地下水饮用水源保护区外、以非饮用为目的，采用地表回灌和井灌的方式进行地下水回灌	—	现行	国家标准
F-07-07	《城市污水再生利用工业用水水质》	GB/T 19923—2005	F	3、4	2	1. 作为工业用水的再生水的水质标准；2. 再生水的利用方式	本标准适用于以城市污水再生水为水源，作为工业用水的下列范围：冷却用水，包括直流式、循环式补充水、洗涤用水，包括冲渣、冲灰、消烟除尘、清洗等；中压锅炉给水，包括低压、中压锅炉补给水，蒸煮、水力开采、水力输送、增湿、稀释、搅拌、选矿、油田回注等；产品用水，浆料、化工制剂等	引用标准已废止。可能导致：《再生水水质标准》SL 368—2006，《城镇污水处理厂运行、维护及安全技术规程》CJJ 60—2011要做相应变化	修编	国家标准
电（照明）检测（F-08）										
F-08-01	《照明测量方法》	GB/T 5700—2008	F	3、4、7	3、7	1. 室内外照明测量仪器；2. 测量方法和测量内容	本标准适用于室内照明的测量、道路、广场、室外作业区等室外照明场所的测量和建筑夜景照明的测量	—	现行	国家标准

5.3.7 建筑电气

见图 5-81、图 5-82。

图 5-81 建筑电气（G）标准结构图（一）

建筑电气专业相关绿色建筑的标准汇总见表 5-7。

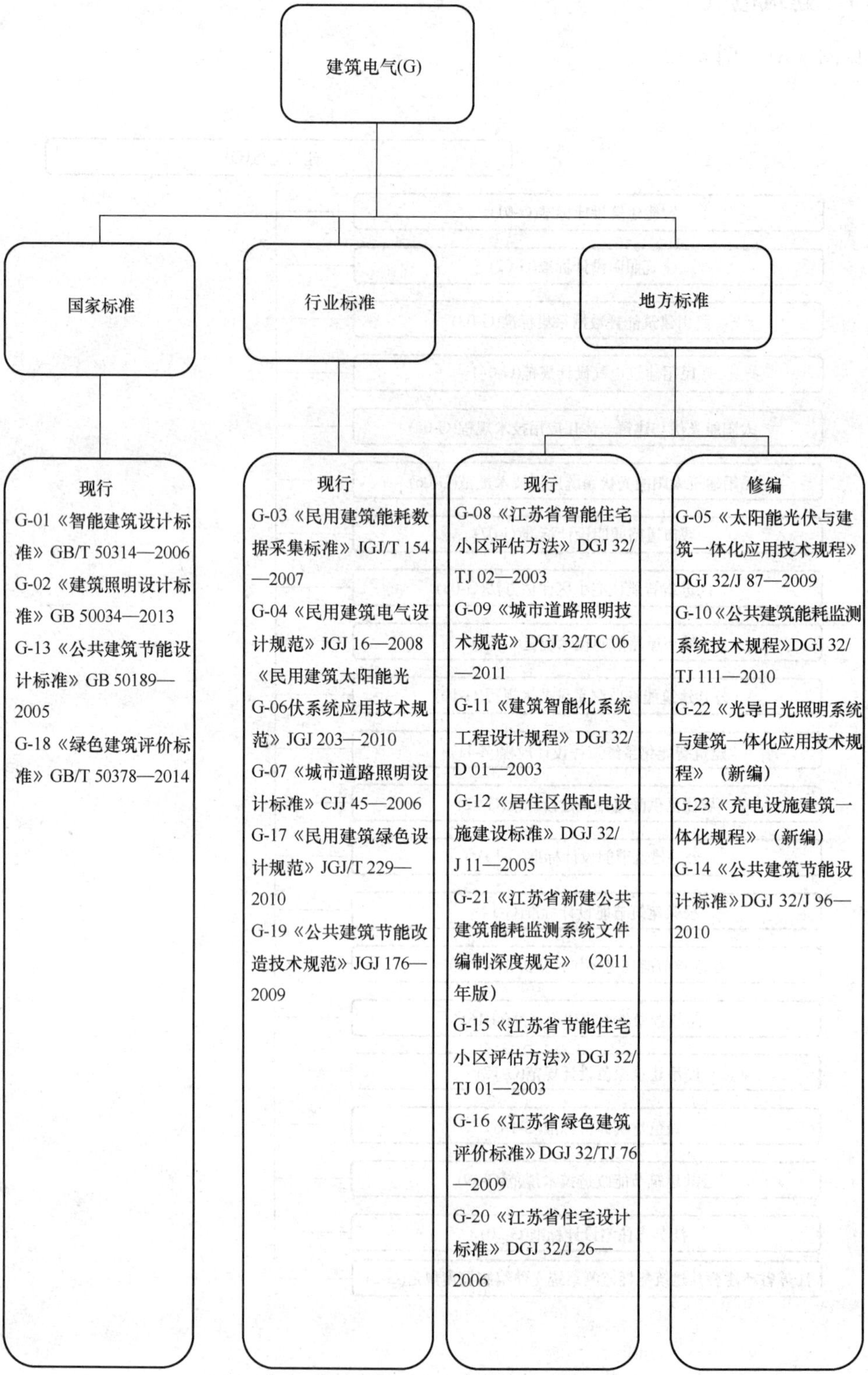

```
                        ┌──────────────┐
                        │  建筑电气(G)  │
                        └──────┬───────┘
         ┌─────────────────────┼─────────────────────┐
    ┌────┴────┐           ┌────┴────┐           ┌────┴────┐
    │ 国家标准 │           │ 行业标准 │           │ 地方标准 │
    └────┬────┘           └────┬────┘           └────┬────┘
```

现行	现行	现行	修编
G-01《智能建筑设计标准》GB/T 50314—2006	G-03《民用建筑能耗数据采集标准》JGJ/T 154—2007	G-08《江苏省智能住宅小区评估方法》DGJ 32/TJ 02—2003	G-05《太阳能光伏与建筑一体化应用技术规程》DGJ 32/J 87—2009
G-02《建筑照明设计标准》GB 50034—2013	G-04《民用建筑电气设计规范》JGJ 16—2008	G-09《城市道路照明技术规范》DGJ 32/TC 06—2011	G-10《公共建筑能耗监测系统技术规程》DGJ 32/TJ 111—2010
G-13《公共建筑节能设计标准》GB 50189—2005	G-06《民用建筑太阳能光伏系统应用技术规范》JGJ 203—2010	G-11《建筑智能化系统工程设计规程》DGJ 32/D 01—2003	G-22《光导日光照明系统与建筑一体化应用技术规程》（新编）
G-18《绿色建筑评价标准》GB/T 50378—2014	G-07《城市道路照明设计标准》CJJ 45—2006	G-12《居住区供配电设施建设标准》DGJ 32/J 11—2005	G-23《充电设施建筑一体化规程》（新编）
	G-17《民用建筑绿色设计规范》JGJ/T 229—2010	G-21《江苏省新建公共建筑能耗监测系统文件编制深度规定》（2011年版）	G-14《公共建筑节能设计标准》DGJ 32/J 96—2010
	G-19《公共建筑节能改造技术规范》JGJ 176—2009	G-15《江苏省节能住宅小区评估方法》DGJ 32/TJ 01—2003	
		G-16《江苏省绿色建筑评价标准》DGJ 32/TJ 76—2009	
		G-20《江苏省住宅设计标准》DGJ 32/J 26—2006	

图 5-82　建筑电气（G）标准结构图（二）

表 5-7

建筑电气专业相关绿色建筑的标准汇总

序号	标准名称	标准号	类别	阶段	目标	主要内容	相关介绍	主要问题、修编或新编理由	编制建议	备注
建筑电气（G）										
G-01	《智能建筑设计标准》	GB/T 50314—2006	G	Ⅱ Ⅳ	3、7、8	1. 总则；2. 术语；3. 设计要素；4. 办公建筑；5. 商业建筑；6. 文化建筑；7. 媒体建筑；8. 体育建筑；9. 医院建筑；10. 学校建筑；11. 交通建筑；12. 住宅建筑；13. 通用工业建筑	智能建筑工程设计，应贯彻国家关于节能、环保等方针政策，应做到技术先进、经济合理、实用可靠。智能建筑的智能化系统设计，应以增强建筑物的科技功能和提升建筑物的应用价值为目标，以建筑物的功能类别、管理需求及建设投资为依据，具有可扩展性、开放性和灵活性	—	现行	国家标准
G-02	《建筑照明设计标准》	GB 50034—2013	G	Ⅱ Ⅳ	2、5、7	1. 总则；2. 术语；3. 一般规定；4. 照明数量和质量；5. 照明标准值；6. 照明节能；7. 照明配电及控制；8. 照明管理与监督	本标准适用于新建、改建和扩建的居住、公共和工业建筑的照明设计。主要规定了居住、公共和工业建筑的照明标准值、照明质量和照明功率密度	—	现行	国家标准
G-03	《民用建筑能耗数据采集标准》	JGJ/T 154—2007	G	Ⅱ Ⅳ	8	1. 总则；2. 术语；3. 民用建筑能耗数据采集对象与指标；4. 民用建筑能耗数据采样样本量和样本的确定方法；5. 样本建筑的能耗数据采集方法；6. 民用建筑能耗数据报表生成与报送方法；7. 民用建筑能耗数据发布	本标准适用于我国城镇民用建筑使用过程中各类能源消耗量数据的采集和报送	—	现行	行业标准

续表

序号	标准名称	标准号	类别	阶段	目标	主要内容	相关介绍	主要问题、修编或新编理由	编制建议	备注
G-04	《民用建筑电气设计规范》	JGJ 16—2008	G	II	3、5、9	1. 总则；2. 术语、符号、代号；3. 供电系统；4. 配变电所；5. 继电保护及电气测量；6. 自备电源；7. 低压配电；8. 配电线路布线系统；9. 常用设备电气装置；10. 电气照明；11. 民用建筑物防雷；12. 接地和特殊场所的安全保护；13. 火灾报警系统；14. 安全技术防范系统；15. 有线电视和卫星电视接收系统；16. 广播、扩声与会议系统；17. 呼应信号及公共显示；18. 建筑设备监控系统；19. 计算机网络系统；20. 通信网络系统；21. 有线综合布线系统；22. 电磁兼容与电磁环境卫生；23. 电子信息设备机房；24. 锅炉房热工检测与控制	本规范适用于城镇新建、改建和扩建的民用建筑的电气设计。民用建筑电气设计应体现以人为本，对电磁污染、声污染及光污染采取综合治理，达到环境保护相关标准的要求，确保人居环境安全、舒适，有效地采用成熟、节能措施，降低电能消耗	—	现行	行业标准
G-05	《太阳能光伏与建筑一体化应用技术规程》	DGJ 32/J 87—2009	G	II VI	3、6	1. 总则；2. 术语；3. 光伏系统设计；4. 光伏系统安装；5. 安全、消防；7. 工程质量验收；8. 运行管理与维护	本标准适用于新建、扩建和改建的工业与民用建筑光伏系统工程，以及在既有工业与民用建筑上安装或改造已安装的光伏系统工程的设计、施工、验收和运行维护。光伏系统设计应纳入建筑规划与建筑设计，建筑与光伏系统同步设计、同步施工、同步验收	太阳能光伏建筑一体化设计中应对光伏设施的防火提出更具体的技术要求；对于微电网的发展与运用制定技术导则	修编	地方标准

274

序号	标准名称	标准号	类别	阶段	目标	主要内容	相关介绍	主要问题、修编或新编理由	编制建议	备注
G-06	《民用建筑太阳能光伏系统应用技术规范》	JGJ 203—2010	G	II VI	3、6	1. 总则；2. 术语；3. 太阳能光伏系统设计；4. 规划、建筑和结构设计；5. 太阳能光伏系统安装；6. 工程验收	本规范适用于新建、改建和扩建的民用建筑的太阳能光伏系统工程，以及在既有民用建筑上安装或改造已安装的光伏系统工程的设计、安装和验收	—	现行	行业标准
G-07	《城市道路照明设计标准》	CJJ 45—2006	G	II IV	3	1. 总则；2. 术语；3. 照明标准；4. 光源、灯具及其附属装置选择；5. 照明方式和设计要求；6. 照明供电和控制；7. 节能措施	本标准适用于新建、扩建和改建的城市道路及与道路相连的特殊场所的照明的设计，不适用于隧道、道路照明设计。道路照明应按照安全可靠、技术先进、经济合理、节能环保、维修方便的原则进行	—	现行	行业标准
G-08	《江苏省智能住宅小区评估方法》	DGJ 32/TJ 02—2003	G	V	9、10	1. 总则；2. 术语；3. 基本规定；4. 安全防范系统；5. 设备监控与管理系统；6. 通信网络系统；7. 评定程序	本评估方法适用于我省城镇新建、扩建、改建的智能住宅小区的评估		现行	地方标准
G-09	《城市道路照明技术规范》	DGJ 32/TC 06—2011	G	II IV	3	1. 总则；2. 术语；3. 架空线路；4. 地下电缆线路；5. 变配电设备；6. 道路照明控制；7. 路灯安装；8. 安全保护；9. 运行维护；10. 照明	本规范适用于江苏省市城市道路照明工程设计、施工、维护和管理。城市道路照明设计、施工、维护和管理应遵循安全可靠、技术先进、经济合理、节能环保的原则，积极采用成熟可靠的新技术、新材料、新设备、新光源		现行	地方标准

序号	标准名称	标准号	类别	阶段	目标	主要内容	相关介绍	主要问题、修编或新编理由	编制建议	备注
G-10	《公共建筑能耗监测系统技术规程》	DGJ 32/TJ 111—2010	G	II IV	8	1. 总则；2. 术语；3. 基本规定；4. 系统设计；5. 施工与调试；6 系统检测；7. 系统验收；8. 系统运行维护	本规范适用于江苏省新建国家机关办公建筑和大型公共建筑能耗监测系统的设计、施工、验收和运行维护。改扩建及既有建筑可参照执行	对于一定规模的项目，应要求设置建筑能源管理，同步采集能耗数据并予以分析。提高总能耗计量监测的要求，如：10kV电源进线侧应计量建筑总能耗（公共节能侧标准应相应调整）	修编	地方标准
G-11	《建筑智能化系统工程设计规程》	DGJ 32/D 01—2003	G	II IV	3、7、8	1. 总则；2. 术语；3. 建筑设备自动化；4. 火灾自动报警与消防联动控制；5. 安全技术防范系统；6. 通信网络系统；7. 综合布线系统；8. 办公自动化系统；9. 系统集成；10. 电源与防雷接地；11. 住宅小区智能化	本标准所指的建筑智能化系统工程，是指新建或已建成的建筑物、建筑群或住宅小区中，构建的建筑设备自动化系统、火灾自动报警与消防联动控制系统、安全技术防范系统、通信网络系统、综合布线系统、办公自动化系统以及系统集成	—	现行	地方标准

276

序号	标准名称	标准号	类别	阶段	目标	主要内容	相关介绍	主要问题、修编或新编理由	编制建议	备注
G-12	《居住区供电配电设施建设标准》	DGJ 32/J 11—2005	G	II IV	3, 7, 8	1. 总则；2. 名词术语；3. 供配电电设计；4. 设备选型；5. 施工与验收；6. 附录	该标准适用于江苏省内新建居住区及住宅建筑的供配电电设施建设均应执行本标准。改建、扩建的居住区供配电电设施建设应参照本标准	—	现行	地方标准
G-13	《公共建筑节能设计标准》	GB 50189—2005				1. 总则；2. 术语；3. 室内环境节能设计计算参数；4. 建筑与建筑热工设计；5. 采暖、通风和空气调节节能设计等	本标准适用于新建、改建和扩建的公共建筑节能设计。按本标准进行的建筑节能设计，在保证相同的室内环境参数条件下，与未采取节能措施前相比，全年采暖、通风、空气调节减少50%。公共建筑照明的总照明节能设计应符合国家现行标准《建筑照明设计标准》GB 50034—2004 的有关规定	—	现行	国家标准
G-14	《公共建筑节能设计标准》	DGJ 32/J 96—2010				1. 总则；2. 术语；3. 建筑与空调节设计；4. 采暖、通风与空气调节节能设计；5. 电气节能设计；6. 给水排水节能设计；7. 可再生能源设计；8. 用能计量与控制；9. 检测与控制	本标准适用于建筑的节能设计。按本标准进行的建筑节能设计，在保证相同的室内环境参数条件下，与未采取节能措施前相比，甲类公共建筑全年采暖、通风、空气调节、照明的总能耗应减少65%，乙类公共建筑全年采暖、通风、空气调节、照明的总能耗应减少50%	太阳能光伏系统的设置宜采用标准采用总装机容量的设变压器容量的2‰过干笼统，对于光伏板安装面积及数量与功率的换算应有量化标准。光导照明的应用应有增设强制性标准条款	修编	地方标准

序号	标准名称	标准号	类别	阶段	目标	主要内容	相关介绍	主要问题、修编或新编理由	编制建议	备注
G-15	《江苏省节能住宅小区评估方法》	DGJ 32/TJ01—2003				1. 总则；2. 术语符号；3. 基本规定；4. 建筑单体；5. 绿化；6. 能源供应及设备；7. 给排水；8. 公共设施管理；9. 评定程序	本评估方法适用于全省新建、扩建、改造的节能住宅小区的评定。节能住宅小区建设应积极采用新技术、新工艺、新材料、新设备和可再生资源，提高人居环境质量，体现社会发展和环境效益的统一。节能住宅小区采取效益申报的原则	—	现行	地方标准
G-16	《江苏省绿色建筑评价标准》	DGJ 32/TJ76—2009				1. 总则；2. 术语；3. 基本规定；4. 住宅建筑；5. 公共建筑	本标准用于评价江苏省新建和改、扩建住宅建筑和公共建筑（办公建筑、商场建筑和旅馆建筑）。评价绿色建筑时，应统筹考虑建筑全寿命周期内、节能、节地、节水、节材、保护环境，满足建筑功能之间的辩证关系。评价绿色建筑时，结合建筑所在地域的气候、资源、自然环境、经济、文化等特点进行评价	—	现行	地方标准
G-17	《民用建筑绿色设计规范》	JGJ/T 229—2010				1. 总则；2. 术语；3. 基本规定；4. 绿色设计策划；5. 场地与室外环境；6. 建筑设计与室内环境；7. 建筑材料；8. 给水排水；9. 暖通空调；10. 建筑电气	本标准适用于新建、改建和扩建的民用建筑的绿色设计。绿色建筑设计应统筹考虑建筑全寿命周期内，节能、节地、节水、节材、保护环境之间的辩证关系，体现经济效益、社会效益和环境效益的统一；应降低建筑行为对自然环境的影响，遵循健康、简约、高效的设计理念，实现人、建筑与自然和谐共生	—	现行	行业标准

序号	标准名称	标准号	类别	阶段	目标	主要内容	相关介绍	主要问题、修编或新编理由	编制建议	备注
G-18	《绿色建筑评价标准》	GB/T 50378—2014				1. 总则；2. 术语；3. 基本规定；4. 节地与室外环境；5. 节能与能源利用；6. 节水与水资源利用；7. 节材与材料资源利用；8. 室内环境质量；9. 施工管理；10. 运营管理；11. 提高与创新	本标准适用于绿色民用建筑的评价。绿色建筑评价应遵循因地制宜的原则，结合建筑所在地域的气候、环境、资源、经济及文化等特点，对建筑全寿命周期内节能、节地、节水、节材、保护环境等性能进行综合评价。绿色建筑的评价除应符合本标准的规定外，尚应符合国家现行有关标准的规定	—	现行	国家标准
G-19	《公共建筑节能改造技术规范》	JGJ 176—2009				1. 总则；2. 术语；3. 节能诊断；4. 节能改造判断原则与方法；5. 外围护结构热工性能改造；6. 采暖通风空调与生活热水供应系统改造；7. 供配电与照明系统改造；8. 监测与控制系统改造；9. 可再生能源利用；10. 节能改造综合评估	本规范适用于各类公共建筑的外围护结构、用能设备及系统等方面的节能改造。公共建筑节能改造应在保证室内热舒适度环境的基础上，提高建筑的能源利用率，降低能源消耗	—	现行	行业标准
G-20	《江苏省住宅设计标准》	DCJ32/J26—2006				1. 总则；2. 术语；3. 使用标准；4. 套型面积标准；5. 环境标准；6. 节能标准；7. 设施标准；8. 消防标准；9. 结构标准；10. 设备标准；11. 住宅设计面积计算；12. 经济造价综合标准	本标准适用于我省城市、建制镇新建住宅设计。底层为商业场所、上部为住宅的商住楼。其住宅部分应遵照执行。本标准不适用于酒店、商务、租赁式公寓及大层高隐形跃层公寓	—	现行	地方标准
G-21	《江苏省新建公共建筑能耗监测系统文件编制深度规定》	（2011年版）	G	II IV	3、8				现行	地方标准

序号	标准名称	标准号	类别	阶段	目标	主要内容	相关介绍	主要问题、修编或新编理由	编制建议	备注
G-22	《光导日光照明系统与建筑一体化应用技术规程》							光导日光照明系统是太阳光能三大应用之一（太阳能光伏、太阳能光热和太阳能日光照明）。在建筑各部位上的光导日光照明系统的设计、安装应符合建筑围护、建筑热工、结构安全和电气安全等建筑功能的要求	新编	地方标准

序号	标准名称	标准号	类别	阶段	目标	主要内容	相关介绍	主要问题、修编或新编理由	编制建议	备注
G-23	《充电设施建筑一体化规程》							电动汽车、助力车等电动车发展与运用的普及对于建筑内停车场的充电装置提出了新的要求。充电装置的可靠性、安全性以及充分利用光伏发电等再生能源作为充电装置的电源都是一个具有指导和规范的导则或标准	新编	地方标准

5.3.8 施工

见图 5-83 及表 5-8。

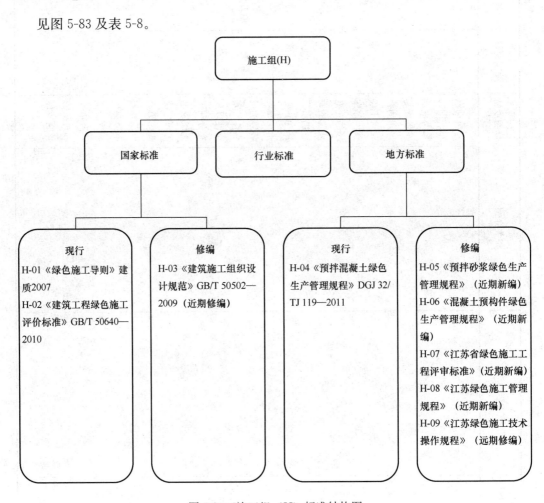

图 5-83 施工组（H）标准结构图

表 5-8

施工专业相关绿色建筑的标准汇总

序号	标准名称	标准号	类别	阶段	目标	主要内容	相关介绍	主要问题、修编或新编理由	编制建议	备注
H-01	《绿色施工导则》	建质 2007	H	施工阶段	全部	1. 总则; 2. 绿色施工原则; 3. 绿色施工总体框架; 4. 绿色施工要点; 5. 发展绿色施工的新技术、新设备、新材料、新工艺; 6. 绿色施工应用示范工程	《绿色施工导则》强调的是对整个施工过程的控制。紧扣"四节一环保"内涵。根据绿色施工原则，结合工程施工实际情况，《绿色施工导则》提出了绿色施工的主要内容，根据其重要性依次列为：施工管理、环境保护、节材与材料资源利用、节水与水资源利用、节能与能源利用、节地与施工用地保护六个方面	—	现行	国家标准
H-02	《建筑工程绿色施工评价标准》	GB/T 50640—2010	H	施工阶段	全部	1. 总则; 2. 术语与符号; 3. 基本规定; 4. 评价框架体系; 5. 环境保护评价指标; 6. 节水与水资源利用评价指标; 7. 节能与能源利用评价指标; 8. 节地与土地资源保护评价指标; 9. 节材与材料资源利用评价指标; 10. 评价方法; 11. 评价组织和程序; 12. 第三方评价	本规范编制过程中，在对建筑行业绿色施工状况进行广泛调研后，吸取了建筑行业各类优秀工程项目的先进施工和管理经验，在广泛征求意见的基础上，制定了本规程	—	现行	国家标准

序号	标准名称	标准号	类别	阶段	目标	主要内容	相关介绍	主要问题、修编或新编理由	编制建议	备注
H-03	《建筑施工组织设计规范》	GB/T 50502—2009	H	施工阶段	全部	1. 基本规定；2. 施工组织总设计；3. 单位工程施工组织设计；4. 施工方案；5. 施工管理计划等	本规范编制主要针对建筑工程的一般组织工程	在对建筑行业绿色施工现状进行广泛调研后，吸取了建筑行业各类优秀工程项目的先进施工和管理经验，在广泛征求意见的基础上，按照绿色施工的要求，对本规范进行修编	修编	国家标准
H-04	《预拌混凝土绿色生产管理规程》	DGJ 32/TJ 119—2011	H	施工阶段	全部	1. 总则，术语；2. 基本规定；3. 厂区建设；4. 设备设施；5. 预拌混凝土；6. 生产管理；7. 运输要求；8. 施工现场要求	本规程适用于江苏省预拌混凝土绿色生产管理	—	现行	地方标准
H-05	《预拌砂浆绿色生产管理规程》		H	施工阶段	全部	1. 总则；2. 基本规定；3. 厂区与设备设施；4. 预拌砂浆；5. 运输要求；6. 现场要求；7. 生产与施工管理	本规程适用预拌砂浆生产施工管理	—	新编	地方标准

序号	标准名称	标准号	类别	阶段	目标	主要内容	相关介绍	主要问题、修编或新编理由	编制建议	备注
H-06	《混凝土预制构件绿色生产管理规程》		H	施工阶段	全部	1. 总则；2. 基本规定；3. 厂区建设；4. 设备设施；5. 混凝土预制构件；6. 运输要求；7. 现场要求；8. 生产与施工管理	本规程适用于混凝土预制构件的生产管理	—	新编	地方标准
H-07	《江苏省绿色建筑评价标准》	DGJ 32/TJ 76—2009	H	施工阶段	全部	1. 总则；2. 评价指标体系；3. 适用对象；4. 评价办法；5. 绿色施工过程评审表；6. 绿色施工考评表；7. 绿色施工阶段评价表；8. 绿色施工单位工程评价表	在江苏省行政区域内开展绿色施工工程的申报和评审活动，必须执行本标准	已经有国家标准，按国家标准执行	修编	地方标准
H-08	《江苏绿色施工管理规程》		H	施工阶段	全部	1. 总则；2. 术语；3. 基本规定；4. 绿色施工管理；5. 资源利用与节约；6. 环境保护；7. 健康与安全；8. 说明	施工全过程绿色施工管理	—	—	地方标准
H-09	《江苏绿色施工技术操作规程》		H	施工阶段	全部	分专业		目前 26 则技术操作规程不能满足绿色施工的要求	修编	地方标准

5.4 标准体系的测度与评价

作为绿色建筑的标准体系，在各专业组对各自专业领域进行现行标准研究的基础上，按照绿色建筑实现目标和全寿命周期的不同维度，进行了标准体系中近期、远期建设规划的分解，并给出了修编和新编的具体理由。以此为基础，可以进一步对已经构建的标准体系在实现绿色建筑目标和全寿命周期要求的程度进行有效测度，并对整个标准体系进行评价，为进一步发展和建设标准体系指引方向。

通过对目标维度、专业维度、时间维度三个不同角度的研究，我们以专业维度的研究为主线，将各专业组研究的标准体系发展的方向和具体的标准编制规划内容投影在目标维度、时间维度上，并形成了能够涵盖三个维度的标准体系三维示意图，如图 5-84 所示，将其中每一个专业标准在所对应的目标和时间维度上定位，形成一个个小的立方体，整个

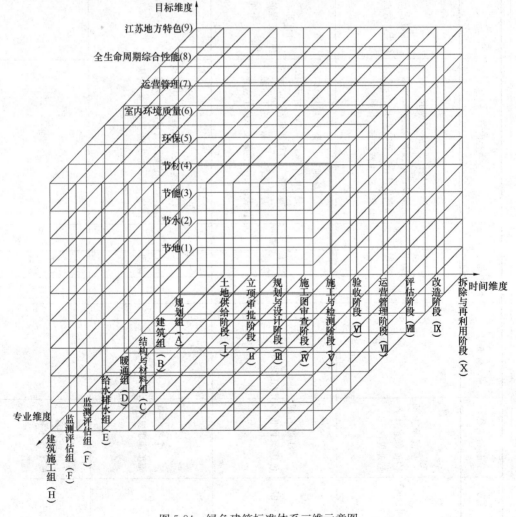

图 5-84　绿色建筑标准体系三维示意图

标准体系由若干个立方体所构成，我们将对其进行空间上的测度与评价。

5.4.1 标准体系的测度

从各专业分别完成的绿色建筑相关标准的研究情况看，由于专业特点不同，各自制定的标准规划在绿色建筑目标实现和全寿命周期目标实现方面的贡献是不同的，用气泡图将其分别表示出来，再将各专业组的成果经过叠加后，得到的结果如图 5-85 所示，气泡包括了已有标准、需要修编或者新编的标准，大中小气泡分别代表综合性、通用性和专用性标准。

为完成对标准体系的评价，将各专业标准分别在目标和全寿命周期的维度上进行投影，根据标准的投影数量得出不同的测度值。根据各专业在绿色建筑全寿命周期各阶段维度上的投影，可以测算出全寿命周期贡献的测度如表 5-9 所示。

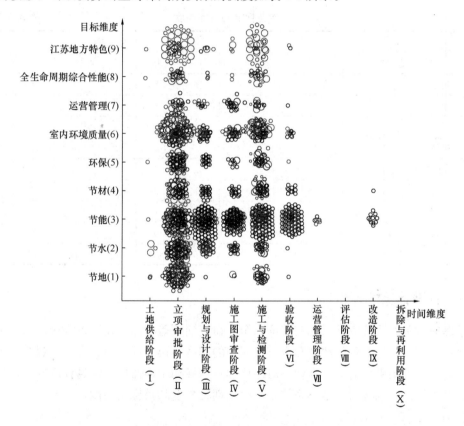

图 5-85　各专业组叠加后结果

各专业标准的全寿命周期测度　　　　　　　　　　　表 5-9

专业＼阶段	I	II	III	IV	V	VI	VII	IX	合计
规划	2	9	0	0	5	0	0	0	16
建筑	2	9	3	5	9	2	0	0	30
结构与材料	0	0	6	4	6	6	1	2	25
暖通	0	2	4	4	0	0	0	0	10
给排水	2	5	5	5	3	2	0	0	22

专业 \ 阶段	Ⅰ	Ⅱ	Ⅲ	Ⅳ	Ⅴ	Ⅵ	Ⅶ	Ⅸ	合计
电气	0	7	0	5	2	2	0	0	16
施工	0	0	0	0	9	0	0	0	9
检测评估	0	0	3	3	2	0	0	0	8
合计	6	32	21	26	36	12	1	2	136

同时，根据各专业在绿色建筑目标维度上的投影，可以测算出目标贡献的测度如表5-10所示。

各专业标准的目标测度　　　　　　　表 5-10

专业 \ 目标	1	2	3	4	5	6	7	8	9	合计
规划	3	2	2	2	2	1	1	1	2	16
建筑	3	4	6	2	2	2	2	3	6	30
结构与材料	3	0	6	5	4	3	4	0	0	25
暖通	0	0	3	0	0	3	2	2	0	10
给排水	0	6	4	3	4	0	0	5	0	22
电气	0	2	4	0	2	2	2	2	2	16
施工	1	1	1	1	1	1	1	1	1	9
检测评估	0	2	2	1	0	0	2	0	1	8
合计	10	17	28	14	15	12	14	14	12	136

5.4.2　标准体系的评价

对标准体系的评价应从目标实现度和全寿命周期覆盖度两个角度来进行，通过标准体系在绿色建筑目标的实现的测度和全寿命周期的测度转换为评分值并进行客观赋权下的综合评价，将评价结果作为该标准体系对绿色建筑目标和全寿命周期满足程度的一种评价指标，我们将它们分别称为标准体系的全寿命周期覆盖度和目标实现度。

1. 评价方法

根据标准体系的特点，拟采用变异系数赋权法对各目标进行赋权，然后再采用综合指数评估法进行综合评价，得到综合评价值——全寿命周期覆盖度、目标实现度。

变异系数赋权法的基本原理是：如果指标的变异程度较大，那么各评价对象在该指标上的情况能更好地被区分，则应该赋予较大的权数；相反，指标的变异程度较小，那么评价对象的情况不易被区分，则应该赋予较小的权数。

变异系数的公式为：

$$k = \frac{\delta}{x}$$

式中　δ——总体的标准差；

x——总体的均值。

设用于评估对象的指标有 i 个，要评价的对象数量为 j 个，根据变异系数的公式，变异系数权数的确定步骤如下：

（1）计算各个评价指标的标准差 δ_i，该值可反映各评价指标的绝对变异程度。

$$\delta_i = \sqrt{\frac{1}{j} \sum_{n=1}^{j} (x_{ji} - \overline{x_i})^2} \quad (i = 1, 2 \cdots \cdots n)$$

式中　$\overline{x_i}$——第 i 个指标的平均数；

x_{ji}——第 j 个评估对象的第 i 个指标值。

（2）计算各个评价指标的变异系数 k_i，该值可反映各评价指标的相对变异程度。

$$k_i = \frac{\delta_i}{\overline{x}_i}$$

（3）对各个评价指标的变异系数进行归一化处理，可得到各评价指标的权数 ω_i：

$$\omega_i = \frac{k_i}{\sum_{i=1}^{n} k_i}$$

那么各个指标的权数向量为：$\omega = (\omega_1, \omega_2, \omega_3 \cdots \cdots \omega_n)$。

变异系数赋权法的目的是为了区别各评价指标的相对变化幅度，这样也就是区别了被评价的对象。k_i 的值小表示 ω_i 在不同的对象上变化不大，区别对象的能力弱，应赋予的权重较小；k_i 的值大表示 ω_i 在不同的对象上变化大，区别对象的能力强，应赋予的权重较大。

采用综合指数法对标准体系在目标维度和全寿命周期维度进行综合评价。综合指数评估法是根据指数分析的基本原理，在确定各指标权数后加权算指数公式，对评估对象进行综合评估分析的一种方法。加权平均法是使用最广泛的综合指数分析方法，它先用权重 ω_i 来反映各指标对综合评估结果的不同影响程度，这样就使计算变得相对简单和方便，并且结果也比较科学。因此，选择加权平均法来进行综合评估，计算公式为：

$$A = \sum_{j=1}^{n} \lambda_i \times R_j(x)$$

式中　A——指标的评估值；

ω——各指标相对于总体目标的权重；

$R_j(x)$——单项指标评估的标准值。

2. 全寿命周期覆盖度

绿色建筑标准体系在时间维度上包括了项目决策、投资建设、验收评价、运行维护 4 个过程，具体又可划分为土地供应阶段、立项审批阶段、规划设计阶段、施工图审查阶段、施工与检测阶段、验收阶段、运营管理阶段、评估阶段、改造阶段、拆除与再利用阶段等 10 个不同阶段。根据标准对各阶段的覆盖情况进行评价，可以分析标准体系在不同发展阶段对建筑物全寿命周期要求的满足程度，从而更加客观地衡量其先进性。

针对上述要求，利用变异系数赋权法和综合指数评估法得到绿色建筑标准体系的全寿命周期覆盖度为 10.929，较原有标准下的全寿命周期覆盖度 7.020 提高了 55.69%。具体结果如表 5-11、表 5-12 所示。

		Ⅰ	Ⅱ	Ⅲ	Ⅳ	Ⅴ	Ⅵ	Ⅶ	Ⅸ
标准差		0.97	3.74	2.23	1.98	3.12	1.94	0.33	0.66
变异系数		0.65	0.47	0.43	0.31	0.35	0.65	1.32	1.32
权重		0.12	0.09	0.08	0.06	0.06	0.12	0.24	0.24
得分	规划	0.24	0.77	0.00	0.00	0.32	0.00	0.00	0.00
	建筑	0.24	0.77	0.23	0.28	0.57	0.24	0.00	0.00
	结构与材料	0.00	0.00	0.47	0.22	0.38	0.71	0.24	0.48
	暖通	0.00	0.17	0.31	0.22	0.00	0.00	0.00	0.00
	给排水	0.24	0.43	0.39	0.28	0.19	0.24	0.00	0.00
	电气	0.00	0.60	0.00	0.28	0.13	0.24	0.00	0.00
	施工	0.00	0.00	0.00	0.00	0.57	0.00	0.00	0.00
	检测评估	0.00	0.00	0.23	0.17	0.13	0.00	0.00	0.00
各目标分值		0.71	2.73	1.63	1.45	2.28	1.41	0.24	0.48
总分值		10.929							

		Ⅰ	Ⅱ	Ⅲ	Ⅳ	Ⅴ	Ⅵ	Ⅶ	Ⅸ
标准差		0.66	3.38	1.36	1.71	2.63	1.36	0.33	0.66
变异系数		1.32	0.75	0.61	0.49	0.48	0.61	1.32	1.32
权重		0.19	0.11	0.09	0.07	0.07	0.09	0.19	0.19
得分	规划	0.38	0.00	0.00	0.00	0.21	0.00	0.00	0.00
	建筑	0.00	0.98	0.18	0.21	0.62	0.09	0.00	0.00
	结构与材料	0.00	0.00	0.35	0.21	0.28	0.35	0.19	0.38
	暖通	0.00	0.11	0.00	0.00	0.00	0.00	0.00	0.00
	给排水	0.00	0.11	0.18	0.14	0.14	0.18	0.00	0.00
	电气	0.00	0.76	0.00	0.35	0.14	0.18	0.00	0.00
	施工	0.00	0.00	0.00	0.00	0.07	0.00	0.00	0.00
	检测评估	0.00	0.00	0.09	0.07	0.07	0.00	0.00	0.00
各目标分值		0.38	1.96	0.79	0.99	1.53	0.79	0.19	0.38
总分值		7.020							

3. 目标实现度

由于目标维度主要反映了绿色建筑的基本特征和属性，即绿色建筑标准体系的设计要达到什么样的目的。绿色建筑应在设计标准上最大限度地节约资源（节能、节地、节水、节材）、保护环境和减少污染，为人们提供健康、适用和高效的使用空间，与自然和谐共生，因此"四节一环保"当然是绿色建筑最重要、最基础的目标。同时，反映绿色建筑的基本特征的还包括了室内环境质量和运营管理、全生命周期综合性能以及反映地方特色的目标等内容。针对上述要求，利用变异系数赋权法和综合指数评估法得到绿色建筑标准体系的目标实现度为 14.253，较原有标准下的目标实现度 8.574 提高了 39.84%。具体结果如表 5-13、表 5-14 所示。

标准体系的绿色建筑目标实现度评价 　　　　　　　　表 5-13

		1	2	3	4	5	6	7	8	9
标准差		1.39	1.90	1.73	1.56	1.45	1.12	1.09	1.56	1.87
变异系数		0.56	0.45	0.25	0.45	0.39	0.37	0.31	0.45	0.62
权重		0.15	0.12	0.06	0.12	0.10	0.10	0.08	0.12	0.16
得分	规划	0.44	0.23	0.13	0.23	0.20	0.10	0.08	0.12	0.32
	建筑	0.44	0.47	0.39	0.23	0.20	0.19	0.16	0.35	0.97
	结构与材料	0.44	0.00	0.39	0.58	0.40	0.29	0.32	0.00	0.00
	暖通	0.00	0.00	0.19	0.00	0.00	0.29	0.16	0.23	0.00
	给排水	0.00	0.70	0.26	0.35	0.40	0.00	0.00	0.58	0.00
	电气	0.00	0.23	0.26	0.00	0.20	0.19	0.16	0.23	0.32
	施工	0.15	0.12	0.06	0.12	0.10	0.10	0.08	0.12	0.16
	检测评估	0.00	0.23	0.13	0.12	0.00	0.00	0.16	0.00	0.16
各目标分值		1.45	1.98	1.81	1.63	1.51	1.17	1.14	1.63	1.95
总分值		14.253								

原有标准的绿色建筑目标实现度评价 　　　　　　　　表 5-14

		1	2	3	4	5	6	7	8	9
标准差		0.83	0.78	0.48	0.97	0.99	1.05	1.22	0.97	0.50
变异系数		0.55	0.35	0.18	0.39	0.36	0.47	0.44	0.65	0.33
权重		0.15	0.09	0.05	0.10	0.10	0.13	0.12	0.17	0.09
得分	规划	0.30	0.09	0.05	0.10	0.10	0.13	0.12	0.00	0.09
	建筑	0.15	0.19	0.09	0.21	0.19	0.25	0.24	0.52	0.09
	结构与材料	0.30	0.00	0.09	0.31	0.29	0.38	0.48	0.00	0.00
	暖通	0.00	0.00	0.05	0.00	0.00	0.00	0.00	0.00	0.00
	给排水	0.00	0.19	0.09	0.21	0.19	0.00	0.00	0.17	0.00
	电气	0.00	0.19	0.05	0.00	0.19	0.25	0.24	0.17	0.09
	施工	0.15	0.09	0.05	0.10	0.10	0.13	0.12	0.17	0.09
	检测评估	0.00	0.09	0.05	0.10	0.00	0.00	0.12	0.00	0.00
各目标分值		0.89	0.84	0.52	1.04	1.07	1.13	1.31	1.04	0.72
总分值		8.574								

　　可见，经过标准体系的构建，各专业的绿色建筑标准在实现全寿命周期绿色建筑的发展目标上有了非常显著的提升，经过评价，全寿命周期覆盖度和目标实现度这两个指标的提高验证了这一点。

第6章 总结与展望

6.1 总结

建筑领域作为能源消耗大户，在总能耗中长期占有大约 1/3 比例。在城镇化进程加快的形势下，这一领域的能源消耗量还将持续增长。转变建筑领域发展模式，推广绿色建筑，对促进生态文明建设具有至关重要的意义。根据这一目标，2012 年住房和城乡建设部、财政部联合下发了《关于加快推动我国绿色建筑发展的实施意见》，宣布将通过政府财政补贴等方式全面提速中国绿色建筑发展，力争到 2020 年绿色建筑占新建建筑比重超过 30%。2013 年初，国务院办公厅也转发了发展改革委与住房和城乡建设部的"绿色建筑行动方案"，在"十二五"期间，完成新建绿色建筑 10 亿 m²；到 2015 年末，20% 的城镇新建建筑达到绿色建筑标准要求，强调推动发展绿色建筑，是保障改善民生的重要举措。与此同时，江苏省人民政府于 2013 年 6 月颁布了《江苏省绿色建筑行动实施方案》（苏政办发［2013］103 号），要求"十二五"末全省达到绿色建筑标准的项目总面积超过 1 亿 m²，其中，2013 年新增 1500 万 m²；要求 2015 年全省城镇新建建筑全面按一星及以上绿色建筑标准设计建造，2020 年，全省 50% 的城镇新建建筑按二星及以上绿色建筑标准设计建造；"十二五"期末，建立较完善的绿色建筑政策法规体系、行政监管体系、技术支撑体系、市场服务体系，形成具有江苏特点的绿色建筑技术路线和工作推进机制，绿色建筑发展水平保持全国领先地位。

当前，江苏省经济社会发展进入新阶段，人民生活水平得到持续改善，城镇住宅建筑面积迅速增加，由此形成的城镇住宅能耗也正在持续增长。另一方面，随着江苏经济的发展和人民收入的增加，城镇居民的各种家用电器数量、建筑设备形式、室内环境的营造方式和能耗模式也逐步与发达国家"接轨"，家用耗能设备的使用范围和使用时间都在增长，这将不可避免地带来住宅能耗的增长等问题。绿色建筑所具有的低能耗、舒适性是未来建筑的发展趋势，可有效解决目前建筑普遍存在的高能耗浪费问题。在党的十八大报告中明确指出"坚持节约资源和保护环境是我国的基本国策，着力推进绿色发展、循环发展、低碳发展，形成节约资源和保护环境的空间格局"。在城镇化道路的具体部署中也要求将"生态文明理念和原则全面融入城镇化全过程，走集约、智能、绿色、低碳的新型城镇化道路"。

然而，我国在绿色建筑标准建设和体系建设方面却存在一定的问题。目前的绿色建筑标准多集中在评价方面，与之相配套的设计、施工与验收、运行管理等方面的标准还比较欠缺，另一方面，现行的绿色建筑标准无论是技术上还是指标上都不能完全适应绿色建筑发展的需要，现行各类绿色建筑设计标准数量很少、覆盖面窄，绿色建筑评价标准也尚待完善，致使绿色建筑工作在较多环节上存在"无标可依"的局面。相关专业标准或针对性不强、没有明确对绿色建筑的要求，没有显现"绿色化"要求。尽管许多地方已开展了绿色建筑的研究和实践工作，但对如何全面贯彻"四节一环保"要求尚缺乏深入研究，特别是对如何因地制宜地发展绿色建筑研究不多、标准匮乏。这就使得绿色建筑在设计、建造、运行管理等环节很难形成一个闭合的体系，给绿色建筑的推广带来了不必要的阻碍。

已编制的专业标准与绿色建筑评价标准没有很好的衔接，部分专业的标准在绿色建筑评价标准中没有体现。如暖通专业的空气调节系统经济运行评价指标与方法的专业标准非常细化、明确，包括空气调节系统经济运行的基本要求、空气调节系统经济运行的评价指标与方法、空调系统用能的分项计量等，但在绿色建筑评价标准中都没能体现。导致绿色建筑设计标识评价与运行标识评价数量严重失调，原因之一就是设备的节能运行没能实现。

现有的绿色建筑相关标准编制的预见性、计划性不强，落后于绿色建筑技术的发展，对于绿色建筑技术的指导显得较为被动；有的标准是根据当时的需要独立编制的，随着绿色建筑要求的不断提高和绿色建筑新技术的不断涌现，标准之间不协调、不配套、内容构成不合理、互相重复或矛盾等问题逐渐显现？在协作机制上，由于存在着专业分割，各专业标准之间缺乏明显的结构层次和关联度，没能很好地整合各种绿色建筑技术的最新成果。在实际工作中更重视节能、节水领域的主动式绿色建筑技术应用，而缺乏对绿色建筑系统的研究。

因此，现阶段的首要任务不仅是完善、修订和新编各专业的技术标准，使之与绿色建筑的内涵相适应，更要构建起符合绿色建筑发展目标、反映绿色建筑标准之间的从属、配套等内在联系的一个标准体系。标准体系是一定范围内的标准按其内在联系形成的科学的有机整体。也可以说标准体系是一种由标准组成的系统。构建工程建设标准体系应采用系统分析的方法，做到结构优化、主题突出、数量合理、层次清楚、分类明确、协调配套，形成科学、开放的有机整体。所谓绿色建筑标准体系就是按照工程建设标准体系的构建原理与方法，形成绿色建筑的综合标准层、基础标准层、通用标准层、专业标准层四个标准体系层次，并能够按照《全国工程建设标准规范体系表》的要求，科学反映绿色建筑标准之间的从属、配套等内在联系。

国家发改委、住房和城乡建设部的《绿色建筑行动方案》中明确指出"应尽快完善绿色建筑评价标准体系……尽快制（修）订绿色建筑相关工程建设、运营管理、能源管理体系等标准，编制绿色建筑区域规划技术导则和标准体系"。近年来绿色建筑建设标准需求数量的增长与标准内容的修订对绿色建筑标准体系的构建提出了迫切的需求，但目前仍缺乏对绿色建筑标准体系的统一研究和分析，对相关标准的制订、修订等工作还缺乏指导性的规划和研究。在这种形势下，构建绿色建筑的标准体系，使标准之间形成相互协调、相互配套的内在联系，具有重大意义。

编撰本书的主要目的是以江苏省绿色建筑标准体系发展现状为背景，重点分析江苏省在推进绿色建筑发展方面存在的问题，总结经验和启示，确定绿色建筑发展战略和实现路径；在现状分析的基础上确立标准体系构建的原则、方法及基本结构，从而对绿色建筑标准体系的建立和实施提出政策建议和措施，保障推进绿色建筑建设目标的顺利实现。

通过对标准体系的研究和成果实施，必将对江苏和全国的绿色建筑建设与发展产生重大影响：首先，通过标准体系的研究，可以为绿色建筑工作提供重要的技术保障，是引导相关设计单位、施工单位及各类建设主体按照相应的标准从事相关建设活动、开展绿色建筑评价和建设的标尺和依据；其次，研究标准体系可以加大各类建设主体推动绿色建筑工作的力度，为全面推进绿色建筑工作提供从设计、施工、产品，到验收、管理等全过程的标准框架体系。最后，标准体系的研究提高了各工程标准制订、修订的规范性，将规范市场秩序、加强市场监管力度，促进政府职能转变的有效手段。因此研究确立科学的绿色建筑标准体系，对于推动江苏省和国内的绿色建筑工作健康有序发展，具有重大的现实意义。

通过本书的研究，力图解决以下几个问题：

（1）绿色建筑技术现状、发展趋势与当前工程建设标准的关系如何？如何确立绿色建筑标准体系的建立原则？

（2）如何形成标准体系的结构？如何建立符合绿色建筑发展方向的工程建设标准体系？

（3）标准的发展在多大程度上可以动态反映绿色建筑标准体系的目标？如何利用系统分析方法动态评价标准体系的覆盖范围？

（4）标准间的关系是否能够按照某种科学的方法进行界定、度量？如何运用空间结构来定义整个标准体系？

（5）如何利用标准体系使得工程建设标准的发展更具协调性？

总结来看，对于标准体系的研究是在研究绿色建筑和目前我国的工程建设标准发展现状基础上，将系统科学的理论与方法运用于构造绿色建筑标准体系，并加以科学量化的评价与应用，在理论和方法上具备创新性和前瞻性，研究的创新之处主要有：

（1）研究视角的创新。研究中突破原先工程标准体系单纯按照专业进行研究的视角，结合绿色建筑的特点，提出了符合绿色建筑发展的专业、目标、阶段（全寿命周期）的三维结构视角下的绿色建筑标准体系，系统地理清了标准间的空间逻辑关系。

（2）研究方法的创新。运用系统理论的相关方法和手段，结合系统工程的方法对标准体系的空间结构进行研究，利用系统方法中的变异系数赋权法对绿色建筑标准体系在三维坐标面上的投影进行目标覆盖度和全寿命周期覆盖度的测度并建立评价模型开展研究。

（3）研究对象的创新。研究中将绿色建筑相关工程建设标准抽象为空间节点，将整个标准体系作为一个新的研究对象，研究由若干节点组成的空间的特征、性质，并对标准体系的生长、评价、发展、规划提供了科学的、逻辑的、量化的手段与工具，将工程建设标准的研究进一步深化，并为管理科学开辟了新的研究对象。

6.2 展望

关于绿色建筑标准体系的研究目前只是刚刚起步阶段，下一步的研究应该在目前的基础上引入相关理论（拓扑学、系统科学等）作为研究基础，重点研究在三维拓扑空间中绿色建筑标准体系的几个方面内容，将标准体系的研究逐渐深化：

（1）依据拓扑理论，利用绿色建筑的特殊性构建三维拓扑结构空间中的标准体系，将绿色建筑的发展目标和全寿命周期的特征与设计、建设、运营管理等各阶段与绿色建筑设计中的各专业分工结合起来，确定拓扑空间坐标，以全新的视角研究工程建设标准体系的构建方法。

（2）研究在绿色建筑标准体系的三维拓扑结构空间下，对不同坐标面进行投影，进而建立基于各坐标面的覆盖程度的测度模型和评价模型，科学化、逻辑化地研究标准体系的特性和控制方法。

（3）运用拓扑网络结构及相关理论，研究体现标准间的关联程度的相关算法，将标准抽象为拓扑节点进行研究，采用网络节点拓扑势加熵权的算法，确定节点优先度和协调性的计算模型，得到新编标准优先度和修编标准优先度、标准簇协调性等一系列评价指标用于实际应用。

（4）开发设计包括标准数据库、模型库、自动评价和计算等功能的绿色建筑标准体系智能化评价与应用系统，通过系统中的模型库能够实现优先度排序、协调性判断等功能具体指导标准的编制和规划工作。